浙江省高职院校“十四五”重点教材

信息技术应用

原素芳 主 编

房华蓉 黄建平 丁大朋 副主编

電子工業出版社

Publishing House of Electronics Industry

北京 · BEIJING

内 容 简 介

本书围绕高等职业教育对学生信息素养的要求，以信息技术基础知识为主线，以案例为切入点，精心设计全书内容。本书选择与计算机应用、信息技术应用密切相关的基础知识，涵盖信息处理工具和新一代信息技术，侧重人工智能、大数据技术、云计算技术、物联网技术、工业互联网技术、区块链技术、量子信息技术等典型应用，互联网信息检索技术、互联网办公软件的应用，以及大学生的信息素养与社会责任等主要内容，同时将创新精神、劳动教育、爱国主义、工匠精神、法治精神、安全教育、审美素养等教育思想融入教学案例，利用具体化的、生动化的、有效的教学载体，在整个教学过程中灌输理想信念层面的精神指引。

本书可作为高等职业院校学生通识教育课程"信息技术"的主讲教材、"'互联网+'技术应用"课程的教材、信息素养类课程的通识教材、"信息处理技术员"考试的辅助教材等，也可作为信息技术岗位培训、再就业培训的继续教育教材，更可作为从事信息技术工作的人员的参考用书。

图书在版编目（CIP）数据

信息技术应用 / 原素芳主编. -- 北京 : 电子工业出版社, 2024. 6. -- ISBN 978-7-121-48300-4

Ⅰ. TP3

中国国家版本馆 CIP 数据核字第 2024T5R092 号

责任编辑：王　花
印　　刷：北京雁林吉兆印刷有限公司
装　　订：北京雁林吉兆印刷有限公司
出版发行：电子工业出版社
　　　　　北京市海淀区万寿路 173 信箱　　邮编：100036
开　　本：787×1092　1/16　印张：14.5　字数：371 千字
版　　次：2024 年 6 月第 1 版
印　　次：2024 年 6 月第 1 次印刷
定　　价：49.80 元

凡所购买电子工业出版社图书有缺损问题，请向购买书店调换。若书店售缺，请与本社发行部联系，联系及邮购电话：（010）88254888，88258888。

质量投诉请发邮件至 zlts@phei.com.cn，盗版侵权举报请发邮件至 dbqq@phei.com.cn。

本书咨询联系方式：（010）88254178，liujie@phei.com.cn。

前　言

随着互联网、人工智能、大数据、云计算和物联网等技术的不断发展，信息技术在产业发展中的地位不断提高。2023 年 11 月，《中国互联网发展报告 2023》蓝皮书在 2023 年世界互联网大会乌镇峰会上正式发布。该蓝皮书指出，从 2012 年到 2022 年，中国数字经济规模从 11 万亿元增长到 50.2 万亿元；截至 2023 年 6 月，中国网民规模已达 10.79 亿人，互联网普及率为 76.4%，形成了世界上最庞大的数字社会，中国成为全球领先的信息技术创新及应用国家之一，数字经济成为中国经济的重要组成部分。

进入信息社会后，电子商务、在线支付、共享经济等新业态不断涌现，改变了人们的生活方式和消费习惯。同时，随着信息化程度的不断提高，信息安全问题日益突出。网络攻击、数据泄漏等安全事件频繁发生，为经济增长和社会发展带来了威胁。加强信息安全保护、提高网络安全意识，已成为当前亟待解决的重要任务。如何提升学生的信息素养、增强个体在信息社会中的适应力和创造力，已成为高等职业院校的关注热点。

为满足国家信息化发展战略对人才培养的要求，本书结合教育部《高等职业教育专科信息技术课程标准（2021 年版）》，围绕高等职业教育对于学生信息素养的要求，以信息技术基础知识为主线，以案例为切入点，精心设计全书内容。本书选择与计算机应用、信息技术应用密切相关的基础知识，涵盖信息处理工具和新一代信息技术，侧重人工智能、大数据技术、云计算技术、物联网技术、工业互联网技术、区块链技术、量子信息技术等典型应用，互联网信息检索技术、互联网办公软件的应用，以及大学生的信息素养与社会责任等主要内容，同时将创新精神、劳动教育、爱国主义、工匠精神、法治精神、安全教育、审美素养等教育思想融入教学案例，利用具体化的、生动化的、有效的教学载体，在整个教学过程中灌输理想信念层面的精神指引。

本书以真实项目案例为依托，侧重学生课程思政目标的实现，强调提升学生的实际动手能力，重点突出“理实一体、任务驱动、分层递进”的、有利于学生综合能力培养的教学模式，设立“思政园地”“扩展阅读”等丰富的资源模块，构建新形态的立体化教材范式。

本书可作为高等职业院校学生通识教育课程“信息技术”的主讲教材、“‘互联网+’技术应用”课程的教材、信息素养类课程的通识教材、“信息处理技术员”考试的辅助教材等，也可作为信息技术岗位培训、再就业培训的继续教育教材，更可作为从事信息技术工作的人员的参考用书。

本书编写团队为宁波城市职业技术学院“信息技术”课程及“人工智能素养”课程的主讲教师，参与了浙江省工业互联网技术专业教学资源库建设项目，其中，原素芳为主编，房华蓉、黄建平、丁大朋为副主编，全书由原素芳统稿、审稿并定稿。

由于本书编者水平有限，书中难免存在不足之处，恳请广大读者、专家不吝赐教！

编者

2024 年 2 月

目　录

第 1 章 “互联网+”时代

学习目标

- ◆ 了解“互联网+”的含义。
- ◆ 了解“互联网+”的典型应用案例。

案例导读

“互联网+”是互联网思维的进一步实践成果，它代表一种先进的生产力，推动经济形态不断地发生演变。传统行业转型“互联网+”有哪些成功的案例呢？

【案例 1】河北邱县：实施“互联网+”农产品出村进城工程

计算机自动调温调湿、大棚数控天窗、精准膜下滴肥……2023 年 12 月 9 日，邱县玫瑰产业园的温室大棚里暖意融融，依托农业数字智控技术，园区内的玫瑰种植实现一年九茬。2023 年以来，邱县县委网信办联合有关部门积极推进数字乡村建设，助力乡村全面振兴。

实施“互联网+”农产品出村进城工程。打通农产品出村进城和电商产品进村渠道，利用短视频、网红直播等方式，打通线上、线下产销对接渠道，培育“邱县文冠果”“邱县蜂蜜红薯”等一系列农村电商品牌，推动邱县品牌农产品“走出去”。

【案例 2】莆田仙游：“互联网+窗口”便民服务线上“跑”

“有了县级出入境签注制证室，现在在家门口就能自助快速办理港澳通行证签注了，真是太便捷了！”走进莆田市仙游县行政服务中心的出入境办证大厅，一台台自助填表机和港澳台自助签注一体机等设备显得格外引人注目，前来办理往来港澳电子签注及前往台湾电子签注业务的群众都可以在此智能化地随到随办地申请受理、审批、缴费、制卡等签注环节，进一步满足他们的便捷办证需求，大大缩短办证时间，真正实现“数据多跑路，群众少跑腿”。

【案例 3】“乡村旅游数字提升行动”走进内蒙古阿尔山

2023 年 9 月 2 日至 3 日，以“文旅融合绿色发展”为主题的 2023 中国（阿尔山）旅游大会在内蒙古阿尔山市举行期间，为助力阿尔山乡村旅游发展，文化和旅游部资源开发司推动“乡村旅游数字提升行动”走进阿尔山。本次活动是文化和旅游部资源开发司启动的“乡村旅游数字提升行动”，指导多家互联网平台，发挥平台优势，针对乡村旅游产品服务、人才培训、宣传营销等方面开展数字提升，增强乡村旅游人才信息素养，挖掘乡村多元价值，推广乡村旅游新产品、新场景、新体验，探索“乡村旅游+数字经济”新路径，为行业复苏、乡村振兴提供新动能。

【案例 4】杭州第 19 届亚运会全民参与数字点火技术

杭州第 19 届亚运会向世界呈现了首个数字点火仪式，活动参与人数超 1 亿人次。蚂蚁集团利用自研的 Web 3D 互动引擎 Galacean 打造了亚运数字火炬手平台，做到了亿级用户规模覆盖，并支持 97%的智能手机设备，用户不需要下载 App，通过支付宝小程序就能参与点火仪式。为了保障新老机型都能顺畅运行，项目组还设立了大型测试机房，里面放置了数百台不同年代及型号的手机，进行了超 10 万次的测试，帮助杭州亚运会实现了“通过一部手机，人人都能成为数字火炬手”的目标。

1.1 “互联网+”的含义

1.1.1 “互联网+”的产生背景

课件：“互联网+”的含义

视频：“互联网+”的含义

在中国，互联网的发展速度非常惊人，从中国各大互联网公司走过的道路来看，现在互联网的发展已进入第三阶段。

（1）第一阶段：通信时代。在互联网诞生之前，数字化的信息在计算机上是相互独立的，无法实现快速的分享与传播。互联网诞生之后，人们将存储在计算机中的各个独立的信息连接起来，形成了一个巨大的网络。互联网的诞生颠覆了数字化信息的传播方式，从此信息交流变得无比通畅。

（2）第二阶段：电商时代。在以 PC 端为主的、纯线上的互联网时代，整个行业入不敷出，虽然此时的互联网高速发展，但是有不少企业面临如何赚钱的问题。既然线上无法实现盈利，就考虑线下的盈利。当时最简单的办法就是将线上的流量连接到线下，从而产生了 O2O（Online to Offline）的概念。在这一阶段，互联网融合了传统行业的零售模式，诞生了淘宝、美团等一批交易类的 App，也催生了美丽说、大众点评等一批决策类的 App，这些 App 的出现为互联网补足了血，整个行业欣欣向荣。

（3）第三阶段：实体时代——移动互联网的 O2O 时代。第三阶段的关键在于移动互联网时代的来临，主要体现在线上的电商平台、移动设备平台和线下的全国门店系统的互通，也就是 O2O 的连接。这一阶段的互联网再造传统行业的生产过程，包括设计、制造及后续的服务等。互联网的第三阶段已经开始，而传统行业种类庞杂，两者相差甚大，每一个行业都对互联网充满着想象。这是目前整个社会所处的从互联网发展阶段升级到移动互联网的时代。

1.1.2 “互联网+”的概念

在很多人看来，所谓的“互联网+”就是互联网与传统行业的融合，即“互联网+传统行业”，或者“互联网+传统企业”。但具体来说，我们可以将“互联网+”理解为互联网对传统三大产业的融合与改造，即“互联网+工业=工业互联网”“互联网+农业=农业互联网”“互联网+传统服务业=服务业互联网”，但是就互联网的影响力和渗透程度来说，“互联网+”

远不止如此。

在“互联网+”时代，互联网已经不再是一个单独行业，它早就潜移默化地改变了企业运作和经济发展的模式，对社会和经济产生了巨大影响。简而言之，“互联网+”就是将互联网与传统行业相结合，促进各行各业的发展。“互联网+”代表着一种新的经济形态，同时也是未来经济发展的趋势。互联网在生产要素配置中的优化和集成作用越来越重要，其创新成果也将深度融合于经济社会各领域之中，以形成更广泛的、以互联网为基础设施和实现工具的经济发展新形态。

“互联网+”概念的中心词是互联网，它是“互联网+”计划的出发点。“互联网+”计划具体可分为两个层次。一方面，可以将“互联网+”概念中的文字“互联网”与符号“+”分开理解。“+”意为加号，代表着添加与联合，这表明了“互联网+”计划的应用范围，它是针对不同产业发展的一项新计划，是通过互联网与传统产业进行联合和深入融合的方式进行的。另一方面，“互联网+”作为一个整体概念，其深层意义是通过传统产业的互联网化完成产业升级。互联网将开放、平等、互动等网络特性应用到传统产业中，通过大数据的分析与整合厘清供求关系，通过改造传统产业的生产方式、产业结构等内容，增强经济发展动力，提升生产效益，从而促进国民经济健康、有序地发展。

1.1.3 “互联网+”的主要特征

（1）跨界融合。“互联网+”中的“+”是联合传统行业，这本身就是一种跨界融合、重塑变革。互联网的贡献不仅仅是推动社会经济发展和改变人们的生活习惯，更重要的是，与实体经济全景式地融合渗透，成了经济前进的新兴驱动力。互联网与传统行业跨界融合才会使创新的基础更坚实，使企业从研发到产业化的道路更平直。

（2）创新驱动。创新是互联网的一个天然特性，是互联网的精髓与灵魂，更是企业持续发展的核心动力。

（3）重塑结构。随着互联网的持续发展，深入融合，原有的经济结构、企业结构、地缘结构和文化结构慢慢被改变，甚至重塑。尤其是近几年，移动互联网迅速发展，一切需求都是以个体需求的形式在网络上延伸、辐射，包括制造业、服务业在内的许多行业的企业结构都发生了变化。

（4）尊重人性。产品的设计和生产要以人为本，对于互联网企业和互联网产品来说，更是如此。互联网的力量之所以强大，是因为其含有对人类最大限度的尊重、对用户体验的重视，以及对人类满含创造性想法的理解。

（5）开放生态。人们普遍认为“互联网精神”就是开放、平等、分享，开放是第一位的，没有开放，就谈不上平等和分享，更谈不上互联网的自由，因此开放是“互联网精神”的核心。

（6）连接一切。“互联网+”的未来是连接一切，这个连接包括人与人、人与服务、人与实体等。微信是人与人之间的连接，大众点评建立了人与服务之间的连接，打车软件改变了传统的路边招手打车的方式，提高了出租车的使用率，创建了人与出租车之间的连接。我们可以把创建连接的公司称为“互联网+”时代的连接型公司。连接型公司是很有创业前景的，其目标是创造更多的连接点，成为一个开放平台，继而围绕这个开放平台构建一个大的生态链。

1.2 “互联网+”的典型应用

课件：“互联网+”的典型应用

视频：“互联网+”的典型应用

（1）互联网+工业。

“互联网+工业”即传统制造业企业采用移动互联网、大数据、云计算、物联网等信息通信技术，改造原有产品，研发生产方式，与“工业互联网”“工业 4.0”的内涵一致。

“移动互联网+工业”：借助移动互联网技术，传统制造厂商可以在汽车、家电、配饰等工业产品上增加网络软硬件模块，实现用户远程操控、数据自动采集分析等功能，在极大程度上改善工业产品的使用体验。

“云计算+工业”：基于云计算技术，部分互联网企业打造了统一的智能产品软件服务平台，为不同厂商生产的智能硬件设备提供统一的软件服务和技术支持，优化用户的使用体验，实现各产品的互联互通，产生协同价值。

“物联网+工业”：应用物联网技术，工业企业可以将生产设施接入互联网，构建网络化物理设备系统（CPS），进而使各生产设施能够自动交换信息、触发动作和实时控制。物联网技术有助于加快生产制造实时数据信息的感知、传送和分析，优化生产资源的配置。

“网络众包+工业”：在互联网的帮助下，企业通过自建或借助现有的“众包”平台，可以发布研发创意需求，广泛收集客户和外部人员的想法，大大扩展了创意来源。工业和信息化部信息中心搭建了“创客中国”创新创业服务平台，链接“创客中国”的创新能力与工业企业的创新需求，为企业开展“网络众包”提供了可靠的第三方平台。

（2）互联网+金融。

“互联网+金融”不是互联网技术与金融行业的简单链接，而是在金融的基本功能融入互联网精神之后，产生的一些深层次的变化。从行业发展的角度看，“互联网+金融”与互联网金融已经不同。在这个快速迭代的互联网时代，行业发展在某种程度上也遵循着摩尔定律，可以说“互联网+金融”其实已经进入了“第二互联网”时代。在这个新的时代，互联网变成了一种信息能量，开始重新塑造经济社会的各种供需关系，并向两个方向同时进行：向上升为云计算和大数据，向下沉为 O2O。随着中国经济走入“新常态”，“互联网+金融”也必将为经济发展注入新动力。

（3）互联网+医疗。

2015 年 3 月 6 日，国务院办公厅正式印发《全国医疗卫生服务体系规划纲要（2015—2020 年）》。规划要求，开展健康中国云服务计划，积极应用移动互联网、物联网、云计算、可穿戴设备等新技术，推动惠及全民的健康信息服务和智慧医疗服务的发展，推动健康大数据的应用，逐步转变服务模式，提高服务和管理水平。

从技术发展来看，我国的移动通信已经进入 5G 时代，宽带基础设施日臻完善，以监测个人健康信息为主的可穿戴设备也发展迅猛、百花齐放，已经具备实现移动互联网医疗所需的基础技术条件。

从用户需求来看，个人健康管理意识大大增强，对治未病有了明确需求；同时，医疗资源不均衡导致的看病难、挂号难等问题凸显，成为医患关系紧张的导火索；药品链条信息的不透明导致看病成本居高不下，“以药养医”的情况层出不穷。只有通过互联网重构整个医疗健康生态链，才能解决这些问题。

在政策、技术及需求三大因素的驱动下，传统医疗健康产业链上的医院、制药企业、互联网巨头、创业者纷纷涌入“互联网+医疗”的浪潮，“互联网+医疗”成了推动医疗改革的重要角色，其主要包括以互联网为载体和技术手段的健康管理、医疗信息查询、电子健康档案、疾病风险评估、在线疾病咨询、电子处方、医药电商、远程会诊、远程医疗及康复等多种形式的医疗健康服务。“三医”领域（医疗、医药和医保）作为“互联网+医疗”的重要领域，覆盖了从个人出发的身体健康管理、咨询、诊断治疗、买药、医保等各个环节，能够达到有效缓解医疗资源供需失衡、降低患者就医成本、保证患者安全用药等目标。“云医院”、医药电商、网上挂号及各种形式的互联网医疗创新，将大大促进中国医疗的改革。

（4）互联网+交通。

“互联网+交通”已经在交通运输领域产生了“化学效应”，例如，大家经常使用的打车软件、网上购票软件、出行导航系统等。

从国外的 Uber、Lyft 到国内的滴滴出行、快的打车，移动互联网催生了一大批打车软件，它们虽然在不同的国家都存在着争议，但确实通过将移动互联网与传统的出行方式相结合，改善了人们出行的条件，增加了车辆的使用率，推动了互联网共享经济的发展，提高了出行效率、减少了碳排放，对环境保护做出了贡献。

（5）互联网+“三农”。

在“互联网+”深刻影响中国经济的背景下，农村经济同样“沐浴”着互联网的“春风”。在过去几年间，我们已经见证了“互联网+农业”催生的农产品电子商务发展的浪潮，见证了“互联网+农村”产生的“淘宝村”奇迹，也见证了“互联网+农民”催生的农民电商热。“互联网+三农”的最大价值便是激发了巨大的草根创新力。

（6）互联网+教育。

一所学校、一位老师、一间教室，这是传统教育。一个教育专用网、一部移动终端、几百万学生，学校任你挑、老师由你选，这是“互联网+教育”。

“互联网+教育”的影响不只是对于创业者，还有一些求职者，一些在线教育平台提供的职业培训能够使一批人实现职能的学习，从而解决自身就业问题。例如，“智慧职教平台”（见图 1-1）为广大职业教育教师、学生、企业员工和社会学习者，提供优质的数字资源和在线应用服务，以促进职业教育教学改革，扩展教与学的手段与范围，提高教与学的效率与效益，推动学习型社会建设。

图 1-1 智慧职教平台界面

（7）互联网+政务。

我国政府信息化建设经历了无纸化办公、电子政务、“互联网 + 政务服务”、数字政府等多个阶段。数字政府是在前期政府信息化的基础上，适应国家治理现代化演变而生成的新阶段。

思政园地

素养目标

✧ 使用移动互联网技术对教育管理进行改革，实现课程思政教育信息化，推动课程思政教育手段的迅速变革。

✧ 通过对互联网+各行各业案例的学习，激发学生的爱国主义情感。

思政案例

人民网“大思政课”云平台正式上线

人民网“大思政课”云平台正式上线，请扫描右侧二维码观看视频。

人民网“大思政课”云平台是人民网整合自身思政领域资源，集纳全网优质思政教育内容，面向全国青少年群体打造的思政工作平台，设置习近平系列重要讲话数据库、青年团课、思政慕课、思政实践等板块，涵盖线上与线下、理论与实践、展览与培训等多种形态的内容。人民网“大思政课”云平台以“人民网+”客户端为主阵地，可灵活嵌入各类智能终端，实现广泛触达青少年群体的目的。近年来，人民网积极践行习近平总书记关于“大思政课”的重要讲话精神，先后推出了“同上一堂思政大课”“职教学生读党报”等活动。2024 年 2 月 26 日，同上一堂“为国攀登”思政大课准时开讲。这堂均观看人次超千万的思政大课，联合全国高校发起了高校互联网“大思政课”共建机制，实现了大、中、小学生群体全覆盖，相关工作被教育部列入“思政课改革创新亮点”。（视频来源：人民网）

自我检测

一、选择题

1.“互联网+”的含义是_____。

A．将互联网应用于传统行业，实现创新发展

B．在互联网上直接进行商业活动

C．创造性地应用互联网资源

D．扩大互联网在生活中的应用范围

2．在信息社会中，你认为“互联网+经济”模式可能具有的特点是_____。

A．线上线下融合　　B．无缝连接

C．多元化的经营方式　　D．以上皆是

3.“互联网+”可以推动哪些方面的发展_____。

A．经济　　B．社会

C．科技　　D．文化

E．管理

二、填空题

1．“互联网+教育”的目标是____________。
2．“互联网+医疗”的优势是____________。
3．“互联网+金融”的特点是____________。

三、判断题

1．“互联网+”只对年轻人有影响。（　　）
2．“互联网+”可以解决所有问题。（　　）

四、综合题

请自行选择一种传统行业，分析并阐述如何运用“互联网+”创新发展，并给出具体的建议和方案。

第 2 章　人工智能技术及典型应用

学习目标

◆ 了解人工智能的发展历史。
◆ 了解人工智能技术的主要应用场景。
◆ 了解人工智能的主要核心技术。
◆ 了解人工智能的未来发展趋势。

案例导读

【案例 1】三明学院："AI 老师"来听课

"好了，下课"。近日，在三明学院知新楼"AI 教师课堂教学能力测评实验室"里，三明学院机电工程学院 2021 级物理学（师）专业学生苏盈颖的话音刚落，一份关于她的《教师课堂教学能力测评报告》就出炉了。这份报告来自听课的"AI 老师"。那么"AI 老师"是怎么听课的呢？"AI 老师"听课也是用"眼睛"和"耳朵"的。与普通的大学教室相比，"AI 教师课堂教学能力测评实验室"的前端、后端均设置了影像拍摄与分析摄像头及课堂拾音等设备，如图 2-1 所示。简而言之，这位居高临下的"AI 老师"由 AI 测评服务器、AI 智能语音系统、AI 图像识别系统、教学区教学设备等组成。

三明学院网络技术中心教师李增禄介绍，在上课过程中，这些设备将运用人工智能、大数据等技术手段，多角度采集教师在课堂上的言语和行为、学生的表现，以及教学过程中板书和课件呈现的内容。教师能力 AI 测评系统同步对采集到的数据进行智能化分析，并生成 AI 测评分析报告，通过"数据证据+结论建议"的形式，帮助测试者迅速了解和分析自身的课堂教学能力及表现。

图 2-1　"AI 教师课堂教学能力测评实验室"的影像拍摄、分析摄像头与课堂拾音等设备

【案例2】浙江杭州萧山区：AI分析+5G布控校园安防更“智慧”

在城厢幼儿园新园校门口的门卫室，一块如墙壁般大小的电子显示屏幕被分成了大量的小屏幕，每一个小屏幕里显示的都是幼儿园内不同角落的实时情况。而这样一个“无死角”的安防状态的实现，得益于城厢幼儿园新园园区内的近60个摄像头。城厢幼儿园新园正对大门中央的建筑角上，还有一个功能更加强大的摄像头——鹰眼（见图2-2）。它可以实现360°无死角抓拍，抓拍距离可达60米，监控范围直接覆盖了整个幼儿园的前操场和校门，进一步加强了校园安全的保障。

图2-2　鹰眼

在宁围小学的监控室里，工作人员正在管理平台上进行AI算法仓库的调试，它能够对监控范围内的各类行为进行识别分析，能够有效识别携带刀具、抽烟等行为，进一步保障学生的人身安全。例如，校园中经常发生因学生突然跑动而造成相互碰撞的事件，视频智能分析系统支持对人员的突然奔跑行为进行有效识别，还可自动识别视频画面内是否存在人员倒地的现象，并及时发出预警信息。为加强校园突发事件的应急处理能力，萧山在技防上引入了新伙伴——5G布控球（见图2-3）。别看这台小小的机器只有一般的摄像头大小，但是它的监控距离可达80米，广角角度可达60°～70°，同时可以360°旋转，实现较大范围的覆盖。5G布控球能远程实时传输现场画面，帮助专家进行远程判断，使各部门能够在第一时间根据实际情况做好应急准备，大幅提升了应急处理能力。

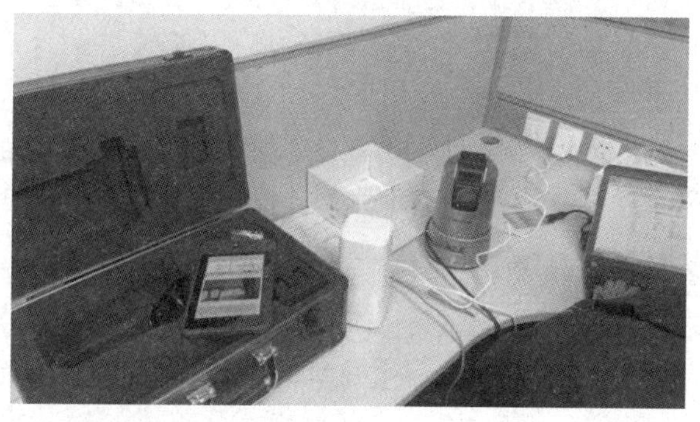

图2-3　5G布控球

【案例3】鹿班：基于人工智能的图像生成技术

鹿班是由阿里巴巴智能设计实验室自主研发的一款设计产品，如图2-4所示。基于图像智能生成技术，鹿班可以改变传统的设计模式，在短时间内完成大量Banner图、海报图和会场图的设计，提高工作效率。用户只需任意输入想达成的风格、尺寸，鹿班就能代替人工完成素材分析、抠图、配色等耗时耗力的设计项目，实时生成多套符合要求的设计解决方案。鹿班可以帮助用户更好地设计产品宣传广告图片，就算用户不懂设计也可以做出精美的图片，非常适合电商用户使用。

深度学习在图像领域的快速发展是智能设计的技术基础，通过对人类过往大量设计数据的学习，训练出了一个设计大脑——鹿班。与人类学习的过程类似，作为AI设计师的鹿班也是从模仿开始的，当输入海量设计海报、Banner图等信息之后，它会对其中的背景、主体、修饰等元素进行识别，由此理解它们之间的关系。随后，鹿班会“照猫画虎”地对这些元素进行组合，在尝试不同风格的组合后，这些随机生成的图片会通过机器进行判断并打分，生成一系列最优结果反馈给神经网络，最终成为阿里电商平台对外展示的海报图、Banner图等。

图 2-4　鹿班

鹿班提供了一键生成、智能创作、智能排版、设计拓展四大功能：一键生成可以让没有设计基础的用户生成自己想要的海报，输入Logo、风格、行业等内容后即可输出；智能创作是在设计师创建自己的主题，输入自己创作的系列作品后，通过训练机器生成新的效果风格；智能排版是把图片素材、文案、尺寸、Logo等内容输入后，自动生成一个成品海报；设计拓展是在设计生成后可以自动调整图片的尺寸，节省设计师放在这些琐碎细节上的心力。

【案例4】2023云栖大会开幕：“计算，为了无法计算的价值”

云栖之眼、视频云3D渲染、数字人（见图2-5）……2023年10月31日上午，2023云栖大会在杭州市西湖区云栖小镇开幕，主题再次回归：“计算，为了无法计算的价值”。

大会推出云栖科技互动场、栖友会、云栖电视台等特色创新活动，特别是采取数字化参会卡证，每个卡证内植入了NFC芯片（一种无线通信技术，它使设备能够在不使用互联网的情况下相互通信），引导参会者充分体验各类活动并获得积分，兑换云栖大会及云栖小镇“云栖印象”系列特色纪念品。

具身智能移动机器人感控一体计算单元备受关注，该单元高度集成移动机器人相关核心感控算法，包括融合几何、运动学、网络推理、深度特征等多源信息的稠密语义建图系统，基于时空语义一致性的视觉地图降维表达与路径规划，基于强化学习方法实现端到端的机器人自动视觉信息避障方式，同时具备多种移动机器人运动控制模型。

图 2-5　数字人 IP“少年李白”（央广网发云栖小镇供图）

【案例 5】人民日报 AI 主播“上岗”

2023 年，人民日报新媒体联合业界前沿团队推出的 AI 数字主播“任小融”（见图 2-6）正式“上岗”，通过一个自我介绍视频和一个互动 H5 与网友见面。“任小融”“上岗”3 小时内，相关话题#人民日报 AI 虚拟主播#登上微博热搜榜第一，话题阅读量 7000 多万，获得广泛关注，近百万网友在互动 H5 内与 AI 主播对话聊天。

图 2-6　人民日报 AI 主播“任小融”

AI 主播的核心是人工语音合成。其实，人工语音合成技术在我国已经问世多年，该行业的顶尖科技公司科大讯飞，以及腾讯、百度都提供了该技术的接口，网友可以通过在浏览器中输入文字，实现文字转语音功能。科大讯飞在某些领域的标准版语音，如播报新闻、消息、解说等领域，可以媲美真人，甚至以假乱真。

2.1　人工智能概况

课件：人工智能概况　视频：人工智能概况

什么是人工智能？“人工”比较好理解，“智能”指的是人的智慧和行动能力，智能的内涵指“知识+

思维”，外延指发现并运用规律的能力，以及分析并解决问题的能力。人工智能是指模拟人的大脑思考并解决问题的过程。要了解人工智能，首先要认识它的研究领域和应用价值。

2.1.1 人工智能的定义

人工智能（Artificial Intelligence，AI）也就是人造智能，对人工智能的理解可以分为两部分，即“人工”和“智能”。人工的（Artificial）也就是人造的、模拟的、仿造的、非天然的，其相对的释义为天然的（Natural），这部分的概念相对易于理解，并不存在很大的争议。而对于“智能”的定义争议较多，因为这涉及诸如意识（Consciousness）、自我（Self）、思维（Mind）等问题。人类唯一了解的智能是人类本身的智能，这是普遍认同的观点。斯腾伯格（Robert J.Sternberg）就智能这个主题给出了以下定义：智能是个人从经验中学习、理性思考、记忆重要信息，以及应付日常生活需求的认知能力。

从字面上解释，人工智能是使用计算机（机器）模拟或实现的智能，因此人工智能又称机器智能。当然，这只是对人工智能的一般解释，关于人工智能的科学定义，学术界目前还没有统一的说法。

1988 年 Nilsson 提出，人工智能是关于人造物的智能行为，智能行为包括知觉、推理、学习、交流和在复杂环境中的行为。Stuart Russell 和 Peter Norvig 则把已有的一些人工智能定义分为 4 类：像人一样思考的系统、像人一样行动的系统、理性地思考的系统、理性地行动的系统。

【拓展阅读】图灵测试

关于如何界定机器智能，早在人工智能学科还未正式诞生的 1950 年，计算机科学的创始人之一英国数学家阿兰•图灵（Alan Mathison Turing）（见图 2-7）就提出了现在被称为图灵测试（Turing Test）的方法。在这个模拟游戏中，一位人类测试员会使用电传设备，通过文字与密室中的一台机器和一个人自由对话，如图 2-8 所示。如果测试员无法分辨与之对话的对象哪个是机器、哪个是人，则参与对话的机器就被认为具有智能，即该机器会思考。在 1952 年，图灵还提出了更具体的测试标准：如果一台机器能在五分钟之内骗过 30%以上的测试员，使测试员不能辨别其机器身份，则可以判定它通过了图灵测试。

图 2-7 阿兰•图灵

图 2-8 图灵测试模拟游戏

通过对多次图灵测试的结果进行分析，人们发现，人工智能的回答可谓天衣无缝，它在逻辑推理方面丝毫不弱于人类。但是在情感方面，人工智能有着天然的缺陷，它只会理性地“思考”问题，而不会主动安慰人，缺乏所谓的同理心。

虽然图灵测试的科学性遭受过质疑，但是它在过去数十年间一直被认为是测试机器智能的重要标准，对人工智能的发展产生了极为深远的影响。当然，早期的图灵测试是假设被测试对象位于密室中的，但后来，与人对话的可能是位于网络另外一端的聊天机器人。随着智能语音、自然语言处理等技术的发展，人工智能已经可以使用语音对话的方式与人类交流，而不被发现是机器人。2023 年 4 月中旬，AI21 实验室推出了一个好玩的社交图灵游戏——Human or Not，该游戏再次掀起了图灵测试的浪潮。

2.1.2　人工智能的研究领域

人工智能是一门新的技术科学，是研究、开发用于模拟、延伸和扩展人的智能（如学习、推理、思考、规划等）的理论、方法、技术及应用系统，主要包括探索计算机实现智能的原理，并生产一种新的、能以人类智能相似的方式做出反应的智能机器，该领域的研究包括机器人、语言识别、图像识别、自然语言处理和专家系统等。

人工智能自诞生以来，理论和技术日益成熟，应用领域也不断扩大，从当前来看，无论是各种智能穿戴设备，还是进入家庭的陪护、安防、学习机器人、智能家居等，这些改变我们生活方式的新事物都是人工智能的研究与应用成果。

随着数据量爆发性的增长及深度学习的兴起，人工智能将持续在金融、汽车、零售及医疗等方面发挥重大作用。人工智能在金融领域的智能风控、智能投顾、市场预测、信用评级等方面都有了成功的案例。Google、百度、特斯拉、奥迪等科技和传统巨头纷纷加入自动驾驶的研究行列，阿尔法巴智能驾驶公交系统已于 2017 年 12 月在深圳上线运行。2023 年 9 月亚运会期间，杭州首条自动驾驶公交路线正式开通运行。车上没有配备传统意义上的司机，但是有一名安全员坐在驾驶室中，待来客安全落座后，安全员点击“启动自动驾驶”按钮即可自动平稳出发；当在行驶过程中检测到行人靠近时，会提前减速刹车……这样的智慧出行方式，成为了不少杭州人前往钱塘轮滑中心的选择。在医疗领域，人工智能算法被应用到新药研制方面，同时具有辅助诊疗、癌症检测等功能。在商业零售领域，人工智能可以协助用户进行商店选址，同时拥有自动客服、实时促销定价、搜索、销售预测、补货预测等功能。

人工智能产业链包括基础层、技术层和应用层。

基础层的核心是数据的收集与运算，是人工智能发展的基础。基础层主要包括高性能芯片、传感器、算法模型等，为人工智能应用提供数据支撑及算力支撑。

技术层以模拟人类的智能相关特征为出发点，构建技术路径。计算机视觉技术和智能语音技术用于模拟人类的感知能力，自然语言处理技术和知识图谱技术用于模拟人类的认知能力。

应用层指的是人工智能在不同行业和领域中的实际应用。目前，人工智能的应用已在多个领域中取得了突出的成绩，包括安防、金融、零售、教育、医疗、制造等，如图 2-9 所示。

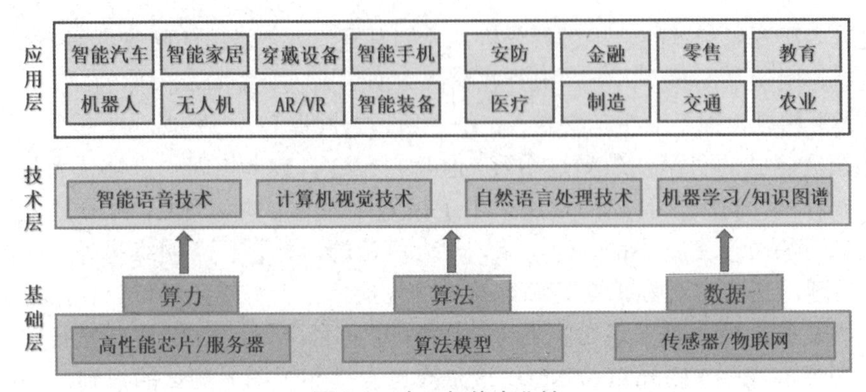

图2-9　人工智能产业链

截至2023年，国内共有15家知名企业建设国家级人工智能开放平台，各个企业平台对应的主要特性如表2-1所示。

表2-1　国家级人工智能开放平台及其特性

序号	公司	平台特性
1	阿里巴巴	城市大脑
2	百度	自动驾驶
3	腾讯公司	医疗影像
4	科大讯飞	智能语音
5	商汤科技	智能视觉
6	华为公司	基础软件
7	上海依图	视觉计算
8	上海明略	智能营销
9	中国平安	普惠金融
10	海康威视	视频感知
11	京东	智能供应链
12	旷视	图像感知
13	360奇虎	安全大脑
14	好未来	智慧教育
15	小米	智能家居

借助人工智能开放平台提供的开放接口，即便是没有学习过任何人工智能基础知识的爱好者，也能够开发一些人工智能基本应用。我们主要介绍自然语言处理、语音识别、计算机视觉等典型的人工智能技术应用。

（1）自然语言处理。

自然语言处理是计算机科学领域与人工智能领域中的一个重要方向，是研究实现人与计算机之间使用自然语言进行有效通信的各种理论和方法。它是一门融语言学、计算机科学、数学于一体的科学，属于计算机科学的一部分，主要研制能够有效实现自然语言通信的计算机系统。自然语言处理主要应用于机器翻译、舆情监测、自动摘要、观点提取、文本分类、问题回答、文本语义对比、语音识别、中文OCR等方面。

（2）语音识别。

语音识别是一门交叉学科。语音识别所涉及的领域包括信号处理、模式识别、概率论和信息论、发声机理和听觉机理、人工智能等。与机器进行语音交流，让机器明白你在说什么，是人类长期以来梦寐以求的事情，如今人工智能将这一理想变为现实，并带它走入了我们日常的生活。

（3）计算机视觉。

计算机视觉是一门研究如何使机器“看”的科学，进一步来说，就是使用摄影机和计算机代替人眼对目标进行识别、跟踪和测量等行为，并对图像做出进一步处理，使其成为更适合人眼观察或传送给仪器检测的图像。计算机视觉的主要任务是通过对采集的图片或视频进行处理，获取相应场景的三维信息。

（4）专家系统。

专家系统是人工智能中最重要的，也是最活跃的一个应用领域，它是指内部含有大量的某个领域专家水平的知识与经验，利用人类专家的知识和解决问题的方法处理该领域内的问题的智能计算机程序系统。通常是根据某领域一个或多个专家提供的经验进行推理和判断，模拟人类专家的决策过程，解决那些需要人类专家处理的复杂问题。

（5）各领域交叉使用。

人工智能的应用或多或少都涉及了其他领域，然而交叉使用最突出的方面还是智能机器人。智能机器人是自动执行工作的机器装置，它既可以由人类指挥，又可以运行预先编译的程序，还可以根据人工智能技术制定的原则纲领行动。它的任务是协助或取代人类在某些方面的工作，如生产业、建筑业方面的流水作业，或是某些领域中的危险工作。

2.1.3　人工智能的发展历程

1. 发展历程

人工智能充满未知的探索道路曲折起伏。如何描述人工智能 60 余年的发展历程，学术界可谓见仁见智。但大致可以将人工智能的发展历程划分为以下 6 个阶段。

起步发展期：1956 年—20 世纪 60 年代初。人工智能的概念提出后，相继取得了一批令人瞩目的研究成果，如机器定理证明、跳棋程序等，掀起了人工智能发展的第一个高潮。

反思发展期：20 世纪 60 年代初—70 年代初。人工智能发展初期的突破性进展大大提升了人们对人工智能的期望，人们开始尝试更具挑战性的任务，并提出了一些不切实际的研发目标。然而，接二连三的失败和预期目标的落空（例如，无法使用机器证明两个连续函数之和还是连续函数、机器翻译不准确等），使人工智能的发展走入了低谷。

应用发展期：20 世纪 70 年代初—80 年代中。20 世纪 70 年代出现的专家系统可以根据人类专家的知识和经验解决特定领域的问题，实现了人工智能从理论研究走向实际应用、从推理策略探讨转向运用知识解决问题的重大突破。专家系统在医疗、化学、地质等领域取得的成功，推动人工智能走向应用发展的新高潮。

低迷发展期：20 世纪 80 年代中—90 年代中。随着人工智能应用规模的不断扩大，专家系统存在的应用领域狭窄、缺乏常识性知识、知识获取困难、推理方法单一、缺乏分布式功能、难以与现有数据库兼容等问题逐渐显露。

稳步发展期：20 世纪 90 年代中—2010 年。由于网络技术，特别是互联网技术的发展，加速了人工智能的创新研究，促使人工智能进一步走向实用化。1997 年，由国际商业机器公司（简称 IBM）开发的“深蓝”超级计算机战胜了国际象棋世界冠军卡斯帕罗夫，2008

年，IBM 提出“智慧地球”的概念，这都是这一时期的标志性事件。

蓬勃发展期：2011 年至今。随着大数据、云计算、互联网、物联网等信息技术的发展，泛在感知数据和图形处理器等计算平台，推动了以深度神经网络为代表的人工智能技术的飞速发展，大幅跨越了科学与应用之间的“技术鸿沟”，诸如图像分类、语音识别、知识问答、人机对弈、无人驾驶等人工智能技术，实现了从“不能用、不好用”到“可以用”的技术突破，迎来了爆发式增长的新高潮。

2. 人工智能的主要事件及科技公司在人工智能领域的布局

21 世纪以来人工智能的主要事件如表 2-2 所示，国内外科技巨头在人工智能领域的布局如表 2-3 所示。

表 2-2　21 世纪以来人工智能的主要事件

时间	事件
2005 年	✧ Stanford 开发的一台机器人在一条沙漠小径上成功地自动行驶了约 210 公里，赢得了 DARPA 挑战赛头奖
2006 年	✧ Geoffrey Hinton 提出了多层神经网络的深度学习算法 ✧ Eric Schmidt 在搜索引擎大会上提出了“云计算”的概念
2010 年	✧ Google 发布个人助理 GoogleNow
2011 年	✧ IBMWaston 参加智力游戏《危险边缘》，击败了最高奖金得主 Brad Rutter 和连胜纪录保持者 Ken Jennings ✧ 苹果发布语音个人助手 Siri
2013 年	✧ 深度学习算法在语音识别和视觉识别领域获得突破性进展
2014 年	✧ 微软亚洲研究院发布人工智能“小冰”聊天机器人和语音助手 Cortana ✧ 百度发布 DeepSpeech 语音识别系统
2015 年	✧ Facebook 发布了一款基于文本的人工智能助理 Moneypenny（简称 M）
2016 年	✧ Google AlphaGo 以比分 4∶1 战胜围棋九段棋手李世石 ✧ Google 发布语音助手 Assistant
2017 年	✧ Google AlphaGo 以比分 3∶0 完胜世界第一围棋九段棋手柯洁 ✧ 苹果在 WWDC 上发布了 CoreML、ARKit 等组件 ✧ 百度 AI 开发者大会正式发布 Dueros 语音系统、无人驾驶平台 Apollo1.0 ✧ 华为发布全球第一款 AI 移动芯片麒麟 970 ✧ iPhoneX 配备前置 3D 感应摄像头（TrueDepth），脸部识别点高达 3 万个，具备人脸识别、解锁和支付等功能 ✧ Google 研发的 AlphaGoZero 在 3 天内打败了第一代 AlphaGo
2018 年	✧ 大模型首先在自然语言处理领域取得突破，以 ChatGPT 为代表的现象级产品拉开了通用人工智能的序幕，引发了新一轮人工智能的发展浪潮，人工智能的发展已由小模型时代迈向大模型时代
2019 年	✧ 2019 年 6 月，国家新一代人工智能治理专业委员会发布了《新一代人工智能治理原则——发展负责任的人工智能》，旨在更好地协调人工智能发展与治理的关系，确保人工智能可靠可控，以人工智能推动经济、社会及生态可持续发展 ✧ 微软开始与 OpenAI 建立战略合作伙伴关系
2020 年	✧ GPT-3 发布，模型参数量为 1750 亿
2021 年	✧ 联合国教科文组织发布了《人工智能伦理问题建议书》，这是全球首个针对人工智能伦理制定的规范框架 ✧ 自动驾驶汽车在英国合法化

续表

时间	事件
2022 年	✧ 在北京冬奥会上，AI 手语主播为听障用户传达比赛资讯 ✧ 3 月，AI 绘画工具 Midjourney 发布 ✧ 11 月，OpenAI 正式推出对话交互式的 ChatGPT。相较于 GPT-3，ChatGPT 引入了基于人类反馈的强化学习（RLHF）技术及奖励机制
2023 年	✧ 2 月，微软宣布追加数十亿美元投资 OpenAI 公司，后者估值高达 290 亿美元，创下了 AIGC 行业单笔融资新高 ✧ 3 月，OpenAI 正式推出 GPT-4，它是目前较先进的多模态大模型。GPT-4 主要在识别理解能力、创作写作能力、处理文本量及自定义身份属性迭代方面取得了进展

表 2-3　国内外科技巨头在人工智能领域的布局

类别	公司	涉足领域	内容
国外	Google	图形和语音识别	收购数字图片分析软件开发商 Jetpac
		深度学习技术	收购 DNNresearch 和 DeepMind 公司，招募 Geoffrey Hinton；2015 年 11 月，发布第二代深度学习系统 TensorFlow
		无人驾驶	Google X 实验室研发的自动驾驶汽车
		智能家居	收购 Nest；推出智能家居平台 Brillo
		其他	机器翻译、网页推荐排序、智能聊天机器人、智能回复邮件等
	Facebook	深度学习技术	招募 Yann Lecun，成立人工智能研究中心及 3 个人工智能实验室，开源了大量 Torch 的尝试学习模块和扩展
		应用	收购 Wit.Al 公司，在 Messenger 上应用语音转录功能；开发人工智能系统，Moneypenny 的人工智能助理
	苹果	应用	收购 VocalIQ、Coherent Navigation 和 Mapsense 公司
	微软	深度学习	推出人工智能 Adam，图片识别精准度是现有系统的两倍；2015 年 8 月发布全球人工智能战略计划
		人工智能机器人	推出微软智能机器人“小冰”；在 Win10 中嵌入 Cortana；2015 年 2 月，微软发布了人工智能产品 Torque
	IBM	类脑芯片	TRUENORTH 类脑芯片
		人工智能平台	建立人工智能平台 Watson；收购医疗、天气等公司，获取大量数据和算法
	亚马逊	应用	仓储机器人 KIVA，AMAZON Echo
国内	百度	智能驾驶	厚度无人车
		深度学习	成立北美研究中心、深度学习研究院；深度学习专家 Andrew Ng（吴恩达）加盟百度
		应用	发布 Deep Speech 语音识别系统；智能读图系统可使用人脑的思维方式识别图片中的物体和其他内容
		助手类	度秘
	阿里巴巴	人工智能平台	2015 年 8 月发布首个可视化人工智能平台 DTPAI
		大数据挖掘	阿里小 Ai
		服务平台	人工智能服务产品“阿里小蜜”
	腾讯	应用	自动化新闻写作机器人 Dreamwriter
		应用	腾讯优图，云搜，文智中文语义平台
		深度学习	腾讯智能计算与搜索实验室，专注于搜索技术、自然评议处理、数据挖掘和人工智能四大研究领域

续表

类别	公司	涉足领域	内容
国内	科大讯飞	语音识别	语音识别应用
		智能家居	与 JD 合作智能硬件
		讯飞超脑	基于类人神经网络的认知智能引擎，预期成果是实现世界上第一个中文认知智能计算机引擎

3. 人工智能学派

人工智能是一个概念，要使一个概念成为现实，自然要实现概念的 3 个功能。人工智能的 3 个学派均关注如何才能使机器具有人工智能的问题，并根据概念的不同功能给出了不同的研究路线。专注于实现 AI 指名功能的人工智能学派称为符号主义，专注于实现 AI 指心功能的人工智能学派称为连接主义，专注于实现 AI 指物功能的人工智能学派称为行为主义。

（1）符号主义。

符号主义的代表人物是 Simon 与 Newell，他们提出了物理符号系统假设，即只要在物理符号的计算上实现了相应的功能，那么在现实世界中就能实现与之对应的功能，这是智能的充分必要条件。因此，符号主义认为，只要在机器上是正确的，在现实世界中就是正确的。指名正确，指物自然正确。

在哲学上，关于物理符号系统假设也有一个著名的思想实验——图灵测试。图灵测试要解决的问题就是判断一台机器是否具有智能。

图灵测试将智能的表现完全限定在指名功能中。实际上，根据指名与指物的不同，哲学家 John Searle 专门设计了一个思想实验来批判图灵测试，这就是著名的中文屋实验。

中文屋实验明确说明，即使符号主义成功了，符号的计算与现实世界也不一定有关联，就算完全实现指名功能也不见得其具有智能。这是哲学对符号主义的一个的正式批判，明确指出了按照符号主义路线实现的人工智能不等同于人的智能。

（2）连接主义。

连接主义学派的早期代表人物有 McCulloch、Pitts、Hopfield 等。按照这条路线，连接主义认为可以实现完全的人工智能。对此，哲学家 Hilary Putnam 设计了著名的缸中之脑实验，该实验可以看作是对连接主义的一个哲学批判。

缸中之脑实验的描述如下：一个人（可以假设是你自己）被邪恶科学家进行了手术，大脑被切下来放置在存有营养液的缸中。大脑的神经末梢被连接在计算机上，同时计算机按照程序向大脑传递信息。对于这个人来说，躯体、物体、环境等客观因素还是存在的，神经感觉等主观因素都可以感受到。这个大脑还可以被输入和截取记忆，比如，截取大脑中关于手术的记忆，之后输入这个人可能存在的生活环境、可能做的日常琐事，甚至可以对大脑输入文字，使人“感觉”自己正在阅读这段文字。

缸中之脑实验说明即使连接主义实现了，指心功能没有问题，但指物功能依然存在严重差错。因此，连接主义路线实现的人工智能不等同于人的智能。

尽管如此，连接主义仍是目前广泛为大众所知的一条 AI 实现路线。在围棋上，应用了深度学习技术的 AlphaGo 战胜了李世石，之后又战胜了柯洁。在机器翻译上，应用深度学习技术的机器已经超过了人的翻译水平。在语音识别和图像识别上，深度学习技术也已经达到了实用水准。客观来说，深度学习的研究已经取得了工业级的进展。

但是，这并不意味着连接主义可以实现人的智能。更重要的是，即使实现了完全的连接主义，也会面临极大的挑战。到目前为止，人类并不清楚大脑表示概念的机制，也不清楚大脑中概念的具体表示形式和组合方式等。现在的神经网络与深度学习实际上与大脑表示概念的真正机制距离尚远。

（3）行为主义。

行为主义假设智能取决于感知和行动，不需要知识、表示和推理，只需要将智能行为表现出来即可，即只要能实现指物功能就可以认为具有智能了。这一学派的早期代表作是 Brooks 的六足爬行机器人。

对此，哲学家 Hilary Whitehall Putnam 也设计了一个思想实验，该实验可以看作是对行为主义的哲学批判，这就是著名实验完美伪装者和斯巴达人。完美伪装者可以根据外在的需求进行完美的表演，需要哭的时候可以哭得撕心裂肺，需要笑的时候可以笑得前仰后合，但其内心可能始终冷静如常。斯巴达人则相反，无论内心是激动万分还是沉着冷静，其外在总是一副泰山崩于前而色不变的表情。完美伪装者和斯巴达人的外在表现都与内心没有直接联系，这样的智能如何对外在行为进行测试呢？因此，行为主义路线实现的人工智能不等同于人的智能。

对于行为主义，其实现面临的最大困难可以用莫拉维克悖论来说明。所谓莫拉维克悖论，是指对计算机而言，困难的问题是易解的，简单的问题是难解的，难以复制的反而是人类无意识的技能。目前，模拟人类的行动技能具有很大的难度。

2.2　人工智能的价值

2.2.1　人工智能的应用价值

课件：人工智能的价值

视频：人工智能的价值

人工智能理论和技术日益成熟，应用范围不断扩大，既包括了城市发展、生态保护、经济管理、金融风险等宏观层面，又包括了工业生产、医疗卫生、交通出行、能源利用等具体领域。专门从事人工智能产品研发、生产及服务的企业迅速成长，真正意义上的人工智能产业已逐步形成，正在不断丰富，相应的商业模式也在持续演进，人工智能呈多元化的发展趋势。

人工智能逐渐渗透到各行各业，带动了各行业的创新，促使各行业迅速发展。人工智能激发了各大产业巨头进行新的布局，开拓新的业务。其与互联网技术相结合，进行细分领域的人工智能新产品研发和新技术研发，为传统行业带来了新的发展机遇，推动了行业创新，为大众创业、万众创新做出了突出贡献。

2.2.2　人工智能的社会价值

1. 人工智能带来了产业模式的变革

人工智能在各领域的普及应用，触发了新的业态和商业模式，带动了产业结构的深刻变化。人工智能的主要应用领域如图 2-10 所示。

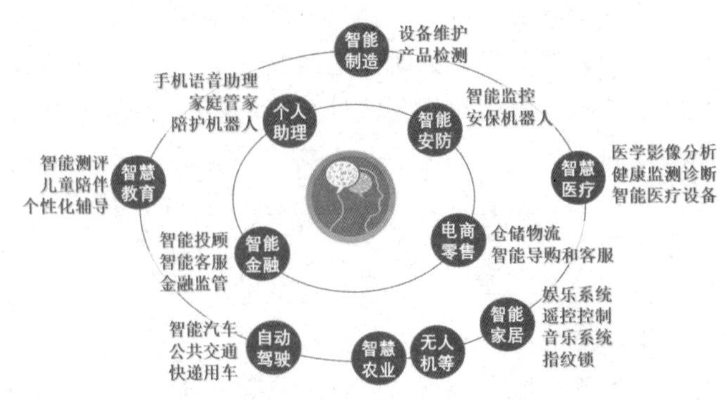

图 2-10　人工智能的主要应用领域

2. 人工智能带来了智能化的生活

人工智能的到来，为人类带来了更加便利、舒适的生活。例如，智能家居改善了人类的生活环境，如图 2-11 所示。

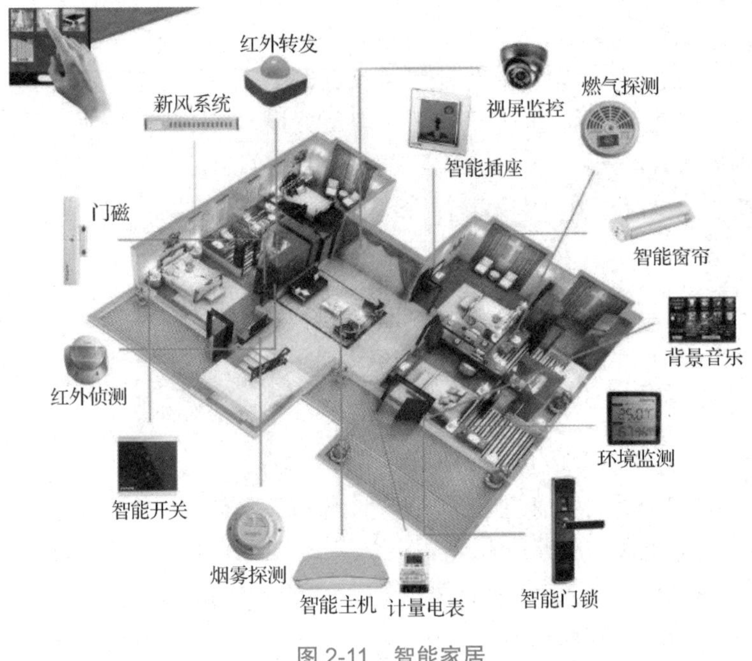

图 2-11　智能家居

2.3　人工智能发展中的伦理问题

2.3.1　人工智能的岗位替代作用深刻影响着人类的就业

课件：人工智能发展中的伦理问题

视频：人工智能发展中的伦理问题

每一次技术革命的到来，都会给人类的就业带来冲击。John Maynard Keynes 曾经说过：“一种新的疾病在折磨着我们，这种疾病是由技术进步导致的失业，即所谓的‘技术性的失业’。”人工智能革命对人类就业的冲击，同历史上任何一次技术革命相比，范围更广、层次更深、影响更大。我们必须面对的事实是，人工智能已经、正在和将要在许多领域的岗位上替代人类劳动。富士康因为人工智能的导入，已经有非常多的生产线和工厂实现了自动化，不需要人，甚至不需要开灯就可以进行工作。仅在昆山工厂，富士康就减员 6 万。

近年来，人工智能领域的大批科技成果集体亮相，例如，在无人超市，微笑可以享受打折的优惠；微医健康通使患者在家就能看名医；唇语识别功能可以用“眼睛”“听”人说话；翻译蛋可以替代翻译人员，扫除语言障碍；能算账的财务机器人；会哄娃娃的教育机器人；等等。除此之外，还有智慧法院（智能机器人导诉）、智慧泊车、智医助理、AlphaGo、骨科手术机器人等。人工智能不仅可以替代人类进行体力劳动，大量依靠脑力进行劳动的岗位也可以被其取代，这将给人类就业问题带来极大的挑战。

2.3.2　数据泄露和信息泛滥导致的侵犯隐私权

建立在大数据和深度学习基础上的人工智能，需要借助海量数据来学习训练算法，因此带来了信息泄露、数据盗用和个人隐私被侵犯的风险。从众多数据轨迹中可以获取大量的个人信息，如果这些信息被非法使用，那么将构成对隐私权的侵犯。

人类对智能工具的使用实际上是在为自己织一张网，移动支付、聊天软件、网络购物、智慧导航、智能手环、网络约车等工具，将自己的行动路线、兴趣爱好、受教育水平、财务状况，甚至健康状况都暴露无遗，对智能工具使用越多、频率越高，这张网就织得越密，越使人无处可逃。如果这些信息被不良商家掌握，那么会被无休止地推销、电话骚扰，使人不堪其扰，严重影响自身生活的安宁；如果这些信息被犯罪分子或黑客掌握，则会对人的财产甚至生命构成威胁。

2.3.3　信息伪造和欺诈严重侵蚀社会诚信体系

人工智能具有强大的数据收集、分析和信息生成能力，与之伴生的是虚假信息、欺诈信息大量充斥网络的问题。互联网已经成为人们信息来源的主要渠道，各类网站、自媒体、公众号、微博、微信群、朋友圈等，都是信息发布源，其中包含大量虚假新闻、虚假广告，有的貌似“鸡汤”实则“毒药”，有的“挂着羊头卖狗肉”，可以说是真假难辨。互联网传销、互联网金融诈骗、P2P 诈骗、众筹诈骗、网络理财诈骗等各类互联网犯罪，手段隐蔽，技术含量高，涉众性强，呈高发、多发态势。随着人工智能技术的不断发展，很多东西都可以被仿造，包括人类本身。

在乌镇举行的第五届世界互联网大会上，中国首个“人工智能主持人”横空出世。它首先模仿的是新华社著名主持人邱浩，不论是外形、声音、眼神，还是脸部动作、嘴唇动作，“人工智能主持人”与邱浩本人的相似度都高达 99%。更不可思议的是，它可以随意切换，照此程度模仿其他主持人，模仿他们的声音，克隆他们的相貌。我们可以想象一下，如果有人克隆你的声音、体型、相貌，并在网络上生成另外一个你，与你的家人或同事进行视频对话，会产生什么样的后果。

在人工智能时代，眼见不一定为实。信息的伪造和欺诈行为，不仅会侵蚀社会的诚信体系，还会对国家的政治安全、经济安全和社会稳定带来负面影响。

2.3.4 沉迷网络和依赖智能工具影响人的全面发展

人的全面发展是马克思主义的最高价值追求，也是我国教育方针的理论基石。人工智能的发展在推动人类整体进步的同时，也带来了个体能力的退化问题。一个相对普遍的现象是，人们沉迷于智能手机和网络空间，人被手机绑架，手不离机，机不离手，手机利用率之高，令人叹为观止。一些人对网络游戏的痴迷更是到了不能自拔的程度。

马克思指出，“所有自由时间都是供自由发展的时间”，按照马克思的划分，自由时间包括娱乐、休息和发展个人才能（学习科学文化知识）3 部分。但现在的问题是，人们对手机和网络的沉迷，导致自由时间中用于休息和发展个人才能的时间被严重挤占，这势必影响人的全面发展。更令人忧虑的是，在沉迷网络的大军中，青少年和未成年人是主体力量。网络上的色情、暴力和虚假内容，可能会对他们世界观和价值观的形成造成十分严重的负面影响。另外一个值得注意的现象是，智能设备的操作越来越简易、便捷，人类对其依赖程度也越来越高，进而催生了一些懒惰情绪，键盘一敲、手机一点，“衣食住行”均可“送货上门”。

2.3.5 情感计算和类脑智能将挑战传统道德

让机器人更像人类，一直是科学家们追求的目标，情感计算和类脑智能技术的发展为实现这一目标提供了可能。你的 AI 伙伴可能比家人更了解你的情绪、健康状况等，它能捕捉你的表情，以此判断你的情绪，并根据情绪选择你所喜爱的答复语句。神经科技和脑机接口的发展不断促进类脑智能技术的创新，但神经科技和人工智能的融合会带来伦理的挑战。人类大脑和机器智能直接连接，可以绕过大脑与身体正常的感觉运动，扰乱人类对于自身身份和能动性的认知。增强型神经技术的应用，可能改变人类身体的性能和心智。“超人”的出现可能不再是科幻，“缸中之脑”的假想可能成真，这些将极大地改变社会规范。“我是谁？”这样一个基本问题，可能不再单单是哲学家的终极追问，而是衍变成我们每一个普通人需要面对的问题。

2.3.6 数据质量和算法歧视会带来偏见和非中立性的结果

人工智能以大数据和深度学习为基础。从理论上讲，数据和算法没有情绪和偏好，应该会带来中立的结果，但数据质量、算法歧视及人为因素往往会导致偏见和非中立性的结果，比如，性别歧视、种族歧视及“有色眼镜”效应。事实上，数据和算法导致的歧视往往具有很大的隐蔽性，相较于人为导致的歧视，更加难以发现和消除。

中国有句古话：“浪子回头金不换”，但人工智能超强的数据记忆，会对一个人的“历史污点”形成“有色眼镜”效应，对其就业、贷款，甚至恋爱、交友，持续产生负面影响。凭借算法对个人信息的分析，银行可以拒绝为其贷款，买票时优先度会被降低，网络购物时只能看到低廉的产品。更可怕的是，当遭到不公平对待时，你不知道是谁在歧视你，无处申诉、无法解决、无能为力。

2.4　人工智能的未来与展望

课件：人工智能的未来与展望

视频：人工智能的未来与展望

人工智能发展的终极目标是类人脑思考。目前的人工智能已经具备学习和储存记忆的能力，人工智能最难突破的是人脑的创造力，而创造力的产生需要一种以神经元和突触传递为基础的化学环境。目前的人工智能是以芯片和算法框架为基础的，如果在未来能够模拟出大脑进行突触传递的化学环境，那么计算机与化学结合后的人工智能很可能带来另一番难以想象的天地。新一代人工智能发展规划，如图 2-12 所示。

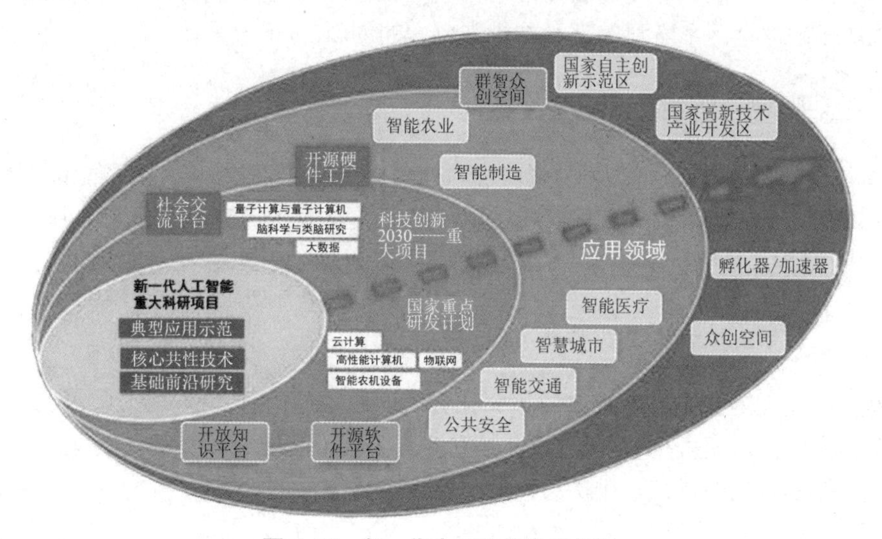

图 2-12　新一代人工智能发展规划

2.4.1　从专用智能到通用智能

实现从专用智能到通用智能的跨越式发展，既是下一代人工智能发展的必然趋势，又是研究与应用领域的重大挑战。

2.4.2　从机器智能到人机混合智能

人工智能的一个非常重要的发展趋势是 From AI（Artificial Intelligence）to AI（Augmented Intelligence），两个 AI 含义不同。“人＋机器”的组合将是人工智能演进的主流方向，“人机共存”将是人类社会的新常态。

2.4.3　从“人工+智能”到自主智能系统

人工采集和标注大样本训练数据，是近年来深度学习取得成功的一个重要基础，或者说重要人工基础。比如，要让人工智能明白一幅图像中哪一部分是人、哪一部分是草地、哪一部分是天空，都需要人工标注好，非常费时费力。此外还有人工设计深度神经网络模型、人工设定应用场景、人工适配智能系统等。所以有人说，目前的人工智能有多少智能，取决于付出多少人工，这句话虽然不太准确，但切实指出了问题所在。人工智能下一步的发展目标是如何以极少数的人工获得最大程度的智能。人类看书可以学习知识，但机器还做不到，所以部分机构（如Google）开始试图创建自动机器学习算法，以降低AI的人工成本。

2.4.4 学科交叉将成为人工智能的创新源泉

深度学习借鉴了大脑的原理，即在信息分层后进行层次化处理。所以，人工智能与脑科学交叉融合非常重要。*Nature*和*Science*都有这方面成果的报道。例如，*Nature*发表了一篇关于某研究团队开发的一种自主学习的人工突触的文章，这种突触能够提高人工神经网络的学习速度。但大脑到底是怎么处理外部视觉信息或听觉信息的也未可知，这是脑科学将要面临的难题。这两个学科的交叉将带来巨大的创新空间。

2.4.5 人工智能产业将蓬勃发展

2017年，我国在《新一代人工智能发展规划》中提出，2030年人工智能核心产业规模将超过1万亿元，带动相关产业规模超过10万亿元。人工智能产业将蓬勃发展，前景一片光明。

2.4.6 人工智能的法律法规将更加完善

大家很关注人工智能可能带来的相关社会问题和伦理问题，联合国还专门成立了人工智能和机器人中心监察机构。欧盟25个国家签署了人工智能合作宣言，共同面对人工智能在伦理、法律等方面的挑战，中国科学院也在考虑这方面的课题。

2.4.7 人工智能将成为更多国家的战略选择

人工智能作为引领未来的战略性技术，世界各国高度重视，纷纷制定人工智能发展战略，力争抢占该领域的制高点。美国是世界上第一个将人工智能上升到战略层面的国家。此外，英国、德国、法国、韩国、日本等国也相继发布了人工智能的相关战略，构筑人工智能发展的先发优势。

中国政府同样高度重视人工智能产业的发展，2017年人工智能首次被写入中国政府工作报告，国务院印发的《新一代人工智能发展规划》，标志着人工智能已上升至国家战略高度。《规划》提出构筑我国人工智能发展的先发优势，加快建设创新型国家和世界科技强国，制定“三步走”的战略目标，提出发展人工智能的6大重点任务。从科技理论创新、产业智能化、社会智能化、人工智能领域军民融合、基础设施建设及科技前瞻布局6个方面，梳理了社会全行业与人工智能渗透融合的路径，同时配套发布了资源配置方案和发展保障措施，以确保落实发展规划。

2.4.8 人工智能教育将全面普及

人工智能技术的迅猛发展为教育领域带来了前所未有的挑战。但同时，人工智能技术对赋能学生成长、改善学习环境及教学资源具有显著意义。我们应抓住机遇，积极拥抱人工智能技术，以推动教育改革和教学升级。

就学生成长而言，人工智能技术能够根据学生的习惯、能力和需求，个性化地制订学习计划。通过对学生表现的分析，人工智能系统能够智能地推荐适合学生的教材和练习题，帮助学生更高效地学习。人工智能系统还能根据学生表现进行自适应评估，更准确地衡量其知识水平，依据评估结果调整学习路径。不仅如此，人工智能技术还有助于激发学生的创造力，培养学生的核心素养、批判性思维和解决问题的能力。

中国政府发布了《中国教育现代化 2035》《高等学校人工智能创新行动计划》，全面谋划人工智能时代教育中长期改革的发展蓝图。

上述八大宏观发展趋势，既有科学研究层面，又有产业应用层面，还有国家战略和政策法规层面。在科学研究层面上，特别值得关注的趋势是：从专用智能到通用智能，从机器智能到人机混合智能，学科交叉借鉴脑科学等。

思政园地

素养目标

✧ 使学生树立正确的价值观念和责任意识。

✧ 培养学生的科学精神及创新精神。

中国科学院自动化所研发人工智能技术规模化应用于新疆配电网巡检

思政案例

中国科学院自动化所研发人工智能技术规模化应用于新疆配电网巡检，请扫描右侧二维码观看视频。

2024 年 1 月 25 日，中国科学院自动化研究所(自动化所)向媒体发布信息，基于该所轻量化人工智能(Tiny AI)的技术优势，结合新疆配电网设备、地域特点和业务应用需求，合作团队开发完成适用新疆配电网特点的无人机自适应巡检技术，近期已在新疆奎屯开展规模化应用并得到充分验证，为后续进一步推广奠定坚实基础。

据介绍，国网奎屯供电公司先试先行开展配电网线路自适应巡检作业，现已完成奎屯公司 69 条线路、1.6 万余级杆塔精细化巡视和 1000 公里线路通道巡检，生成自主巡视航线 1.6 万余份，采集图像数据 10 万余张，发现各类缺陷隐患 1193 处。奎屯配电网线路无人机自主巡检整体覆盖率达 10%，其中奎屯城区覆盖率超过 70%，相较于传统巡检，无人机自主巡检作业效率提升 10 倍以上。

中国科学院自动化所称，自适应巡检技术在新疆地区的示范应用和推广，标志着轻量化人工智能技术在电力行业应用进一步成熟，有望获得更广泛普及。该所还提供了一组视频，对应用人工智能技术的配电网线路自适应巡检作业进行演示。（视频来源：中国科学院自动化所）

自我检测

一、单选题

1. AI 的英文全称是_____。

   A. Automatic Intelligence　　B. Artifical Intelligence

   C. Automatic Information　　D. Artifical Information

2．人工智能是研究、开发用于模拟、延伸和扩展_____的理论、方法、技术及应用系统的一门新的技术科学。

A．人的动作　　B．人的思维

C．人的智能　　D．人的语言

3．人工智能研究领域的一个较早流行的定义，是由_____在1956年的达特茅斯会议上提出的。

A．沃伦·麦卡洛克　　B．沃尔特·皮茨

C．约翰·麦卡锡　　D．阿尔弗雷德·比奈

4．人工智能未来的发展趋势包括_____。

A．从专用智能到通用智能

B．从机器智能到人机混合智能

C．从“人工＋智能”到自主智能系统

D．以上都是

5．要想让机器具有智能，必须让机器具有知识。因此，在人工智能中有一个研究领域，主要研究计算机如何自动获取知识与技能，实现自我完善，这门研究学科叫_____。

A．专家系统　　B．机器学习

C．神经网络　　D．模式识别

二、多选题

1．下列属于人工智能的学派是_____。

A．符号主义　　B．机会主义

C．行为主义　　D．连接主义

2．下列属于人工智能伦理问题的是_____。

A．就业安全　　B．隐私侵犯

C．社会诚信　　D．算法偏见

三、判断题

1．计算机发展多年，在各行各业中的应用越来越广泛，但是智能问题一直没有得到根本性的突破，主要原因在于计算机的发展主要是性能的提升，并不是机器真正的独立思考。（　　）

2．AlphaGo是新一轮人工智能的标志性成果。（　　）

四、简答题

答出两个所在专业应用人工智能技术的典型案例。

五、讨论题

1．讲述几个你所看到的人工智能应用实例，并阐述人工智能的发展前景和中国的独特优势。

2．查阅人工智能的应用实例并与同学交流，思考一下为什么中国的人工智能一定能走在世界前列？

第 3 章　大数据技术

课件：大数据技术

学习目标

- ◆ 掌握大数据的概念。
- ◆ 了解大数据的特征。
- ◆ 掌握大数据在各行业的典型应用。

案例导读

我们的衣食住行都与大数据有关，每天的生活都离不开大数据，每个人都被大数据包裹着。大数据提高了我们的生活品质，为每个人提供了创新平台和发展机遇。

大数据通过数据整合分析和深度挖掘，发现规律、创造价值，进而建立起从物理世界到数字世界再到网络世界的无缝链接。在大数据时代，线上与线下、虚拟与现实、软件与硬件跨界融合，重塑了我们的认知和实践模式，开启了一场新的产业突进与经济转型。《大数据时代》的作者 Viktor Mayer-Schönberger 这样定义大数据，“大数据是人们在大规模数据的基础上可以做到的事情，而这些事情在小规模数据的基础上是无法完成的。”

【案例 1】地震预测大数据

每年，地震在全球范围内都会导致超过 1.3 万人死亡，500 万人受伤或财产受损，造成的经济损失高达 120 亿美元。多年以来，科学家们主要依靠对震频的监测来预测地震。尽管有很多潜在的地震预警信号，如大气条件的变化或大量蛇群的迁移，但基于这些信号做出的预测准确率太低，无法在现实中应用。

科学家们利用大数据技术对来自卫星和气象领域的数据进行统计分析，开启了一种全新的地震预测模式。该项技术可以帮助人类提前 30 天预测全球主要地震多发国家即将发生的震级 6 级以上的大地震，精准度已达 90%。曾提前 9 天预测到了 2015 年 3 月 3 日在印度尼西亚发生的 6.4 级地震。地震预测大数据如图 3-1 所示。

图 3-1　地震预测大数据

【案例 2】山东省淄博市高青县：数字特产商城带动“亮村共富”

“以数智点亮乡村，带动产业发展，推动乡村振兴”，高青县紧紧抓住用好农业数字时代的重大机遇，立足农业资源禀赋和产业化优势，凝心聚力推进数字乡村体系建设，以数字技术改造升级农业全链条、农村各领域和农民新生活，推动农业向规模化、高端化、绿色化及智慧化转型升级。

高青县以农业农村大数据平台为基础，服务经营主体和村民。使用大数据平台，获取经营主体信息、生产信息、种植环境信息、土地利用信息、农作物长势信息，以及农业投入品、农机使用情况等数据，对农业产业的整体情况做实时、动态分析，为经营主体提供适合农作物生长及市场需求的种植建议,运用现代科技帮农民把地种好、把农产品卖好。

通过大数据分析，反映消费群体对优质农产品的购买需求和购买能力，以及喜欢的购买渠道和方式，让生产者看到优质农产品带来的经济效益，以市场和消费者认同的方式开展标准化生产，降低生产风险，提高产品价值，促进农业产业发展。高青县农业农村大数据平台如图 3-2 所示。

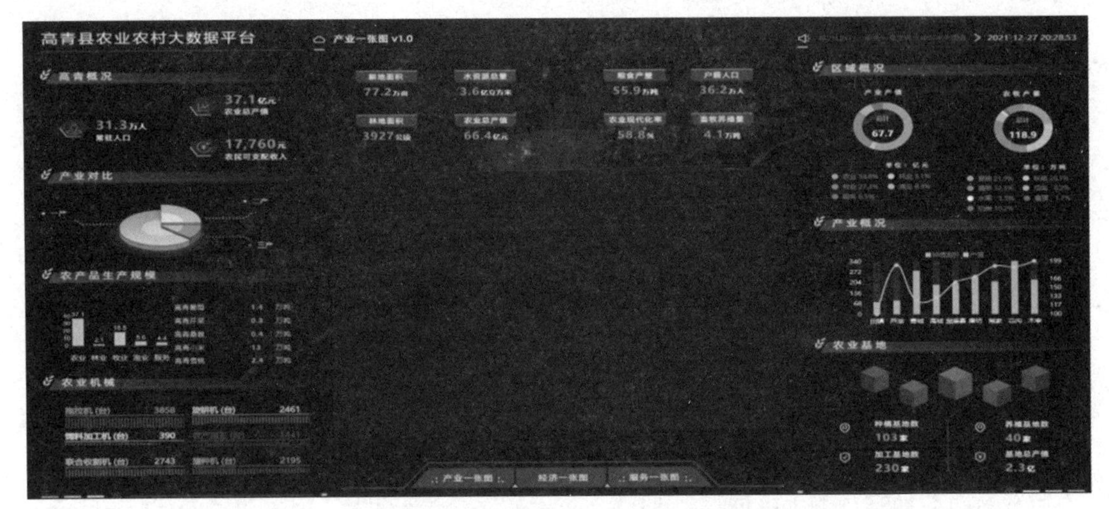

图 3-2　高青县农业农村大数据平台

【案例 3】南京高校“科技原创力”，追着害虫“跑”，用大数据预测迁飞趋势

“这个变化，对于江苏农田算是利好。”近日，南京农业大学胡高教授团队联合全国测报体系在国际著名生态学期刊《全球变化生物学》（英文名 *Global Change Biology*）上发表研究论文，揭示在全球变暖背景下，降水和风场条件的变化致使我国褐飞虱迁飞模式发生转变，为迁飞害虫的准确测报和科学防控提供了重要理论参考，为推动农业强国、助力乡村全面振兴、保障粮食安全做出积极贡献。

南京农业大学胡高教授团队基于 1978—2019 年全国 300 多个站点的稻飞虱监测数据和相关气象资料发现，自 2001 年以来，影响我国夏季盛行气流和降水时空分布的重要大气环流系统西太平洋副热带高压（简称副高）强度显著增强，位置明显西移。受此影响，我国长江以南地区夏季西南气流显著变弱、降水增加，江淮地区降水显著减弱，不利于褐飞虱的远距离迁飞，致使华南地区 7 月迁出褐飞虱的迁飞距离显著变短，长江下游地区褐飞虱迁入量显著下降。本次研究发现，由于褐飞虱迁飞模式的转变，长江下游不再成为褐飞虱 7 月份迁飞的主降区。“对于江苏包括南京来说，这个研究发现是好消息。对于害虫的防控，依托完整的网络系统，这些年，江苏的褐飞虱虫害确实较少。”胡高说。胡高教授团队在稻田里做研究如图3-3所示。

图3-3　胡高教授团队在稻田里做研究

随着信息科技的不断发展，通过网络对信息进行获取、存储、处理和传递的方式越来越普及、越来越便捷，随之产生的数据量越来越庞大，获取的数据越来越重要，一个崭新的时代正悄然来临。世界正从信息时代迈向大数据时代，数据挖掘与分析等大数据技术所展现的巨大价值，正激发大众对大数据孜孜不倦地探索。

【案例4】亚马逊公司利用大数据预测消费者特征

随着互联网的快速发展和数字经济的日益繁荣，大数据和人工智能（AI）已经成为企业制定营销策略的重要辅助工具。亚马逊作为全球领先的电子商务平台，其营销策略紧密结合了大数据和AI技术，实现了精准的目标客户定位和个性化的营销推广。

根据消费者以往的搜索记录和消费记录等大数据，可以推算出消费者的消费偏好、经济水平、消费习惯等，甚至可以从浏览某件商品的时间长短，推断出消费者对某类商品或品牌的青睐程度，进而分析消费者购买某种商品的可能性，当可能性大于某个标准时，亚马逊公司就会预判发货。为了提高预判发货的准确性，降低物流成本，亚马逊公司采取了一些措施。例如，刚上市的畅销商品能吸引大量的消费者购买，这时往往会采用预判发货；对于经常在亚马逊网站购物且购买力较强的消费者，更倾向于预判发货。此外，还会根据消费者浏览商品的时间、购买商品的数量等数据推算其犹豫时间，对于犹豫时间较短的消费者，也会预判发货。基于大数据的消费者行为分析和市场趋势预测，亚马逊可以为用户提供个性化的推荐服务和定制化产品。例如，通过用户的购物历史和浏览行为，可以向用户推荐相关的产品和服务，提高用户满意度和忠诚度。

3.1 大数据的概念及由来

视频：大数据的概念及由来

3.1.1 大数据是什么

《华尔街日报》将大数据（big data）、智能化生产和无线网络革命称为引领未来繁荣的三大技术变革。世界经济论坛发布的报告指出，大数据为新财富，价值堪比石油。因此，世界各国纷纷将施行利用大数据夺取新一轮竞争制高点的重要举措。

大数据是指使用常用软件工具捕获、管理和处理数据所消耗的时间超出可容忍时间的数据集。大数据是一个体量庞大、数据类别繁多的数据集，并且这样的数据集无法使用传统数据库工具对其内容进行捕获、管理和处理。

Gartner 公司将大数据定义为大容量、高速度和多种类的信息资产，需要使用新处理形式来增强决策力、洞察发现力和流程优化能力。

目前对于大数据没有统一的定义，一般认为大数据是指无法在一定时间范围内使用常规软件工具进行捕获、管理和处理的数据集合，是需要使用新处理模式才能具有更强的决策力、洞察发现力和流程优化能力的海量、高增长率和多样化的信息资产。大数据泛指大规模、超大规模的数据集，因可从中挖掘出有价值的信息而备受关注，但使用传统方法无法进行有效分析和处理。

3.1.2 大数据是怎么来的

1. 大数据概念的起源

大数据的概念起源于美国，是在思科、威睿、甲骨文、IBM 等公司的倡议下发展起来的。目前，从 IT 技术到数据积累，都已经发生重大变化。

大数据的名称来自未来学家托夫勒所著的《第三次浪潮》。早在 1980 年，托夫勒就在《第三次浪潮》中热情地将大数据称颂为“第三次浪潮的华彩乐章”。《自然》杂志在 2008 年 9 月推出了名为大数据的封面专栏。从 2009 年开始，大数据成为互联网技术行业中的热门词汇。

最早应用大数据的是麦肯锡（McKinsey）公司对“大数据”进行收集和分析的设想，他们发现各种网络平台记录的海量个人信息具备潜在的商业价值，于是投入大量人力、物力进行调研，在 2011 年 6 月发布了关于大数据的报告，该报告对大数据的影响、关键技术和应用领域等方面进行了详尽的分析。麦肯锡公司在《大数据：创新、竞争和生产力的下一个前沿领域》报告中称：“数据，已经渗透到当今每一个行业和业务职能领域，成为重要的生产因素。人们对于海量数据的挖掘和运用，预示着新一波生产率增长和消费者盈余浪潮的到来。”麦肯锡公司的报告获得了金融界的高度重视，而后逐渐受到了各行各业的关注。

数据不再是社会生产的“副产物”，而是转变为生产资料，是可被二次乃至多次加工的原料，从中可以探索更大的价值。大数据是以数据为本质的新一代革命性信息技术，在数据挖潜过程中，能够带动理念、模式、技术及应用实践的创新。

2. 大数据的来源

大数据通常是大小为 PB 或 EB 级的数据集。这些数据集有各种各样的来源，如图 3-4 所示。

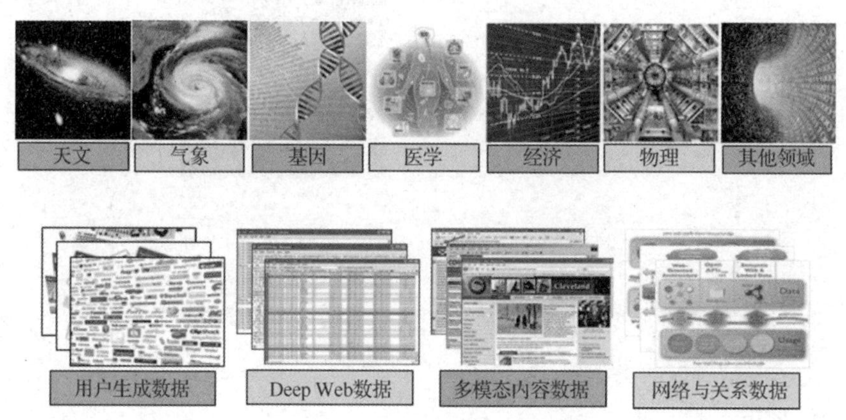

图 3-4　大数据的来源

（1）信息科技进步。

人们在社会网络、互联网、健康、金融、经济、交通等方面产生的各类数据，例如，病人医疗记录、视频等信息，呈现爆炸式增长的趋势，如图 3-5 所示。

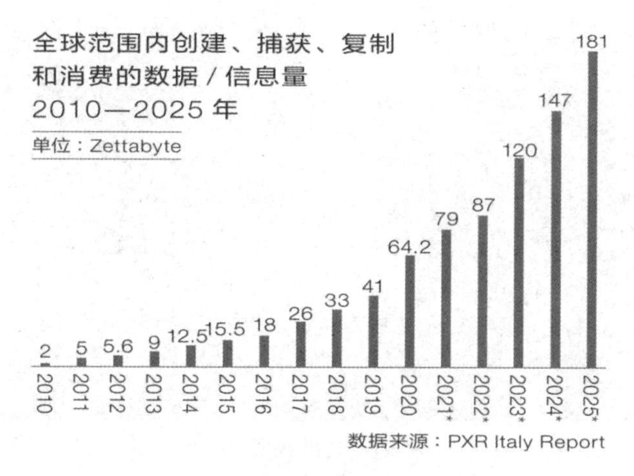

图 3-5　数据爆炸式增长

（2）互联网诞生。

物联网和社交网络的发展，以及智能终端的诞生成为了促进数据爆炸式增长的因素。数据的增长大概遵循摩尔定律。摩尔定律即在信息技术更新换代越来越迅速的情况下，集成电路上的晶体管数量会增加一倍，性能提升一倍，价格降低一半，这是电子工业历史上第一个被发现并获得公认的定律，如图 3-6 所示。随着电子技术和计算机技术的飞速发展，数据总量不断增大，例如，在医疗领域中各类数字设备、科学实验与观察所采集的数据，摄像头不断产生的数字信号，医疗物联网不断产生的人的各项特征值，气象业务系统采集设备所采集的海量数据等，都是大数据的来源。

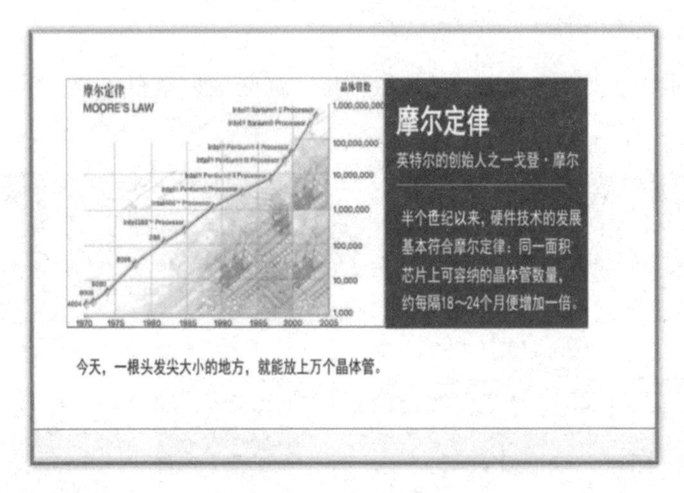

图 3-6 摩尔定律

（3）云计算技术的发展。

云计算一般由数量惊人的计算机群构成，如谷歌数据中心拥有的服务器超过 100 万台，路由器和交换机可以使谷歌数据中心的服务器进行对话，如图 3-7 所示。光纤网络速度是平时家用网速的 20 万倍，云计算可以让普通人体验每秒 10 万亿次的计算能力，如此强大的计算能力，可以模拟核爆炸、预测气候变化和市场发展趋势。

图 3-7 谷歌数据中心

3.1.3 大数据的 3V 特征和 5V 特征

从字面上看，大数据这个词可能会让人觉得它只是容量非常大的数据集合而已。但容量大只不过是大数据特征的一个方面，如果只拘泥于数据量，就无法深入理解当前围绕大数据所进行的讨论。因为“用现有的一般技术难以管理”这样的状况，并不仅仅是数据量增大这一个因素造成的。

IBM 提出可以用 3 个特征相结合来定义大数据：Volume（容量大）、Variety（多样性）和 Velocity（速度快），这就是简单的 3V 特征，即容量庞大、种类丰富和速度极快的数据，后来又相继补充了 Veracity（真实性）和 Value（价值密度低）特征，如图 3-8 所示。

图 3-8　大数据的 5V 特征

（1）Volume。

最初提到数据的容量指的是被大数据解决方案所处理的数据容量很大，并且持续增长。数据容量大能够影响数据的独立存储和处理需求，同时还能对数据准备、数据恢复、数据管理的操作产生影响。如今，数据的存储数量正在急剧增长，我们存储的事物包括环境数据、财务数据、医疗数据、监控数据等。有关数据量的量级已从 TB 级转向 PB 级，并且会不可避免地转向 ZB 级。但是，随着可供企业使用的数据量不断增长，可处理、理解和分析的数据的比例却在不断下降。

（2）Variety。

数据多样性指的是大数据解决方案需要支持多种不同格式、不同类型的数据。数据多样性给企业带来的挑战包括数据聚合、数据交换、数据处理和数据存储等。

随着传感器、智能设备及社交协作技术的激增，企业中的数据也变得更加繁杂，因为它不仅包含传统的关系型数据，还包含来自网页、互联网日志文件（包括单击流数据）、搜索索引、社交媒体论坛、电子邮件、文档、主动和被动系统的传感器等方面的原始、半结构化和非结构化数据。

种类表示所有的数据类型。其中，呈爆发式增长的一些数据，如互联网上的文本数据、位置信息、传感器数据、视频等，使用企业中主流的关系型数据库是很难存储的，因为它们都属于非结构化数据。

当然，在这些数据中，有一些是一直存在并得以保存的。和过去不同的是，除了存储，还需要对这些大数据进行分析，并从中获得有用的信息，如监控摄像机中的视频数据。近年来，超市、便利店等零售企业几乎都配备了监控摄像机，其最初目的是防范盗窃，但现在也出现了通过监控摄像机的视频数据来分析顾客购买行为的案例。

（3）Velocity。

数据产生和更新的频率也是衡量大数据的一个重要特征。在大数据环境中，数据产生得很快，在极短的时间内就能聚集起大量的数据集。从企业的角度来说，数据的输入速率代表数据从进入企业到进行处理的时间。要处理快速的数据输入流，需要企业设计出弹性的数据处理方案，同时需要强大的数据存储能力。若想有效处理大数据，则需要在数据变化的过程中对它的数量和种类进行分析，而不只是在它静止后进行分析。

根据数据源的不同，处理速度也有所不同，处理速度不是一直处于高速，如核磁共振扫描图像不会像高流量 Web 服务器日志文件的生成速度那样快。无论速度如何，一分钟内能够生成的数据都是十分庞大的，如 35 万条推文、可供浏览 300 个小时的 YouTube 视频、1.71 亿份电子邮件，以及 330GB 飞机引擎的传感器数据等。

（4）Veracity。

IBM 在 3V 特征的基础上又归纳总结了第四个“V”——Veracity（真实性）。“只有真实而准确的数据才能让对数据的管控和治理真正有意义。”IBM 软件集团大中华区业务分析洞察及智慧地球解决方案总经理卜晓军，在主题为“大数据·大洞察·大未来”的年度大数据战略发布会上的发言中这样总结。随着社交数据、企业内容、交易与应用数据等新数据源的兴起，传统数据源的局限性被打破，企业愈发需要有效的信息治理以确保数据的真实性及安全性。

（5）Value。

IDC（互联网数据中心）称：“大数据是一个貌似不知道从哪里冒出来的大的动力。但是实际上，大数据并不是新生事物。然而，它确实正在进入主流，并得到重大关注，这是有原因的。廉价的存储、传感器和数据采集技术的快速发展，通过云和虚拟化存储设施增加的信息链路，以及创新软件和分析工具，正在驱动着大数据。大数据不是一个‘事物’，而是一个跨多个信息技术领域的动力/活动。大数据技术描述了新一代的技术和架构，其被设计用于：通过使用高速（Velocity）的采集、发现和分析，从超大容量（Volume）的多样（Variety）数据中经济地提取价值（Value）。”

3.2 大数据处理

视频：大数据处理

3.2.1 大数据处理的基本流程

根据大数据处理的生命周期，大数据技术体系涉及大数据采集与预处理、大数据存储与管理、大数据计算模式与系统、大数据分析与挖掘、大数据隐私与安全等。大数据技术体系如图 3-9 所示。

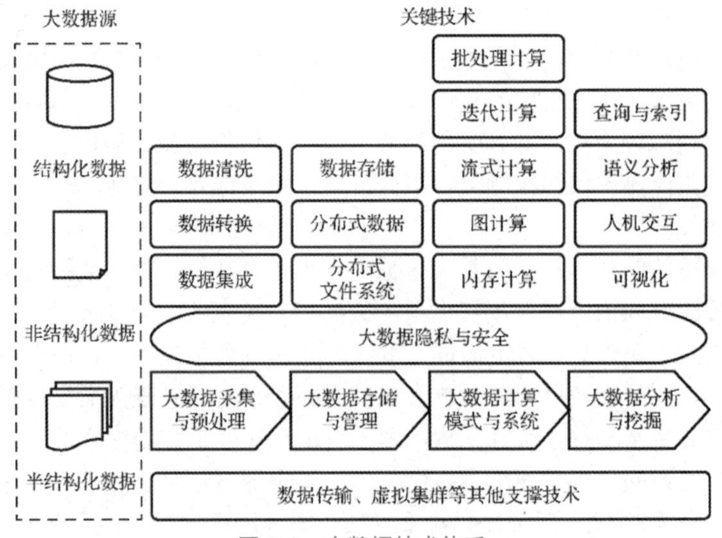

图 3-9 大数据技术体系

一般而言，大数据可以通过 4 个基本步骤进行处理，如图 3-10 所示。

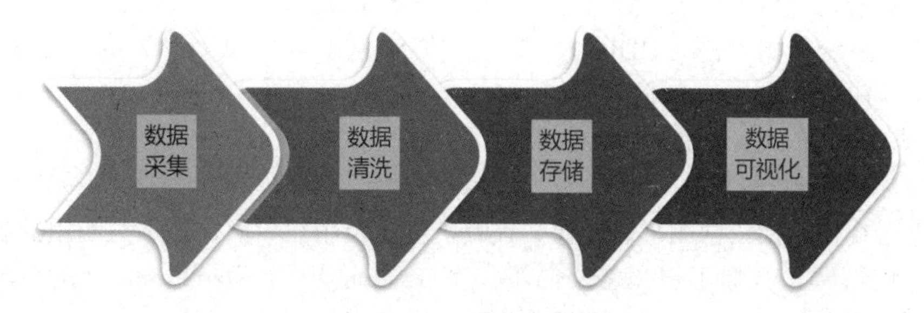

图 3-10　大数据处理的基本步骤

大数据处理的模型也可以被认为是“数据→信息→知识→智慧”的金字塔模型，这是一个量级由大到小、价值由低到高的数据模型，如图 3-11 所示。

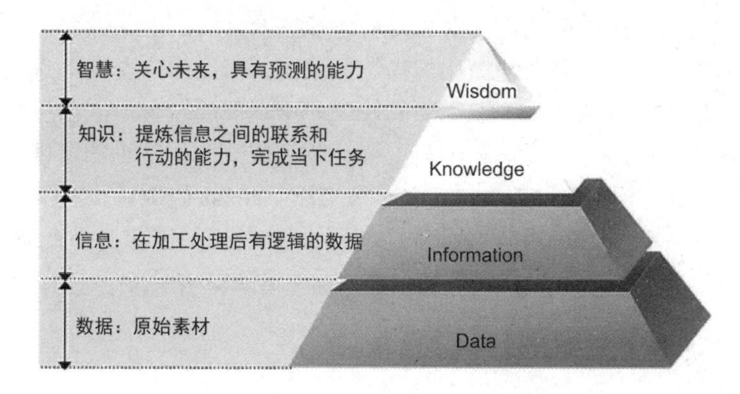

图 3-11　大数据处理的金字塔模型

（1）数据采集。

数据采集（数据获取）是大数据处理的第一个步骤，为大数据处理收集足够的、未经加工的原始数据。数据来源包括内部自有数据和外部他营数据。

数据采集一般分别为 DPI 采集、系统日志采集、网络数据采集和其他数据采集。目前很多公司都有自己的海量数据采集工具，均满足每秒数百兆字节的采集和传输需求。

（2）数据清洗。

对海量数据进行分析时，需要将原始数据导入一个大型的分布式数据库中，并对其做一些简单的数据清洗和预处理工作。如果没有经过数据清洗，直接将原始数据交给大数据系统进行处理则可能产生错误，因此数据清洗在整个数据处理的过程中具有非常重要的地位。

（3）数据存储。

在现在的大数据处理中，海量数据的存储是一门重要的学科，其研究目标包括如何有效解决物理存储媒介的问题。数据存储一方面要求良好的物理硬件支持，从而保证海量数据可以被接纳；另一方面需要为处理完毕的数据建立方便访问的服务（如建立索引），从而保证数据可以被快速、准确地访问。数据存储与大数据应用密切相关。

大数据给存储系统带来了 3 个方面的挑战：一是存储规模大，通常会达到 PB 级甚至 EB 级；二是存储管理复杂，需要兼顾结构化、非结构化和半结构化数据；三是对数据服务的种类和水平要求较高。目前，出现了一批用于应对大数据存储与管理挑战的新技术，具有代表性的研究包括分布式缓存（如 CARP、mem-cached）、基于 MPP 的分布式数据库、分布式文件系统（如 GFS、HDFS），以及各种 NoSQL 分布式存储方案（如 MongoDB、CouchDB、HBase、Redis、Neo4j 等）。各大数据库厂商（如 Oracle、IBM、Greenplum 等）都已推出支持分布式索引和查询的产品。

（4）数据可视化。

数据可视化是指依据图形、图像、计算机视觉及用户界面，通过对数据的表现形式进行可视化的解释。数据可视化常用的工具有 Python 中的 Matplotlib 绘图工具库、百度 ECharts、Tableau 等，Excel 中的高级图表功能也可以很好地实现数据可视化。数据分析是大数据处理的核心，但用户往往更关注结果的展示形式。如果分析结果正确，但没有采用适当的解释方法，则所得的结果很可能让用户难以理解，在极端情况下甚至会误导用户。由于大数据分析结果具有海量且关联关系极其复杂等特点，所以采用传统的解释方法基本不可行。目前常用的方法是可视化技术和人机交互技术。

可视化技术能够迅速且有效地简化与提炼数据流，帮助用户交互筛选大量的数据，有助于用户更快更好地从复杂数据中取得新的发现。用直观的图形方式向用户展示结果，已作为最佳结果展示方式之一率先被科学与工程计算领域采用。常见的可视化技术有原位分析（InSitu Analysis）、标签云（Tag Cloud）、历史流（History Flow）、空间信息流（Spatial Information Flow）、不确定性分析等。我们可以根据具体的应用需要选择合适的可视化技术，如通过数据投影、维度降解和电视墙等方法解决大数据显示问题。

3.2.2 大数据处理工具和技术发展趋势

1. 大数据处理工具

（1）常用的大数据处理工具。

现有的大数据处理工具大多是对开源的 Hadoop 平台进行改进并将其应用于各种场景。Hadoop 完整生态系统中的各子系统都有相应大数据处理的改进产品。常用的大数据处理工具如表 3-1 所示，这些工具中的部分已经投入商业应用，还有一部分是开源软件。在已经投入商业应用的工具中，绝大部分是在开源 Hadoop 平台的基础上进行功能扩展的，或者是提供 Hadoop 平台的数据接口。

表 3-1 常用的大数据处理工具

种类		工具示例
平台	Local	Hadoop、MapR、Cloudera、Hortonworks、BigInsights、HPCC
	Cloud	AWS、GoogleComputeEngine、Azure
数据库	SQL	MySQL（Oracle）、MariaDB、PostgreSQL、TokuDB、AsterData、Vertica
	NoSQL	HBase、Cassandra、MongoDB、Redis
	NewSQL	Spanner、Megastore、F1
数据仓库		Hive、HadoopDB、Hadapt
数据收集		ScraperWiKi、Needle base、bazhuayu
数据清洗		Data Wrangler、Google Refine、Open Refine

续表

种类		工具示例
数据处理	批处理	MapReduce、Dyrad
	流式计算	Storm、S4、Kafka
	内存计算	Drill、Dremel、Spark
查询语言		HiveQL、PigLatin、DryadLINQ、MRQL、SCOPE
统计与机器学习		Mahout、Weka、R、RapidMiner
数据分析		Jaspersoft、Pentaho、Splunk、Loggly、Talend
可视化分析		Google Chart API、Flot、D3、Processing、Fusion Tables、Gephi、SPSS、SAS、R、Modest Maps、Open Layers

（2）基于云的数据分析平台。

目前大部分企业分析的数据量都在 TB 级，但按照数据的发展趋势，很快就会进入 PB 时代。企业的大数据分析工具和数据库也将走向云计算。基于云的数据分析平台框架如图 3-12 所示。

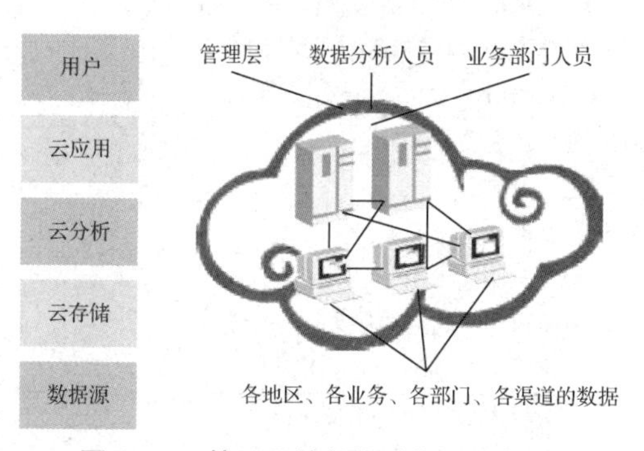

图 3-12　基于云的数据分析平台框架

云计算可以为大数据带来哪些变化呢？

云计算为大数据提供了可以弹性扩展、相对便宜的存储空间，以及计算资源，使得中小企业也可以像亚马逊一样通过云计算完成大数据分析。云计算可容纳的资源庞大且分布较为广泛，是使得异构系统较多的企业能够及时、准确地处理数据的有力方式，甚至是唯一方式，它为大数据处理方式带来了变化。

2. 技术发展趋势

目前，与大数据相关的技术和工具非常多，它们被用作大数据采集、存储、处理和呈现的有力武器，为企业提供了更多的选择。随着大数据的不断演进，其各个环节的技术发展呈现新的趋势，如表 3-2 所示。

表 3-2　大数据技术发展趋势

主要技术	发展趋势
采集与预处理	✧ 数据源的选择和高质量原始数据的采集方法 ✧ 多源数据的实体识别和解析方法 ✧ 数据清洗和自动修复方法 ✧ 高质量数据的整合方法 ✧ 数据演化的溯源管理

续表

主要技术	发展趋势
存储与管理	✧ 大数据索引和查询技术 ✧ 实时/流式大数据存储与处理
计算模式与系统	✧ Hadoop改进后与其他计算模式和平台共存 ✧ 混合计算模式成为大数据处理的有效手段
数据分析与挖掘	✧ 更加复杂 ✧ 大规模分析与挖掘 ✧ 大数据实时分析与挖掘 ✧ 大数据分析与挖掘的基准测试
可视化分析	✧ 原位分析 ✧ 人机交互 ✧ 协同与众包可视分析 ✧ 可扩展性与多级层次问题 ✧ 不确定性分析和敏感分析 ✧ 可视化与自动数据计算挖掘结合 ✧ 面向领域和大众的可视化工具库
数据隐私与安全	✧ 进一步完善NoSQL ✧ APT攻击研究 ✧ 社交网络的隐私保护 ✧ 数字水印技术 ✧ 风险自适应访问控制 ✧ 数据采集、存储、分析3个过程“三权分立”
其他	✧ 大数据高效传输架构和协议 ✧ 大数据虚拟机集群优化研究

3.3 大数据的应用

1. 商品零售大数据

视频：大数据的应用

阿里巴巴公司根据淘宝网上中小企业的交易状况筛选出了财务健康和讲究诚信的企业，并对它们发放无须担保的贷款。零售企业会监控顾客在店内的走动情况及其对商品的查看情况，大数据将这些信息与交易记录相结合展开分析，从而对销售哪些商品、如何摆放货品及何时调整售价给出意见。此类方法已经帮助某零售企业减少了17%的存货，同时在保持市场份额的前提下，增加了高利润率自有品牌商品的比例。

2. 消费大数据

亚马逊“预测式发货”的新专利，可以通过对用户数据的分析，在用户正式下单购物前，提前发出包裹。这项技术可以缩短发货时间，从而增强消费者网上购物的意愿。从下单到收货的时间延迟，可能会降低用户的购物意愿，从而导致他们减少网上购物的频率。所以，亚马逊会根据之前的订单和其他因素，分析用户的购物习惯，从而在实际下单前便将包裹发出。该专利文件提出，虽然包裹会提前从亚马逊发出，但在用户正式下单前，这些包裹仍会暂存在快递公司的转运中心或卡车里。为了确定要运送哪些货物，亚马逊会参考之前的订单、商品搜索记录、愿望清单、购物车，甚至用户的鼠标指针在某件商品上悬停的时间。

3. 证监会大数据

实际上，早在 2009 年，上海证券交易所（简称上交所）就曾有过利用大数据设置“捕鼠器”的设想。通过建立相关模型，设定一定的预警指标，在相关指标达到某个预警点时，监控系统即可自动报警。而此次在“马乐案”中亮相的深圳证券交易所（简称深交所）的大数据监测系统，更是引起了广泛关注。深交所设置了 200 多个指标用于监测估计，一旦出现股价偏离大盘走势的情况，深交所就会利用大数据查探异动背后是哪些人或机构在操控。

4. 金融大数据

阿里巴巴的“水文模型”会按照小微企业的类目、级别等统计商户的相关“水文数据”。例如，过往每到某个节点，某店铺的销售情况就会进入旺季，销售额会增长，其对外投放的资金额度也会上升。结合这些“水文数据”，系统可以判断出该店铺的融资需求；结合该店铺的以往资金支用数据及同类店铺的资金支用数据，可以判断出该店铺的资金需求额度。

5. 金融服务大数据

大连商品交易所（简称大商所）依托气象数据创新金融服务。自 2022 年，在服贸会“环境服务 • 双碳经济论坛”上，“中央气象台-大商所温度指数”在多年成功试运行的基础上正式发布后，大商所联合中央气象台及相关金融机构、产业主体，积极推进该指数在保险和场外衍生品等方面的应用，现已有多款挂钩“中央气象台-大商所温度指数”的创新保险产品陆续落地，在水产养殖、电力销售、居民生活等方面形成了多种应用场景，并通过场外衍生品构建利益相融机制，实现金融与实体企业的融合应用。这既可以帮助经营主体应对天气变化带来的负面影响，又可以为保险公司规避赔付风险开辟新路径，还可以为推动气象数据要素在更广范围内的应用奠定基础。

6. 制造业大数据

在摩托车生产商哈雷·戴维森公司位于宾夕法尼亚州约克市的翻新摩托车制造厂中，软件在不停地记录着各种制造数据，如喷漆室风扇的速度等。当软件“察觉”到风扇速度、温度、湿度或其他变量偏离规定数值时，就会自动调整相应的结构。哈雷·戴维森公司使用软件寻找制约公司每 86s 完成一台摩托车制造工作的原因，通过研究数据发现，产生瓶颈的原因是安装后挡泥板的时间过长。通过调整工厂配置，成功提高了安装该配件的速度。

7. 医疗大数据

继世界杯、高考、景点和城市预测之后，百度又推出了疾病预测产品。最新的百度灵医智惠医疗大数据解决方案（见图 3-13）已帮助多家三甲医院进行数据整理及分析，充分挖掘数据潜力。

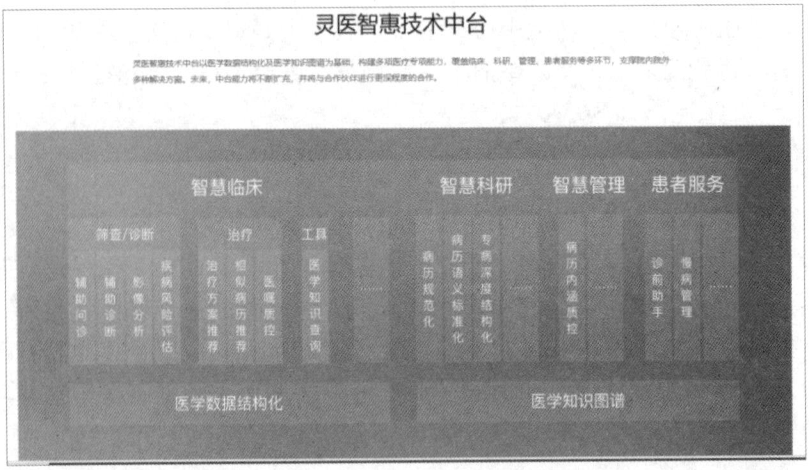

图 3-13　百度灵医智惠医疗大数据解决方案

大数据使更多的医疗监测产品更广泛地被应用。例如，通过社交网络来收集数据的健康类 App，也许在数年后，它们收集的数据能够让医生的诊断变得更为准确；社交网络为许多慢性病患者提供了临床症状交流和诊治经验分享平台，医生借此平台可以获得部分临床效果统计数据；基于对人体基因的大数据分析，可以实现对症下药的治疗手段；公共卫生部门可以通过全国联网的患者电子病历库，快速检测传染病并进行全面的疫情监测，通过集成的疾病监测和响应程序可实现快速响应。

8. 交通大数据

2021 年，百度地图上线了“未来出行”功能，该功能是根据百度飞桨深度神经网络和丰富的交通大数据，通过对用户出行大数据与实时和历史交通大数据进行智能分析，使用户获得当前或未来出行的最佳规划路线。用户只需打开百度地图，在搜索目的地后，选择驾车模式规划路线，之后点击屏幕右侧的“未来出行”按钮，即可查看不同时间段内的预估通行时间。根据个人需求，用户还可以选择不同的路线，或通过预计到达时间来反推什么时间出发不用担心拥堵、迟到问题。百度基于地图应用的 LBS 预测涵盖范围更广。例如，春运期间预测人们的流动趋势，为火车线路和航线的设置提供数据支持；节假日期间预测景点的人流量，为人们进行景区选择提供建议；平时通过百度热力图来为用户呈现城市商圈、动物园等地点的人流情况，为用户的出行选择和商家的选点选址提供参照。交通运输部门可根据不同时点、不同道路的车流量预测情况，进行智能的车辆调度或应用潮汐车道，用户则可以根据预测结果选择拥堵概率更低的出行路线。

9. 公安大数据

大数据挖掘技术的底层技术最早是英国军情六处研发用来追踪恐怖分子的技术。使用大数据技术可以筛选犯罪团伙，如排查与锁定的犯罪嫌疑人乘坐同一班列车、住同一个酒店的人是否是其同伙。过去，刑侦人员要证明这一点，需要拼凑不同的线索来排查疑犯。

通过对大量相关数据的挖掘分析，可显示某一区域内的犯罪率及犯罪模式。大数据可以帮助警方定位到最容易受不法分子侵扰的区域，从而创建犯罪高发地区的热点图和时间表。这不但有利于警方精准分配警力、预防打击犯罪，也能帮助市民了解所在区域的犯罪情况、提高警惕。大数据还能应用于审计反腐工作，如图 3-14 所示。

图 3-14　大数据审计反腐

10. 文化传媒大数据

与传统电视剧有别，《纸牌屋》是一部根据"大数据"制作的作品。制作方 Netflix 是美国最具影响力的影视网站之一，在美国本土有约 2900 万名订阅用户。Netflix 的成功之处在于其强大的推荐系统 Cinematch，该系统将用户视频点播的基础数据，如评分、播放、快进、观看时长、播放终端等存储在数据库中，之后通过数据分析，推断出用户可能喜爱的影片种类，并为其提供定制化的推荐内容。

Netflix 发布的数据显示，用户在 Netflix 上每天产生 3000 多万个行为，如暂停、回放或快进等。同时，用户每天还会给出 400 多万个评分，发出 300 多万次搜索请求。于是，Netflix 决定根据这些数据来制作一部电视剧，投资过亿美元制作《纸牌屋》。Netflix 发现，用户中有很多人仍在点播 1991 年的 BBC 经典老片《纸牌屋》，这些观众中有许多人喜欢大卫·芬奇，并且观众大多爱看奥斯卡奖得主凯文·史派西的电影。由此 Netflix 邀请大卫·芬奇作为导演，凯文·史派西作为主演，翻拍了《纸牌屋》这一政治题材剧。2013 年 2 月《纸牌屋》上线后，Netflix 的用户数量增加了 300 万，达到了 2920 万。

11. 航空大数据

Farecast 已经拥有惊人的、约 2000 亿条的飞行数据记录，它被用来推测当前的机票价格是否合理。作为一种商品，同一架飞机上每个座位的价格本不应该有差别。但实际上，价格却千差万别，其中缘由只有航空公司了解。Farecast 能够预测当前的机票价格在未来一段时间内的走势。这个系统需要分析所有特定航线机票的销售价格，以确定票价与提前购买天数的关系。Farecast 票价预测的准确率已高达 75%。使用 Farecast 预测工具购买机票的旅客，平均每张机票可节省 50 美元。

12. 人体健康大数据

慢性病发生前人体会有一些持续性异常。从理论上来说，如果大数据掌握了这样的异常情况，便可以进行慢性病预测。结合智能工具，慢性病的大数据预测已变为可能。可穿戴设备和智能健康设备可收集人体健康数据，如心率、体重、血脂、血糖、运动量、睡眠情况等。如果这些数据足够精准且全面，并且开发出了可以形成算法的慢性病预测模式，那么在未来，设备工具或许就可以预测用户是否有罹患某种慢性病的风险。KickStarter 上的 MySpiroo 便可收集哮喘病人的吐气数据，医生可根据该数据诊断病人病情的变化趋势。

13. 体育赛事大数据

世界杯期间，Google、百度、微软、高盛等公司都推出了比赛结果预测平台。百度的预测结果最为亮眼，预测全程 64 场比赛的准确率为 67%，进入淘汰赛后的准确率为 94%。互联网公司取代章鱼保罗试水赛事预测意味着未来的体育赛事结果可能会被大数据预测掌控。

Google 世界杯预测是基于 OptaSports 的海量赛事数据来构建最终的预测模型的。百度则是收集过去 5 年内全世界 987 支球队（含国家队和俱乐部队）的 3.7 万场比赛数据，同时与中国彩票网站乐彩网、欧洲必发指数数据供应商 Spdex 进行数据合作，导入博彩市场的预测数据，建立一个囊括 199 972 名球员和 1.12 亿条数据的预测模型，并在此基础上进行结果预测。

14. 灾害大数据

气象预测是最典型的灾害预测。如果可以利用大数据预测地震、洪涝、高温、暴雨等自然灾害，便可以减灾、防灾、救灾、赈灾。过去的数据收集方式存在有死角、成本高等问题，但物联网时代可以借助传感器、摄像头和无线通信网络，进行实时的数据监控收集，再利用大数据预测分析，做出更精准的自然灾害预测。

以气象卫星数据为例，气象卫星虽然是用来获取与气象要素相关的各类信息的，但是在森林草场火灾、船舶航道浮冰分布等方面，气象卫星也能发挥跨行业的实时监测服务的价值。气象卫星、天气雷达等设备监测到的非常规遥感遥测数据中包含的信息十分丰富，有可能从中挖掘出新的应用价值，从而拓展气象行业的业务领域和服务范围。例如，可以利用气象大数据为农业生产提供服务。美国硅谷有家专门从事气象候数据分析处理的公司，它从美国气象局等数据库中获取数十年来的天气数据，之后将各地降雨量、气温和土壤状况与历年农作物产量的相关度做成精密图表，用来预测各地农场来年的产量和适宜种植的品种，同时向农户提供个性化保险服务。气象大数据应用还可以在林业、海洋、气象灾害等方面拓展新的业务领域。

15. 环境变迁大数据

大数据除了可以进行短时间内微观的天气、灾害预测，还可以进行长期的、宏观的环境和生态变迁预测。森林和农田面积缩小、野生动植物濒危、海岸线上升、温室效应等问题都是地球面临的“慢性问题”。人类越多地了解地球生态系统及天气形态变化的数据，就越容易模拟出未来环境的变迁，进而阻止有害的转变发生。大数据提供了预测工具，帮助人类收集、存储和挖掘更多的地球数据。

除了上面列举的 15 个领域，大数据还可以被应用于房地产预测、就业情况预测、高考分数线预测、选举结果预测、奥斯卡大奖预测、保险投保者风险评估、金融借贷者还款能力评估等方面，使人类具备可量化、有说服力、可验证的洞察未来的能力。

美国的 Viktor Mayer-Schönberger 在《大数据时代》一书中提到："未来，数据将会像土地、石油和资本一样，成为经济运行中的根本性资源。"

总之，未来的信息世界是"三分技术、七分数据"，得"数据"者得"天下"。

3.4　大数据的成长及挑战

视频：大数据的成长及挑战

在大数据时代，数据存在多源异构、分布广泛、动态增长、先有数据后有模式等诸多特点。正是这些不同于传统数据的特点，使得大数据时代的数据管理面临新的挑战。目前大数据处理和分析工具较为落后，问题较为严重：在大数据背景下，传统的数据分析软件都是失效的。利用目前的主流软件工具，无法在合理的时间内撷取、管理和处理数据，并将其整理成能够帮助企业经营或为主管部门决策提供支持的数据。

3.4.1　大数据的成长

IT（Information Technology）时代（信息时代）与 DT（Data Technology）时代（数据时代）是承前启后的两个时代。信息时代是数据时代的基石与前奏，数据时代是信息时代的传承与发展。数据时代在以一种全新的方式颠覆人们工作、生活和娱乐的模式。

（1）互联网技术推动了大数据的泛在化。

通常来讲，互联网发展经历了研究网络、运营网络和商业运营网络 3 个阶段。互联网的重要性不仅体现在其规模庞大上，而且体现在其能够提供全新的全球信息服务基础设施上。此外，互联网彻底改变了人类的思维模式、工作和生活方式，促进了社会各行业的发展，成为了时代的重要标志之一。互联网产生的数据量不断增加，尤其是电子政务、社交媒体、网上购物等应用是实时提供数据的，需要处理的网络数据越来越多，在数据处理、传输与应用方面就出现了新的问题。这种发展趋势加上其他网络数据源的普及，使大数据的泛在化成为必然结果。

（2）存储技术支撑了大数据的大容量化。

从世界上的第一台计算机出现以来，计算机的存储设备就在不断更新，从水银延迟线、磁带、磁鼓、磁芯到现在的半导体存储器、磁盘、光盘和纳米存储器，存储容量不断扩大，而存储器的价格却在不断下降。自 2005 年亚马逊公司推出云服务平台后，一种新型的网络存储方式——云存储，便逐渐应用推广，用户可以通过其获取更大的存储容量。云存储允许用户访问云中的存储资源以扩大用户的存储容量，用户可以随时随地借助任何连接到网络的设备轻松连接云端并读取数据。

（3）计算能力加速了大数据的实时化。

信息产业的发展正如摩尔所预言的那样，定期推出了具有不断优化能力的操作系统和性能更加强大的计算机。硬件厂商每开发一款运算能力更强的芯片，软件服务商就会开发一款更便捷的操作系统，这极大地提高了信息处理的速度。尤其是超级计算机和云计算的产生，使得对数据的计算能力极大地增强，为大数据的实时化处理提供了可能。

3.4.2 挑战与机遇

尽管大数据给人类的生产生活带来了翻天覆地的变化，但是受数据质量、分析技术和接受程度的制约，大数据在新时代需要面临许多的挑战，同时也有许多的机遇。

（1）数据的挑战与机遇。

在实际应用中，大数据的获取较为困难，同时数据质量也难以保证。通常仅针对某几个具体指标进行数据收集，如果长期依赖于部分维度的数据进行分析，那么预测结果会因为数据的不全面而产生偏差。在庞大的物联网中，设备具有一定的损坏率，从而导致收集到的数据有一些错误或偏差较大，同时采集数据的终端传感器如果存在误差，那么也会导致数据的准确性降低。此外，数据在网络中的传输具有一定的误码率，尽管误码率非常低，但如果长期不进行数据校验，或少部分关键性信息发生错误，就会对数据分析结果产生较大影响。

但也要看到针对某些特定领域的总体决策方案，大数据使得“全样本”数据的获取成为可能，而传统的“小数据”分析所需要的数据假设前提将不复存在。同时，呈指数级增长的非结构化数据和实时流数据，使得大数据的数据处理对象发生了极大的变化。通过速度极快的数据采集、挖掘与分析，可以从异构、多源的大数据中获取高价值信息，从而提供实时精准的预警预测，形成辨别决策的“洞察力”，这将是大数据给予的最好机遇，也将是大数据系统的发展方向。

（2）技术的挑战与机遇。

目前，数据挖掘与分析的算法可采用机器学习的方式。机器学习依赖于大数据不断地迭代学习，并不断地修正训练模型的参数，其局限性是难以创造新的知识，只能挖掘数据固有的规律和联系。学习效果的好坏取决于学习模型的选择，良好的学习模型能收获较好的学习效果；若学习模型选择不当，则即使计算迭代的次数再多，也难以得到理想的结果。同时，在利用大数据驱动决策时，需要将决策问题模型化，做出一些合理性假设，忽略影响较小的因素，抓住关键问题和主要矛盾。在这个过程中，某些合理性假设未必合理，这将导致决策结果出现偏差。

大数据的出现使得传统数据的存储管理和挖掘分析技术难以适应时代发展的要求，这需要大数据研究者和使用者应用新的管理分析模式，从非结构化数据和流数据中挖掘价值、探求知识。大数据对存储的需求，加速了 HDFS、BigTable 等技术的发展；大量的并发数据事务处理，催生了 NoSQL 数据库；众多的数据需求分析处理，发展了 MapReduce、Hadoop 等大数据处理技术。此外，大数据与人工智能、地理信息、图像处理等多个研究领域交叉融合，彰显了基于数据驱动的大数据技术的美好前景。

（3）用户的挑战与机遇。

大数据驱动模式不同于以往依赖于相关领域专家和领导者的经验驱动模式，其分析与决策功能可辅助专家和领导者做出决定。但是，大数据应用需要建立大数据仓库和大数据系统，前期需要投入较高的经济成本，运营程度的好坏也会影响其在分析决策过程中的效果。

大数据产生的效益与机遇是不可小觑的。目前，各行业企业只是刚刚进入大数据的应用阶段，使用大数据辅助决策对绝大部分行业来说都是新时期竞争优势的创造源泉。调查显示，数据驱动型企业在生产率和盈利水平等方面普遍优于同行业竞争者。数据驱动的系统在处理特定问题时，可以做出更优的决策，如金融领域的某些系统基于大数据可以做出占比较高的投资决策。从现在至可预见的将来，能更好地运用大数据的组织和企业将迸发出更多的创新性，可以更好地维持决策的灵活性。整个社会对数据驱动应用和决策的依赖性会越来越高。

（4）大数据隐的私与安全。

近年来，手机应用、智能摄像头、Wi-Fi 等工具泄露用户隐私的现象时有发生。如今，支撑智能时代的大数据、云计算、人工智能等技术，既是创新发展的助推器，又是滋生网络安全问题的催化剂。在智能时代，新技术既是帮凶，又是克星。信息安全的攻防战永无止境。

在密码技术层面，应将密码技术与数据标识相结合，通过信任管理、访问控制、数据加密、可信计算、密文检索等措施，构建集传输、分析、应用于一体的数据安全体系，解决隐私保护性差、身份假冒等问题。

英国励讯集团全球副总裁 FlavioVillanustre 认为，在数据流通方面，建议通过匿名方式使脱敏数据去掉标签；也可以通过“差别隐私”机制，在数据中加入一些“噪声”，以保护数据不被外部识别。

在用户数据保护方面，企业作为数据的收集者、控制者，既要做“运动员”又要做“裁判员”，显然难以解决问题。因此数据保护不能仅靠企业自律，还要让法律推动内生机制的生成。

思政园地

素养目标

✧ 对大数据技术的学习，能够培养学生的数据感，使其从数据的视角观察和认识世界。
✧ 使学生能够从现实系统中提取数据或使用信息技术采集所需的数据。
✧ 培养学生理解数据分布的耦合关系，即共现关系、近邻关系、依赖关系、链接关系、相关关系和因果关系等。
✧ 培养学生的数据权利意识，使其充分认识数据对于自身隐私和生活的重要性，积极保护自身权益。
✧ 引导学生正确使用大数据平台，遵循互联网准则和法律规范。

思政案例

大数据是如何精准识别大山里的贫困户的

大数据是如何精准识别大山里的贫困户的，请扫描右侧二维码观看视频。

数据“孤岛”、数据壁垒是大数据发展的“痛点”，也是扶贫工作的难点。让记者带大家走进贵州精准扶贫大数据支撑平台，看它如何对贫困户进行精准画像、精准识别。（视频来源：新华视频）

自我检测

一、单选题

1．从大量数据中提取知识的过程通常称为_____。

A．数据挖掘　　　　B．人工智能

C．数据清洗　　D．数据仓库

2．下列论据中，能够支撑“大数据无所不能”的观点的选项是_____。

A．互联网金融打破了传统的观念和行为

B．大数据存在泡沫

C．大数据具有非常高的成本

D．个人隐私泄露与信息安全担忧

3．大数据的起源是_____。

A．金融　　B．电信

C．互联网　　D．公共管理

4．大数据正快速发展为对数量巨大、来源分散、格式多样的数据进行采集、存储和关联分析，并从中发现新知识、创造新价值、提升新能力的_____。

A．新一代信息技术

B．新一代服务业态

C．新一代技术平台

D．新一代信息技术和服务业态

5．当前社会中，最为突出的大数据环境是_____。

A．互联网　　B．物联网

C．综合国力　　D．自然资源

6．大数据的5V特征中的Volume是指_____。

A．价值密度低　　B．速度快

C．多样性　　D．容量大

7．第一个提出大数据概念的公司是_____。

A．微软　　B．Google

C．Facebook　　D．麦肯锡

8．大数据最显著的特征是_____。

A．容量大　　B．多样性

C．速度快　　D．价值密度低

9．对大数据在社会综合治理中的作用，以下理解不正确的是_____。

A．大数据的运用能够维护社会治安

B．大数据的运用能够加强交通管理

C．大数据的运用能够杜绝抗生素的滥用

D．大数据的运用有利于走群众路线

10．在大数据时代，数据使用的关键是_____。

A．数据收集　　B．数据存储

C．数据分析　　D．数据再利用

二、多选题

1．在医疗领域中是如何利用大数据的？_____

A．临床决策支持　　B．个性化医疗

C．社保资金安全　　　　　　　　　　　　D．用户行为分析

2．下列关于大数据的说法中，错误的是_____。

A．大数据具有体量大、结构单一、时效性强的特征

B．处理大数据需采用新型计算架构和智能算法等新技术

C．大数据的发展离不开云计算技术的支持

D．大数据的发展相应地带来了数据安全问题

3．属于大数据的 5V 特征的有_____。

A．容量大　　　　　　　　　　　　B．商业价值高

C．速度快　　　　　　　　　　　　D．多样性

三、判断题

1．Google 流感趋势充分体现了数据重组和扩展对数据价值的重要意义。(　　)

2．对于大数据而言，最基本、最重要的要求就是减少错误、保证质量。因此，大数据收集的信息是精确的。(　　)

3．在大数据的范畴内，应该把用户视为互联网中的数据分子，独立、细致地对其行为进行特征分析，充分挖掘大数据的价值，变数据为“资产”。(　　)

四、讨论题

通过学习本章内容，结合实际情况总结一下大数据对我们的生活有哪些影响？

第 4 章　云计算技术

课件：云计算技术

学习目标

- ◆ 了解云计算的概念。
- ◆ 了解国内行业中云计算的服务类型。
- ◆ 了解云计算的部署模式。
- ◆ 了解云计算的典型应用。
- ◆ 了解云计算的发展趋势。

案例导读

基于大数据的计算能力拥抱云计算，那么云计算正在为我们的生活带来哪些不一样的变化呢?

【案例 1】“360 安全云”助力企业数字化转型

360 集团以“安全即服务”为核心发展理念全面升级“360 安全云”，将被行业反复验证成功的数字安全运营体系框架，以云化服务化方式，为政府、城市、大型企业和中小微企业构建起应对数字时代复杂威胁的完整数字安全能力。2022 年，360 集团宣布全面转型数字安全公司，定位“数字安全运营商”，投身产业数字化，以服务为核心，为服务对象的数字化转型和智能化升级保驾护航。目前，360 集团已建立起“云、端、数、智、人、知识、运营体系、服务能力”等方面的优势，形成了以“看见”为核心的数字安全大脑框架，持续服务政企、城市和中小微企业的数字安全能力提升。

【案例 2】“检察+”陕西检察力量助建公益保护新模式

2023 年 3 月，“益心为公”志愿者检察云平台在陕西上线，截至 2024 年 1 月，该省共完成注册 2800 余人，提供案件线索 700 条，参与履职 2400 余人次，逐步推进“公益朋友圈”升级扩圈。同时，陕西省三级检察机关与行政机关建立沟通协调机制 281 个，与监察机关建立协作配合机制 78 个。

【案例 3】美团餐饮系统推动服务行业数字化升级

2023 年，美团推出了美团餐饮系统，一站式提升运营效率和综合收益，目前已累计服务超 100 万个餐饮门店。美团餐饮系统是一套支持本地数据存储并实现云数据自动同步的智能 SaaS 系统，既能在网络状况不佳的情况下离线经营，又能在线管理餐饮品牌数据资产。通过扫码点餐和智能付款体系，结合核心场景的自动化营销方案，减少前厅服务压力和人员数量，大幅提高商家经营水平。通过菜品沽清、销售计划、库存、智能要货和供应链的联动，打通美团、大众点评等多个平台，实现平台和门店数据与资源的高效协同。此外，配合美团收银机、点菜宝等家族化智能硬件，一站式帮助餐厅提升效率和效益。

【案例 4】湖南永州“智慧停车”解民忧惠民生

2023 年，聚焦城市“停车难”“开车堵”“缺少停车位”等群众反映强烈的问题，湖南省永州市深入开展“走找想促”活动，积极推进缓解中心城区停车难、行车难的三年行动计划，通过整合资源，改扩建“智慧泊车位”，打造群众手机上的“智慧停车”平台，让群众“一机在手”，轻松找到停车位。“现在通过手机智慧泊车云平台，找车位只需五分钟，办事也方便了！”前来永州市政府办事的市民周先生说。

【案例 5】美创科技助力金华市大数据局加强政务云灾备建设

当今社会，政务云已成为各地智慧城市和智慧政务建设的根基。随着开放程度的不断深化和政务数据的海量汇聚，各业务系统运行安全及数据安全威胁问题也随之增长。如果整个业务系统一旦因不可控原因发生故障，如硬件损坏，火灾、地震等，将会导致整个业务中心宕机，对整个政务系统造成不可估量的损害。

为此，美创科技根据不同的应用场景，设置了不同的应对容灾策略，帮助金华市大数据局形成完整的容灾备份架构，通过可视化的大屏指挥系统，展现政务云灾备系统的运行状况，实现政务云灾备的集中可视化监控，提升云资源的使用效率。

【案例 6】浙江交通厅使用阿里云大数据预测出一小时后将堵车

浙江省交通厅通过将高速历史数据、实时数据与路网状况结合，基于阿里云大数据的计算能力，预测出未来 1 小时内的路况。结果显示，预测准确率稳定在 91%以上，成为目前全球已公开的最优成绩。通过对未来路况的预测，交通运输部门可以更好地进行交通引导，用户也可以做出更优的路线选择，因此它被网友们称赞为“堵车预测神器”。

阿里云大数据计算服务（ODPS）为项目提供了分析支持，并有多位资深数据科学家参与了联合研发。对于浙江省内 1300 多公里的高速路段，ODPS 的强大计算能力可以在 20 分钟完成历史数据分析，10 秒钟完成实时数据分析。

互联网的快速发展为人们提供了海量的信息资源，移动终端设备的不断丰富使得人们获取、加工、应用和向网络提供信息更加方便、快捷。信息技术的进步将人类社会紧密地联系在一起，世界各国政府、企业、科研机构、各类组织和个人对信息的“依赖”程度前所未有。

降低成本、提高效益是企事业单位生产经营和管理的永恒主题，因对“信息”资源的依赖，使得企事业单位不得不在“信息资源的发电站”（数据中心）的建设和管理上投入大量成本，导致信息化建设成本高，中小企业不堪重负。传统的信息资源提供模式（自给自足）遇到了挑战，新的计算模式已悄然进入人们的生活、学习和工作当中，它就是被誉为第三次信息技术革命的“云计算”。

4.1 云计算的概念及由来

视频：云计算的概念及由来

云计算（Cloud Computing）是一个新名词，但不是一个新概念，它从互联网诞生以来就一直存在，业界目前并没有对云计算有一个统一的定义，也不希望对云计算过早地下定义，避免对云计算的进一步发展和创新造成约束。下面对云计算进行相对全面的介绍。

2006年，Google（谷歌）高级工程师 Christophe Bisciglia 首次向 Google 董事长兼 CEOEric Schmidt 提出“云计算”的想法。在 Eric Schmidt 的支持下，Google 推出了“Google101 计划”，并正式提出“云”的概念，其核心思想是，将大量用网络连接的计算资源统一管理和调度，构成一个计算资源池，按需向用户提供服务。

在计算机发明后的很长的一段时间内，计算机网络都处于探索阶段。但是到了 20 世纪 90 年代，网络出现了爆炸式发展，随即进入了网络泡沫时代。在 21 世纪初期，正当网络泡沫破碎之际，Web 2.0 的兴起，让网络迎来了一个新的发展高峰期。

在 Web 2.0 时代，Flickr、MySpace、YouTube 等网站的访问量，已经远远超过传统门户网站。如何有效地为巨大的用户群体服务，并且能够让他们在参与时享受方便、快捷的服务，成为这些网站不得不面对的一个新问题。

与此同时，一些有影响力的大公司为了提高自身产品的服务能力和计算能力，开发了大量新技术，例如，Google 凭借其文件系统搭建了 Google 服务器群，提升了 Google 的搜索速度与处理能力。于是，如何有效利用已有技术并结合新技术，为更多的企业或个人提供强大的计算能力与多元化的服务，成为许多拥有巨大服务器资源企业需要考虑的问题。

网络用户的急剧增多导致对计算能力的需求逐渐旺盛，而 IT 设备公司、软件公司和计算服务提供商能够满足这样的需求，于是云计算应运而生。云计算的发展由来如图 4-1 所示。

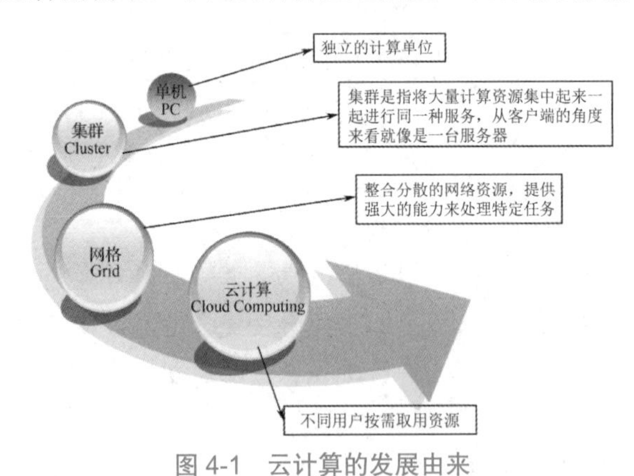

图 4-1　云计算的发展由来

4.2 云计算技术的定义及特点

视频：云计算技术的定义及特点

云计算的概念是在 2007 年提出来的。随后，云计算技术及其产品通过 Google、Amazon、IBM 及微软等 IT 巨头的推广，得到了快速的发展和大规模的普及，到目前为止，已得到社会的广泛认可。

云计算是一种商业计算模型，它将计算任务分布在由大量计算机构成的资源池上，这种资源池被称为“云”。云计算使用户能够按需获取存储空间及计算和信息服务。云计算的核心理念是资源池，这与早在 2002 年就提出的网格计算池（Computing Pool）的概念非常相似。网格计算池将计算和存储资源虚拟成一个可以任意组合分配的集合，资源池的规模可以动态扩展，分配给用户的处理能力可以动态回收重用。这种模式能够大大提高资源的利用率，并提升平台的服务质量。

“云”是一些可以进行自我维护和管理的虚拟计算资源，这些资源通常是一些大型服务器集群，包括计算服务器、存储服务器和宽带资源。云计算将计算资源集中起来，并通过专门的软件在无须人为参与的情况下，实现自动管理。使用云计算的用户可以动态申请部分资源，以支持各种应用程序的运转，不用再为烦琐的细节而烦恼，从而能够更加专注于自己的业务，提高效率、降低成本和创新技术。

云计算中的“云”表示，它在某些方面具有现实中云的特征。例如，云一般都体积较大；云可以动态伸缩，它的边界是模糊的；云在空中飘忽不定，无法也无须确定它的具体位置，但它确实存在于某处。

云计算是一种通过互联网访问定制的 IT 资源共享池，并按照使用量来付费的模式，这些资源包括网络、服务器、存储、应用、服务等。借助云计算，企业无须采用磁盘驱动器和服务器等成本高昂的硬件设施就能够随时随地开展工作。当前，有相当多的企业在公有云、私有云或混合云的环境中采用云计算技术。

不同的人群看待云计算有不同的视角和理解，可以把这些人分为云计算服务的使用者、云计算系统规划设计的开发者和云计算服务的提供者。从云计算服务使用者的角度来看，云计算的概念如图 4-2 所示。

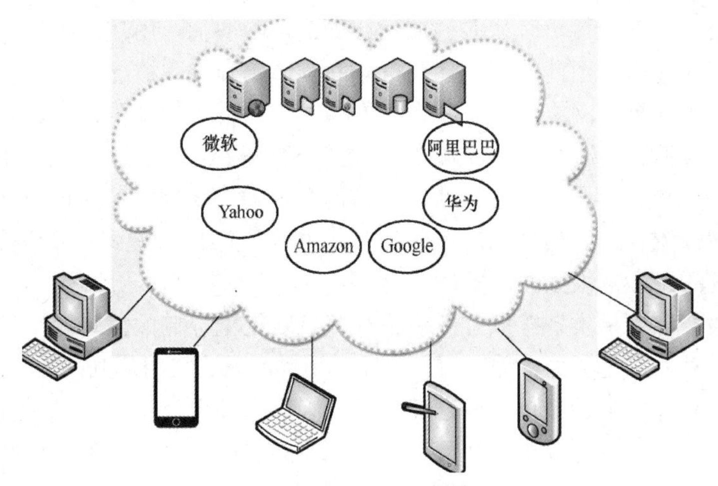

图 4-2 云计算的概念

云计算可以为使用者提供云计算、云存储及各类应用服务，其最典型的应用是基于 Internet 的各类业务。云计算的成功案例有，Google 的搜索、在线文档 GoogleDocs，微软的 MSN、必应搜索，Amazon 的弹性计算云（EC2）、简单存储服务（S3）等。

简单来说，云计算是以应用为目的，通过互联网将大量必需的软、硬件按照一定的形式连接起来，并随着需求的不断变化而灵活调整的一种低消耗、高效率的虚拟资源服务的集合形式。

4.2.1 云计算的定义

到底什么是云计算？目前至少可以找到 100 种解释。现阶段广为接受的是美国国家标准与技术研究院（NIST）的定义：云计算是一种按使用量付费的模式，这种模式提供可用的、便捷的、按需的网络访问，进入可配置的计算资源共享池后（资源包括网络、服务器、存储、应用软件、服务），这些资源能够被快速提供，只需投入很少的管理工作，或与服务供应商进行很少的交互。

1. 云计算概念的形成

云计算概念的形成经历了互联网、万维网和云计算 3 个阶段，如图 4-3 所示。

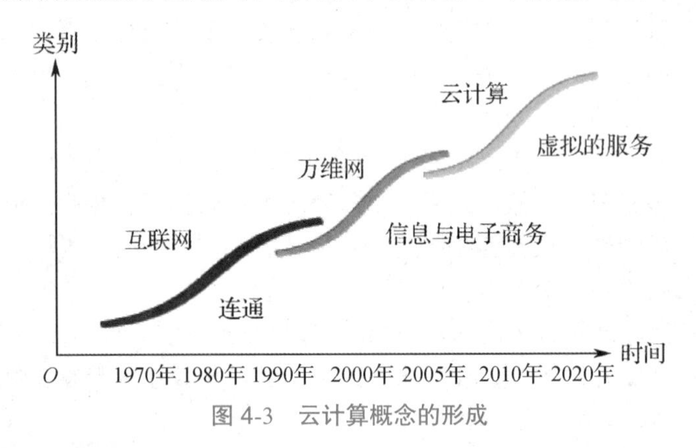

图 4-3 云计算概念的形成

互联网阶段：个人计算机时代的初期，计算机不断增加，用户期望计算机之间能够相互通信，实现互联互通。由此，实现计算机互联互通的互联网概念出现。技术人员按照互联网的概念设计出计算机网络系统，允许在不同硬件平台和软件平台的计算机上运行的程序之间互相交换数据。在这个时期，PC 是一台“麻雀虽小，五脏俱全”的小计算机，每个用户的主要任务都在 PC 上运行，仅在需要访问共享磁盘文件时才通过网络访问文件服务器，这体现了网络中各计算机之间的协同工作。思科等企业专注于提供互联网核心技术和设备，为互联网的发展提供了技术支持。

万维网阶段：计算机实现互联互通后，计算机网络上存储的信息和文档越来越多。用户在使用计算机时，发现信息和文档的交换较为困难，无法使用便利、统一的方式来发布、交换和获取其他计算机上的数据、信息和文档。因此，实现计算机信息无缝交换的万维网概念诞生。目前全世界的计算机用户都可以依赖万维网的技术方便地进行网页浏览、文件交换等操作，同时，Netscape（网景）、Yahoo（雅虎）、Google 等企业依托万维网的技术创造了巨大的“财富”。

云计算阶段：万维网形成后，出现了一个信息爆炸的时代。互联网上所连接的大量计算机设备提供了超大规模的 IT 能力（包括计算、存储、带宽、数据处理、软件服务等），但用户难以便利地获取这些 IT 能力，这导致了 IT 资源的浪费。

另一方面，众多的非 IT 企业为信息化建设投入了大量资金购置设备，并组建了专业团队进行管理，成本通常较为昂贵，许多中小企业难以承受。

于是，一种新的需求产生了。这种通过网络向用户提供低廉的、满足业务发展的 IT 服务的需求，催生了云计算的概念。云计算的目标是在互联网和万维网的基础上，按照用户的需要和业务规模的要求，直接为用户提供所需要的服务。用户无须建设、部署和管理这些设施、系统和服务，只需参照租用模式，按照使用量来支付使用云服务的费用。

在云计算模式下，用户对计算机进行的操作变得十分简单，除通过浏览器向“云”发送指令和接收数据外，基本上什么都不用做便可以使用云服务提供商的计算资源、存储空间和各种应用软件。这就相当于连接显示器和主机的线缆无限长，从而可以把显示器放在使用者的面前，但主机放在使用者本人也不知道的地方。云计算把连接显示器和主机的线缆变成了网络，把主机变成了云服务提供商的服务器集群。

在云计算环境下，用户的使用观念也会发生彻底的变化，即从“购买产品”向“购买服务”转变，其直接面对的将不再是复杂的硬件和软件，而是最终的服务。用户不需要拥有看得见、摸得着的硬件设施，也不需要为机房支付设备供电、空调制冷、专人维护等费用，更不需要经历漫长的供货周期、项目实施等时间，只需要把钱汇给云计算服务提供商，即可马上得到需要的服务。

2. 从不同角度看云计算

云计算的概念可以从用户、技术提供商和技术开发人员 3 个不同的角度来解读。

用户看云计算：根据用户的体验和效果来描述，云计算系统是一个信息基础设施，其中包含硬件设备、软件平台、系统管理的数据及相应的信息服务。用户使用该系统时，可以实现“按需索取、按量计费、无限扩展和网络访问”的效果。

简单来说，用户可以根据自己的需求，通过网络去获取需要的计算机资源和软件服务。这些计算机资源和软件服务直接供用户使用，无须做进一步的定制化开发、管理和维护等工作。同时，其规模可以根据用户的业务和需求的变化随时进行调整，直至规模足够大。用户在使用这些计算机资源和软件服务时，只需要按照使用量来支付费用即可。

技术提供商看云计算：从技术提供商的角度考虑，云计算是通过调度和优化技术来管理和协同大量的计算资源的，是针对用户的需求通过互联网来发布和提供其所需的计算机资源和软件服务的，是基于租用模式的按量计费方法进行收费的。

技术提供商强调，云计算系统需要组织和协同大量的计算资源，以提供强大的 IT 能力和丰富的软件服务，并利用调度和优化技术来提高资源的利用效率。云计算系统提供的 IT 能力和软件服务是针对用户的直接需求的，并且这些能力和服务都在互联网上进行了发布，允许用户直接利用互联网来使用。用户对资源的使用，按照其使用量进行计费，以此实现云计算系统运营的盈利。

技术开发人员看云计算：从技术开发人员的角度考虑，其作为云计算系统的设计和开发人员，认为云计算是一个大型且集中的信息系统，该系统通过虚拟化技术和面向服务的系统设计等手段来完成资源和能力的封装及交互，并通过互联网来发布这些封装好的资源和能力。

从云计算技术来看，云计算也是虚拟化、网格计算、分布式计算、并行计算、效用计算、自主计算、负载均衡等传统计算机和网络技术发展融合的产物，如图4-4所示。

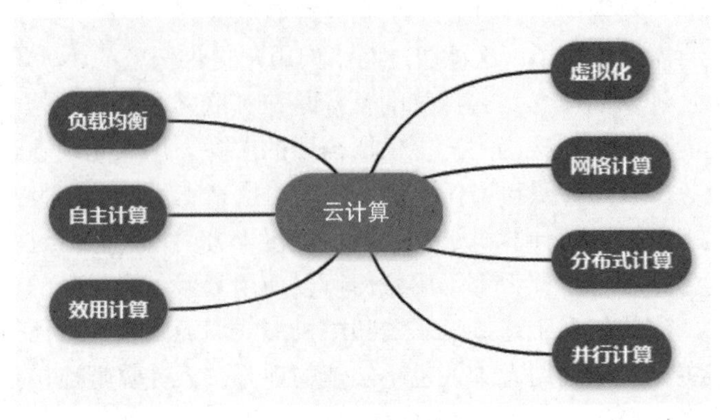

图4-4 云计算

（1）虚拟化。

虚拟化是一种资源管理技术，将计算机的各种实体资源（如服务器、网络、存储器等）予以抽象、转换后呈现出来，打破实体结构间不可分割的障碍，使用户以比原本的组态更好的方式来应用这些资源。在虚拟化技术中，可以同时运行多个操作系统，每个操作系统都运行在一个虚拟的CPU或虚拟主机上，而且每个操作系统中都可以运行多个程序。

（2）网格计算。

网格计算是指分布式计算中的两种被广泛使用的子类型：一种是在分布式计算资源的支持下，将在线计算或存储作为一种按需收费的服务；另一种是由一个松散连接的计算机网络构成的虚拟超级计算机，该计算机可以执行大规模的任务。

网格计算强调将工作量转移到远程的可用计算资源上，侧重并行计算集中性需求，并且难以自动扩展。

云计算强调专有，任何人都可以获取自己的专有资源，并且这些资源是由少数机构提供的，用户不需要贡献自己的资源；云计算侧重事务性应用，能够响应大量单独的请求，可以实现自动或半自动扩展。

（3）分布式计算。

分布式计算利用互联网上的众多闲置计算机，将其联合起来解决某些大型计算问题。与并行计算同理，分布式计算也是将一个需要巨大计算量才能解决的问题分解成许多小的部分，之后将这些小的部分分配给多台计算机进行处理，最后把这些计算结果综合起来得到一个最终的正确结果。与并行计算不同的是，分布式计算所划分的任务是相互独立的，某一个小任务出错，不会影响其他任务。

（4）并行计算。

并行计算是指同时使用多种计算资源解决计算问题的过程，是为了更快速地解决问题、更充分地利用计算资源而出现的一种计算方法。并行计算将一个科学计算问题分解为多个小的计算任务，并将这些小的计算任务在并行计算机中执行，利用并行处理的方式来达到快速解决复杂计算问题的目的，实际上它是一种高性能计算。并行计算的缺点是由被解决的问题划分而来的模块之间是相互关联的，若其中一个模块出错，则必定影响其他模块，重新计算会降低运算效率。

（5）效用计算。

效用计算是一种提供计算资源的技术，用户从计算资源供应商手中获取后使用计算资源，并基于实际使用的资源量付费。效用计算主要为用户带来经济效益，是一种分发应用所需资源的计费模式。对于效用计算而言，云计算是一种计算模式，它在某种程度上共享资源，进行设计、开发、部署、运行和应用，并支持资源的可扩展/收缩性和对应用的连续性。

（6）自主计算。

自主计算是 IBM 于 2001 年 10 月提出的一种新概念。IBM 将自主计算定义为能够保证电子商务基础结构服务水平的自我管理技术，其最终目的在于使信息系统能够自动地对自身进行管理，并维持其可靠性。自主计算的核心是自我监控、自我配置、自我优化和自我恢复。

- 自我监控：系统能够了解内部每个元素当前的状态、容量及其连接的设备等信息。
- 自我配置：系统配置能够自动完成，并根据需要自动调整。
- 自我优化：系统能够自动调度资源，以达到系统运行的目标。
- 自我恢复：系统能够自动从常规和意外的问题中恢复。

（7）负载均衡。

负载均衡是一种服务器或网络设备的集群技术。负载均衡将特定的网络服务、网络流量等分担给多个服务器或网络设备，从而提高业务的处理能力，保证业务的高可用性。常用的应用场景主要包括服务器负载均衡和链路负载均衡。

4.2.2　云计算的特点

云计算的基本原理是令计算分布在大量的分布式计算机上，而非本地计算机或远程服务器，从而使得企业数据中心的运行模式与互联网相似。云计算具备相当大的规模，例如，Google 云计算已经拥有 100 多万台服务器，Amazon、IBM、微软、Yahoo 等公司的“云”均拥有几十万台服务器。企业私有云一般拥有数百至上千台服务器。这些服务器使“云”能赋予用户前所未有的计算能力。

云计算主要有 5 个特点：基于互联网、按需服务、资源池化、安全可靠和资源可控。

（1）基于互联网。

云计算通过把一台台服务器连接起来，使服务器之间可以相互进行数据传输。数据像网络上的“云”一样，在不同的服务器之间“飘”，同时通过网络向用户提供服务。

（2）按需服务。

“云”的规模是可以动态伸缩的。在使用云计算服务时，用户所获得的计算机资源是按个性化需求增加或减少的，之后根据使用的资源量进行付费。

（3）资源池化。

资源池是对各种资源进行统一配置的一种配置机制。

从用户的角度来看，无须关心设备型号、内部的复杂结构、实现的方法和地理位置，只需关心自己需要什么服务。

从资源管理者的角度来看，最大的好处是资源池可以近乎无限地增减，管理、调度资源十分便捷。

（4）安全可靠。

云计算必须要保证服务的可持续性、安全性、高效性和灵活性。对于供应商来说，必须采用各种冗余机制、备份机制、足够安全的管理机制和保证存取海量数据的灵活机制等，从而保证用户的数据和服务安全可靠；对于用户来说，只需要支付一笔费用，即可得到供应商提供的专业级安全防护，节省大量时间与精力。

（5）资源可控。

云计算提出的初衷是让人们可以像使用水电那样便捷地使用云计算服务，方便地获取计算服务资源，大幅提高计算资源的使用率，有效节约成本，将资源在一定程度上纳入控制范畴。

4.2.3　云计算的分类

近年来，有关云计算的术语越来越多，如私有云、混合云、行业云、城市云、社区云、电商云、HPC 云、云存储、云安全、云娱乐、数据库云、Cloud Bridge、Cloud Broker 和 Cloud Burst 等，可谓种类繁多、数不胜数，但究竟怎样区分云计算呢？不同的分类标准有不同的说法，以下从是否公开发布服务、服务类型、典型的云计算平台等方面对云计算进行分类。

1. 是否公开发布服务

从是否公开发布服务方面进行分类，可分为公有云、私有云和混合云，它们之间的关系如图 4-5 所示。

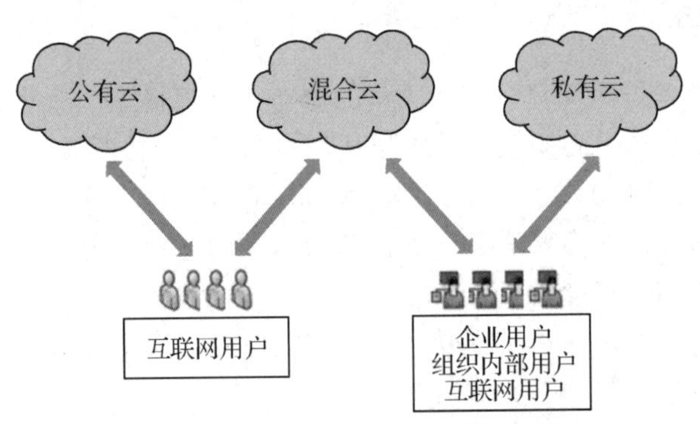

图 4-5　公有云、私有云和混合云的关系

（1）公有云（Public Cloud）是为大众而建的，所有入驻用户都称为租户。公有云不仅同时支持多个租户使用，而且在一个租户离开后，其资源可以马上释放给下一个租户，能够在大范围内实现资源优化。很多用户担心公有云的安全问题，敏感行业和大型用户确实需要慎重考虑，但对于一般的中小型用户，不管是数据泄露的风险，还是停止服务的风险，公有云都远远小于自己架设机房。

（2）私有云（Private Cloud）只服务于企业内部，它被部署在企业防火墙内部，提供的所有应用都只对内部员工开放。虽然公有云成本低，但是大企业（如金融、保险行业）为了兼顾行业及客户的私隐，不可能将重要数据存放到公共网络上，故倾向于架设私有云。

（3）混合云（Hybird Cloud）则具有两者的共同特点，既面向内部员工，又面向互联网用户。混合云是公有云和私有云的混合，这种混合是计算和存储方面的。在公有云尚未完全成熟，而私有云存在运维难、部署实践周期长、动态扩展难的现阶段，混合云是一种较为理想的平滑过渡方式，因此在短时间内市场占比将大幅上升。并且，不混合是相对的，混合是绝对的。在未来，即使自家的私有云不和公有云混合，也需要内部的数据和服务与外部的数据和服务对其不断进行调用。并且还存在一种可能，即大型用户把业务放在不同的公有云上，但这需要统一管理，这也算广义的混合。

需要强调的是，没有绝对的公有云和私有云，站的立场、角度不同，私有也可能成为公有！二者协同发展将成为未来的发展趋势，你中有我，我中有你，混合云是必由之路！

以上 3 种云服务的特点和适合的行业如表 4-1 所示。

表 4-1　3 种云服务的特点和适合的行业

分类	特点	适合的行业
公有云	规模化，运维可靠，弹性强	游戏、视频、教育
私有云	自主可控，数据私密性好	金融、医疗、政务
混合云	弹性、灵活但架构复杂	金融、医疗

2. 服务类型

从服务类型方面进行分类可分为 3 类：基础设施即服务、平台即服务和软件即服务，如图 4-6 所示。

图 4-6　按服务类型分类

（1）基础设施即服务。

基础设施即服务（Infrastructure as a Service，IaaS）将硬件设备等基础资源封装成服务供用户使用。在 IaaS 环境中，用户相当于在使用裸机和磁盘，既可以运行 Windows，又可以运行 Linux。

IaaS 最大的优势在于它允许用户动态申请或释放节点，按使用量计费。而 IaaS 是由大众共享的，因而具有更高的资源使用效率，同时这些基础设施烦琐的管理工作将由 IaaS 供应商来处理。

IaaS 的主要产品包括，阿里巴巴，百度和腾讯云的 ECS、AmazonEC2（Amazon 弹性计算云）等。

IaaS 的主要用户是系统管理员。

（2）平台即服务。

平台即服务（Platform as a Service，PaaS）提供用户应用程序的运行环境，典型的应用环境有 GoogleAppEngine。PaaS 负责资源的动态扩展和容错管理，用户在应用程序时不必过多考虑节点间的配合问题。但与此同时，用户的自主权降低，必须使用特定的编程环境并遵照特定的编程模型，PaaS 只适用于解决某些特定的计算问题。

（3）软件即服务。

软件即服务（Software as a Service，SaaS）针对性更强，是一种通过 Internet 提供软件的模式。用户不用再购买应用软件，向提供商租用基于 Web 的软件来管理企业经营活动即可，且无须对软件进行维护，服务提供商会全权管理和维护软件。对于许多小型企业来说，SaaS 是引进先进技术的最好途径，它消除了企业购买、构建和维护基础设施与应用程序的需要。SaaS 的主要用户是应用软件用户。

注意：随着云计算的深化发展，不同云计算解决方案之间相互渗透融合，同一种产品往往横跨两种以上的类型。

3. 典型的云计算平台

亚马逊的云计算即亚马逊网络服务（AWS）（见图 4-7），它主要由 4 块核心服务组成，即 Simple Storage Service（简单存储服务）、Elastic Compute Cloud（弹性计算云 EC2）、Simple Queuing Services（简单排列服务）及 Simple DB（简单数据库）。换句话说，目前亚马逊所提供的是可以通过网络访问的存储，计算机处理、信息排队和数据库管理系统接入式服务。无论是个人还是企业，只要是使用 AWS 的研发人员都可以在亚马逊的基础架构上进行应用软件的研发和交付，且无须实现配置软件和服务器。

图 4-7　亚马逊网络服务

Google 开发了特有的 GFS（分布式文件系统）、MapReduce（分布式计算模型）和 BigTable（分布式存储系统），这正是谷歌云（见图 4-8）的基础架构。谷歌云是几万甚至上百万台低廉的服务器所组成的网络。

图 4-8　谷歌云

微软云（见图 4-9）为用户提供应用和数据的网络存储，用户可以随时随地使用终端设备通过网络访问存储的数据。但这需要用户使用基于 Web 的 Live Desktop，或者在自己的终端设备上安装 Live Mesh 软件。Live Mesh 软件中所有数据的传输都通过 SSL（Secure Socket Layers）保护。

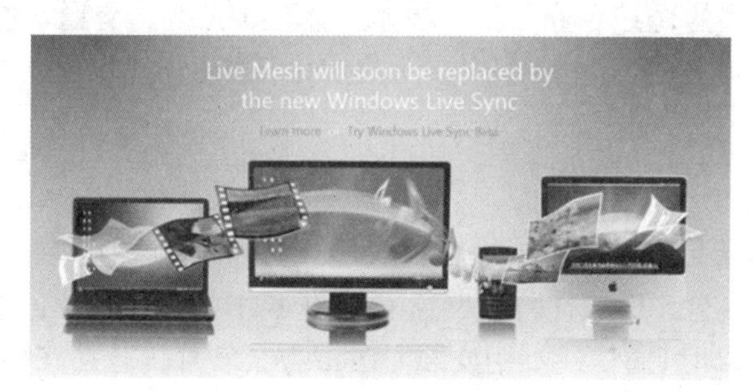

图 4-9　微软云

IBM 的“蓝云（Blue Cloud）”（见图 4-10）是基于 Almaden 研究中心的云基础架构，包括虚拟化 Linux 服务器、并行一作负载安排（Hadoop）和 Tivoli 管理软件。“蓝云”由 IBM Tivoli 软件支持，通过管理服务器来确保满足用户的最佳需求，能够跨越多个服务器实时分配资源，并确保在最苛刻环境下的稳定性。

图 4-10　IBM“蓝云”

此外，Sun 推出了“黑盒子”计划，有 Salesforce、Oracle、EMC 等公司加入。但是每种平台都有其优点和局限性。目前，云计算还没有一个统一的标准，虽然一些平台已经为很多用户所使用，但是云计算在私有权、数据安全、IT 业标准、厂商锁定和高性能应用软件方面面临着各种问题，这些问题的解决需要技术的进一步发展。

4.2.4 云计算的优缺点

云计算的优点表现在：降低用户计算机的成本，改善性能，降低 IT 基础设施的投资，减少维护问题，减少软件开支，即时的软件更新，计算能力的增长，无限的存储能力，改善操作系统和文档格式的兼容性，简化团队协作，没有地点限制的数据获取。

云计算的缺点表现在：要求持续的网络连接，在低带宽网络连接环境下不能很好地工作，反应慢，功能有限制，无法确保数据的安全性，不能保证数据不会丢失。

4.3 云计算技术的典型应用

2023 年以来，我国云计算市场整体呈现快速发展的态势，有一系列的人工智能大模型在云端集中上线，从原来的只有一些互联网企业上云，发展到有越来越多的传统企业上云，例如，金融、工业、交通、物流等不断地扩展，正在加速经济社会的全面数字化智能化转型。

视频：云计算技术的典型应用

4.3.1 办公云

云计算在办公领域的应用已经为大多数人所接受和应用，例如，办公文档及相关资料不保存在本地硬盘、U 盘，而放在百度网盘（见图 4-11）、360 企业云盘；不用 MSN 软件，直接使用网页版 MSN 即可通信；不用安装 Office 办公软件，直接在线使用 Word、Excel、PowerPoint 等；不用安装翻译软件，使用 Google 在线翻译即可；等等。

图 4-11 百度网盘

4.3.2 农业云

农业云以云计算商业模式的应用与技术为支撑，统一描述、部署异构分散的大规模农业信息服务，满足千万级农业用户对计算、存储的可靠性和扩展性要求，实现按需部署或定制所需的农业信息服务，实现资源最优化、效益最大化和多途径、广覆盖、低成本、个性化的农业知识普惠服务，为用户带来一站式的智慧农业全新体验，助力农业生产的标准化、规模化、现代化发展进程。

农业云平台是将国际领先的物联网、移动互联网、云计算等信息技术与传统农业生产相结合，搭建农业智能化、标准化的生产服务平台，旨在为用户构建起一个“从生产到销售，从农田到餐桌”的农业智能化信息服务体系。农业云平台可广泛应用于国内外大中型农业企业、科研机构、各级现代化农业示范园区与农业科技园区，助力农业生产标准化、规模化、现代化发展进程。

农业云的发展应用对于促进我国农业信息化，加快新农村建设，提升农民生产力有着积极作用，是实现乡村振兴战略的重要内容。

4.3.3　工业云

工业的发展要靠技术的创新，特别是数字化制造技术的普及，对传统企业的生产方式造成了巨大的冲击。我国中小企业在数字化制造技术的应用上仍存在壁垒，主流的工业软件 90%以上是引进的，价格昂贵，且其运行需要部署大量高性能的计算设备。另外，企业搭建标准系统环境需要配备专业技术人员，并投入高昂的运维成本。数字化制造技术只有大型或超大型企业才有使用的经济能力，占我国 90%以上的中小企业则与其无缘。

工业云为中小企业提供购买或租赁信息化产品服务，整合 CAD、CAE、CAM、CApp、PDM、PLM 一体化产品设计及产品生产流程管理，并利用高性能计算技术、虚拟现实及仿真应用技术，提供多层次的云应用信息化产品服务。

近年来我国工业云已得到迅速发展，陆续出现了北京工业云、山东工业云、西安工业云、贵州工业云等一大批工业云平台。

4.3.4　商务云

在广义上，商务指一切与买卖商品服务相关的商业事务，而狭义的商务特指商业或贸易。商务活动则指企业为实现生产经营目的而从事的各类有关资源、知识、信息交易等活动的总称。

商务云是在云计算的基础上，通过云平台、云服务将云计算的理念及服务模式从技术领域转移到商务应用领域，与传统产业的信息化和电子商务需求相结合，提供服务的一种综合性“云”模式。商务云能有效提高商务活动的效率，降低信息化成本。

4.3.5　交通云

交通云是基于云计算商业模式应用的交通平台服务，借鉴全球先进的交通管理经验，打造立体交通，以缓解城市发展中的交通问题。在交通云平台上，将所有的交通工具，如地下新型窄幅多轨地铁系统、电动步道系统、地面新型窄幅轨道交通、半空天桥人行交通、悬挂轨道交通、空中短程太阳能飞行器交通等，管制中心、服务中心、制作商、行业协会、管理机构、行业媒体和法律机构等，集中整合成资源池，各个资源相互指引、互动，按需交流，达成意向，从而降低成本、提高效率。

云交通中心将全面负责各种交通工具的管制，并利用云计算中心向个体的云终端提供全面的交通指引和指示标识等服务。

4.3.6 建筑云

建筑云是为建筑行业的各类用户提供信息服务的云平台及相关服务的集合。此外，还有政务云、金融云、教育云等，读者可以自行查阅，此处不再赘述。

4.4 云安全

视频：云安全

4.4.1 云安全的概念

云安全是指基于云计算商业模式应用的安全软件、硬件、用户、机构和云平台的总称。云安全是云计算技术的重要分支，已在反病毒领域获得了广泛应用。在云计算的架构下，云计算开放网络和业务共享场景变得更加复杂，安全性方面的挑战变得更加严峻，一些新型的安全问题变得比较突出，如多个虚拟机租户间并行业务的安全运行、公有云中海量数据的安全存储等。由于云计算的安全问题牵涉广泛，因此以下仅对几个主要方面进行介绍。

（1）用户身份安全问题。

云计算通过网络提供弹性可变的 IT 服务，在用户登录云端使用应用与服务时，系统需要验证用户身份的合法性，才能为其提供服务。如果非法用户取得了用户身份，则会危及合法用户的数据和业务安全。

（2）共享业务安全问题。

云计算的底层架构（IaaS 和 PaaS）是通过虚拟化技术实现资源共享调用的。虽然资源共享调用方案有利于提高资源利用率，但是资源共享会引发新的安全问题。为确保资源共享的安全性，一方面需要保证用户资源间的隔离，另一方面需要制定面向虚拟机、虚拟交换机、虚拟存储等虚拟对象的安全保护策略，这与传统的硬件安全策略完全不同。

（3）用户数据安全问题。

数据的安全性是用户最为关注的问题，包括数据的丢失、泄露、篡改等。广义上的数据不仅包括用户的业务数据，还包括用户的应用程序和整个业务系统。在传统的 IT 架构中，数据是离用户很“近”的，数据离用户越“近”，就越安全。而在云计算架构下，数据常常存储在离用户很“远”的数据中心，这就需要对数据采用有效的保护措施，如多份复制、数据存储加密等，以确保数据的安全。

4.4.2 云安全存在的问题

（1）数据泄露。

云计算中对数据安全的控制力度并不是十分理想，缺乏保护数据安全所必要的数据销毁政策。API 访问权限控制及密钥生成、存储和管理方面的不足都可能造成数据泄露。

（2）共享技术漏洞。

在云计算中，简单的配置错误都可能对数据安全造成严重影响，因为云计算环境中的很多虚拟服务器共享相同的配置。因此必须为网络和服务器的配置执行服务水平协议（SLA），以确保在出现问题时及时安装修复程序并实施最佳方案。

（3）人为因素。

云服务供应商虽然对自身工作人员的背景调查力度很深，但是为了防止内部人员泄密，企业用户依然需要对供应商进行评估并提出筛选员工的方案。

（4）账户、服务和通信劫持。

有很多数据、应用程序和资源都集中在云计算中，如果云计算的身份验证机制薄弱，入侵者就可以轻松获取用户账号并登录其虚拟机。因此，为了避免这种威胁，可以采用双因素身份验证机制。

（5）不安全的应用程序接口。

在应用程序的生命周期中，必须部署严格的审核程序，制定规范的研发准则，妥善处理身份验证、访问权限控制和加密问题。

（6）没有正确运用云计算。

云计算技术是把双刃剑，是否对社会有利要看技术掌握在谁手中，一旦被黑客掌握，将对数据安全造成不可挽回的损失。

（7）未知的风险。

透明度问题一直困扰着希望使用云计算服务的企业。因为用户仅能使用云计算的前端界面，并不能知道云服务供应商使用的是哪种平台或修复技术，所以无法评估服务的安全性，以及某一特定供应商的信誉度和可靠性。

4.5　云计算的发展趋势

视频：云计算的发展趋势

云计算被视为科技发展的下一次革命，它将带来工作方式和商业模式的根本性改变，已经成为推动企业创新的引擎。在生产方面，企业上云、用云在持续深入。目前我国已建成跨行业、跨领域的工业互联网平台 50 家，平均连接工业设备超 218 万台，服务企业数量超过 23.4 万家，同时，在上海推出了“万企上云中小企业快成长加速包”，中小企业可以根据自身业务需求和既有成本，灵活选择数字化、智能化升级所需的资源项目，并一站式完成上云所需的各项配置。一站式云平台提供企业初创、专精特新、中企出海等多个业务场景和解决方案，让中小企业在寻找数字化产品和服务的同时，减少搜索对比的成本。随着数字化转型的加速和云计算技术的不断成熟，我国云市场将继续保持快速增长的发展趋势，预计 2025 年的整体市场规模将超万亿元。

未来，云计算会以更加多样化的形式出现，助力企业加速完成数字化转型。云计算的发展趋势可以从以下 8 个方面来阐述。

（1）向多云战略过渡。

单一云模式已经无法满足企业上云的需求，大型云计算提供商通过为企业提供“一站式”服务的方法来满足其计算需求。多云和混合云的使用率在未来会持续提升。在大型云计算提供商中，华云数据作为中国领先的综合云计算厂商，一直深耕云计算领域，多年来坚持自主研发和开拓创新，坚持打造管理统一、体验一致的云平台。该平台支持全芯、全栈云计算解决方案，涵盖从 IaaS、PaaS 到 SaaS 的丰富产品线，包括虚拟化、超融合、私有云、混合云、桌面云、专属云在内的各种形态，以满足企业采用多云的需求。

（2）人工智能和云计算。

人工智能是使云计算技术适应用户需求的关键推动因素。随着人工智能的发展，云计算将使先进的工具集被更广泛地应用。

（3）混合云和虚拟桌面。

无处不在的运营 IT 模型使员工能够随时随地工作，其管理跨分布式 IT 基础设施的业务服务部署，可交付云管理解决方案。虚拟桌面等即服务平台将被广泛应用。

（4）分布式云服务。

分布式云服务有多种类型，其中包括内部部署、物联网边缘云、城域社区云、5G 移动边缘云和全球网络边缘云。这些云服务都将在未来几年被企业和政府部门采用。

（5）边缘计算的普及。

5G 技术的全球推广只会加速云平台的发展，从而导致对云平台边缘应用程序的大量需求。许多公有云提供商已开始将工作负载转移到智能边缘平台。

（6）云计算游戏的兴起。

近年来，越来越多的企业提供游戏服务，云计算游戏缓解了盗版问题，并通过允许玩家在一台设备上同时打开多个游戏来帮助开发商创造更多的收入。

（7）加强监管。

数据治理和法规遵从性将成为首席信息官和首席信息安全官关注的关键领域。

（8）人才短缺。

云计算正面临由于市场上缺乏云计算人才而导致其发展势头停滞的重大风险，部分企业将无法实现云采用的目标。因此，获得云原生的专业知识才是获得成功的决定因素。

思政园地

素养目标

✧ 通过对云计算典型案例的学习，提高学生使用互联网思维解决实际问题的能力。

✧ 通过对云计算技术概念和部署方案的学习，引导学生形成协作学习、分析问题和解决问题的能力。

✧ 培养学生对我国云计算技术发展成果的文化自信。

✧ 培养学生的网络安全意识。

思政案例

我国云计算业务持续增长赋能各行业转型升级

我国云计算业务持续增长赋能各行业转型升级，请扫描右侧二维码观看视频。

2023 年以来，我国云计算业务保持快速增长的发展趋势，基础设施不断完善，产业链条不断拓展，融合应用不断涌现，加速赋能各行业的数字化转型升级。工业和信息化部最新数据显示，2023 年上半年，我国云计算市场规模达到 2686 亿元，同比增长 40.11%。国内互联网、云计算企业均加大了在人工智能、大模型领域的研发投入，在大规模并发处理、海量数据存储等关键核心技术上不断突破，部分指标已达到国际先进水平。

2023 年以来，各地云计算布局不断提速。数据显示，2023 年上半年，以云计算为代表的新型基础设施建设投资同比增长 16.2%，其中智慧能源、智慧交通等融合类新型基础设施投资增长 34.1%。（视频来源：2023 年 9 月 18 日《新闻联播》）

自我检测

一、单选题

1．云计算是对_____技术的发展与运用。

A．并行计算　　B．网格计算

C．分布式计算　　D．以上三个选项都是

2．_____与 SaaS 不同，这种“云”计算形式把开发环境或运行平台作为一种服务提供给用户。

A．软件即服务　　B．基于平台服务

C．基于 Web 服务　　D．基于管理服务

3．_____不属于共享流量和用户的开放平台。

A．Facebook　　B．腾讯开放平台

C．百度开放平台　　D．AppStore 应用商店

4．与网络计算相比，不属于云计算特征的是_____。

A．资源高度共享　　B．适合紧耦合科学计算

C．支持虚拟机　　D．适用于商业领域

5．IaaS 是_____的简称。

A．软件即服务　　B．平台即服务

C．基础设施即服务　　D．硬件即服务

6．从研究现状上看，下面不属于云计算特点的是_____。

A．超大规模　　B．虚拟化

C．私有化　　D．高可靠性

7．_____是公有云计算基础架构的基石。

A．虚拟化　　B．分布式

C．并行　　D．集中式

8．_____是将大量用网络连接的计算资源统一管理和调度，构成一个计算资源池，对用户实施按需服务，最终使用户的终端简化为一个单纯的输入输出设备，让用户脱离对硬件、软件和专业技术的投资，并能按需享受互联网提供的技术服务。

A．“云计算”　　B．物联网

C．大数据　　D．互联网

二、多选题

1．云计算技术的层次结构包含_____。

A．物力资源层　　B．资源池层

C．管理中间件　　D．SOA 构建层

2．云计算的特点是_____。

A．大规模　　B．平滑扩展

C．资源共享　　D．动态分配

3．云计算按照服务类型大致可分为_____。

A．IaaS　　B．PaaS

C．SaaS　　D．效用计算

4．云计算使得企业可以通过互联网从超大数据中心中获得_____。

A．计算能力　　B．存储空间

C．软件应用　　D．服务

5．云安全主要考虑的关键技术有_____。

A．数据安全　　B．应用安全

C．虚拟化安全　　D．服务器安全

三、判断题

1．云计算的基本原理为，利用非本地或远程服务器（集群）的分布式计算机为互联网用户提供服务，如计算、存储、软硬件等服务。（　　）

2．互联网就是一个超大云。（　　）

3．云计算是对分布式处理、并行处理、网格计算及分布式数据库的改进处理。（　　）

4．将平台作为服务的云计算服务类型是 SaaS。（　　）

第 5 章　物联网技术

课件：物联网技术

学习目标

◆　掌握物联网的定义和基本特征。

◆　掌握物联网的核心技术及其在行业上的应用。

案例导读

以下均为 2021 年企业服务的典型案例，源自《互联网周刊》。

【案例 1】农业农村部&中国铁塔：智慧渔政解决方案

中国铁塔利用站址资源加装摄像设备，依托视频监控平台，基本可实现长江流域主要禁捕区域的监控全覆盖。例如，在江西，中国铁塔与农业农村部合作规划了 1400 多个铁塔点位，用于鄱阳湖等长江流域的禁捕执法监管。

有了新“利器”后，长江禁捕工作实现了从“人防”走向“人防＋技防”的转变。为了打赢“十年禁渔”持久战，中国铁塔利用先进信息采集与传输、大数据、人工智能等技术，从渔政行业违法行为发现难、取证难、行动反应慢、人工成本高、监控效率低等五大痛点入手，不断创新，步步为“赢”。

【案例 2】上海浦东新区城市运行综合管理中心&力维智联：上海“浦东城市大脑”项目

上海“浦东城市大脑”以“感知泛在、研判多维、精准推送、处置高效”为指导，结合管理事项和管理事件，整合视频资源、告警事件、处置力量，为城市管理科学化、精细化、智能化提供了有力支撑，做到了“实时、实战、实用”。

上海“浦东城市大脑”项目覆盖浦东新区 36 个街镇，完成了包括政府、企业在内的各类感知设备的全量接入，实现共享数据设备接入量达 300 多万个，打造出了一个贯通上下、协同共享、交互快速的数据连接共享体系。这主要依赖于基于力维智联“Ganges 泛在连接平台”打造的“神经元系统”，该平台是目前最大的城市级连接平台。

【案例 3】广东省应急管理厅&佳都科技：广东省危险化学品安全生产风险监测预警系统

系统以全量的企业基础数据、在线监测数据、视频图像数据、三维模型为基础，采用“三全四多”的建设思路，实现对危化品的安全生产风险综合可视化监管；全面对标应急管理部的建设要求，基于重大危险源的位置、时空数据分析技术，在重大危险源三维场景的基础上，整合实时动态监测数据、实时视频监控数据、危化品 MSDS 数据及企业基础信息，建立企业“一企一档”数据库，通过危化品事故模拟数据进行事故救援演练。系统总计接入全省 21 个地市 121 家一、二级重大危险源企业，共接入 2078 路视频监控，已将全省 25501 家危险化学品企业纳入基础信息库，项目开创了广东省危化品安全生产风险监测预警新局面，有效化解了重大安全风险，遏制了重特大事故。

【案例 4】武汉市东西湖区&阿里云：数字农业系统

阿里云数字农业系统综合运用 AIoT、区块链、遥感 AI 等技术，通过传感器采集作物土壤环境、气象环境、种植和水肥管理过程等数据，经过模型运算最终生成施肥灌溉计划，按照计划操作自动控制设备即可完成灌溉施肥。

棚外每 20 亩区域会配置一套物联网数据采集终端——太阳能面板配套地下探头，田间还配有一套小型气象站设备。这些设备把收集到的数据反馈到数字农业平台上，经系统分析后，可对阳光玫瑰的种植情况实时打分。农户可根据打分情况，对得分较低项进行调整。该项目于 2023 年 5 月建成并投入使用，目前已有 300 亩土地、16 户农户率先使用了数字农业系统，实现了降本增效，为助推乡村振兴发挥积极作用。

【案例 5】无锡市惠山区堰桥街道&航天吉光：5G 物联网停车标杆示范项目

在航天吉光研发的融合“综合诱导服务系统+停车收费管理系统+数据分析决策系统”的一体化停车平台中，基于数据的统一接入和统一监管，依托 AI 深度学习和大数据算法中心的强力支撑，呈现出数字孪生实景，以及大屏终端实时的数据展示，实现对管辖区内停车资源的全面实时管控，形成数据化、智慧化、统一化的城市停车数字生态。

随着“智慧堰桥”项目的不断落地，包括路侧停车位、封闭停车场、多级诱导屏、线上手机端入口的同步建设，逐渐构建出智慧堰桥停车一张网，进一步为车主提供统一的停车服务，进而让地方发展更有“温度”，群众生活更有“质感”。

【案例 6】西咸公交集团&大唐移动：公交 5G 车路协同项目

该项目覆盖道路全长 6 公里，停靠 8 个站点，它是连接城际交通与工作单位的重要线路，致力于解决“最后一公里”的问题。智慧公交车进入高级辅助驾驶模式后，便可以解放驾驶员的双手双脚，自主操控方向盘、刹车和油门。在行驶过程中，公交车可以自动识别红绿灯，以及斑马线上的行人，可以主动刹车避让。目前该项目共打造了 4 辆智慧公交车，可实现车路协同，具备高级辅助驾驶功能，同时建设了 8 个智慧路口、CA 安全平台和车路协同管理平台，以科技提升西咸公交智能化，形成新区“绿波带”控制模式，充分实现人、车、路的有效协同，助力新区实现城市交通新理念，加速实现产业升级。

【案例 7】迪拜世博会&特斯联——智慧城市场景机器人解决方案

特斯联泰坦系列机器人搭载了包括语音交互、触屏交互、人脸和表情识别在内的多模态交互技术，整体机群连接在云原生、全场景 CityOS——TACOS 上，以特斯联 RMS（机器人管理系统）为 AI 神经中枢，实现集群智能、相互协作。

【案例 8】美赞臣&小米营销：超级智慧母婴管家

在美赞臣与小米营销的合作中，小米营销配合美赞臣全球母婴知识库，为用户量身打造了“超级智慧母婴管家”，全时段连接用户智能生活场景，开辟了一个全新的母婴用户沟通场景。只要对小爱同学说“打开美赞臣”，便可快速建立定制化个人中心，建档后即可解锁 AI 管家的核心技能，包括每日孕育播报、贴身育儿专家、赞妈语音盒等功能，满足从孕期到育期的全周期需求，帮助品牌与妈妈用户建立长达 1000 天的有效连接，积累品牌资产，打造品牌阵地。

5.1　物联网的概念及由来

视频：物联网的概念及由来

5.1.1　初识物联网

“物联网”被称为是继计算机和互联网之后的第三次信息技术革命。物联网即通过射频识别、Zigbee 技术、红外感应器、全球定位系统、激光扫描器、气体感应器等信息传感设备，按照约定的协议，将物品与互联网连接起来，进行信息交换和通信，以实现智能化识别、定位、跟踪、监控和管理功能的一种网络。物联网在与移动互联网相结合后，发挥了巨大作用。

未来的家居之间能够相互沟通，自动准备好人们的生活所需。无人驾驶会成为常态，人们可以在路上收发邮件、打电话，汽车会自动通知何时到达。咖啡机会提醒人们，咖啡豆快用完了。回家路上，厨房电器（冰箱等）会自动订购所需商品，人们可以直接到超市付钱取货。在日常工作中，电话会议将被取代，手机会自动显示联系人的全息影像。

5.1.2　物联网的定义

物联网（Internet of Things）指的是将无处不在的末端设备和设施，包括具备“内在智能”的（如传感器、移动终端、工业系统、数控系统、家庭智能设施、视频监控系统等）和“外在使能”（Enabled）的（如贴上 RFID 的各种资产、携带无线终端的个人与车辆等“智能化物件或动物”或“智能尘埃”），通过各种无线和 / 或有线的长距离和 / 或短距离通信网络实现互联互通（M2M）、应用大集成（GrandI ntegration），以及基于云计算的 SaaS 营运等模式，在内网（Intranet）、专网（Extranet）、和 / 或互联网（Internet）环境下，采用适当的信息安全保障机制，提供安全可控乃至个性化的实时在线监测、定位追溯、报警联动、调度指挥、预案管理、远程控制、安全防范、远程维保、在线升级、统计报表、决策支持、领导桌面（集中展示的 Cockpit Dashboard）等管理和服务功能，实现对“万物”的高效、节能、安全、环保的“管、控、营”一体化。

5.1.3　物联网的特点

物联网是各种感知技术的广泛应用。物联网上部署了海量的、多种类型的传感器，每个传感器都是一个信息源，不同类别的传感器所捕获的信息内容和信息格式不同。传感器获得的数据具有实时性，按照一定的频率周期性地采集环境信息，不断更新数据。

物联网是一种建立在互联网上的泛在网络。物联网技术的重要基础和核心仍旧是互联网，通过各种有线和无线网络与互联网融合，将物体的信息实时、准确地传递出去。物联网上的传感器定时采集的信息需要通过网络传输，由于其数量极其庞大，在传输过程中，为了保障数据的正确性和及时性，必须适应各种异构网络和协议。

物联网不仅提供了传感器的连接，其本身也具备智能处理的能力，能够对物体实施智能控制。物联网将传感器和智能处理相结合，利用云计算、模式识别等智能技术，扩充其应用领域。从传感器获得的海量信息中分析、加工和处理有意义的数据，以适应不同用户的不同需求，发现新的应用领域和应用模式。

5.2 物联网的关键技术

视频：物联网的关键技术

5.2.1 物联网体系架构

物联网发展的关键要素包括网络架构、物联网相关产业（服务业和制造业）、物联网技术和标准、标识资源、隐私和安全等。物联网体系架构如图 5-1 所示。

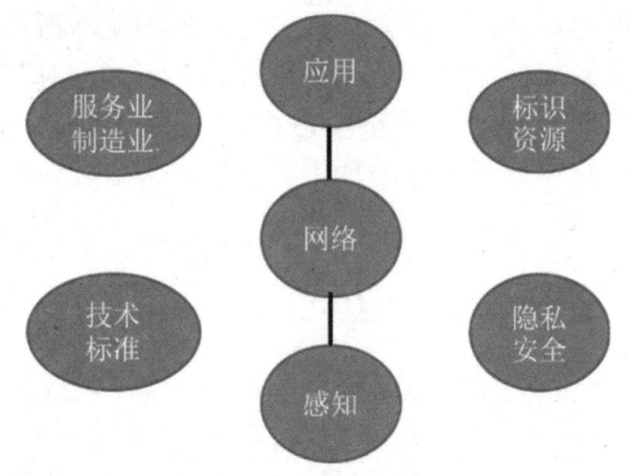

图 5-1 物联网体系架构

1. 物联网网络架构

物联网网络架构由感知层、网络层和应用层组成，如图 5-2 所示。

感知层主要实现对物理世界的智能感知识别、信息采集处理和自动控制，并通过通信模块将物理实体连接到网络层和应用层；网络层主要实现信息的传递、路由和控制，包括延伸网络、接入网络和核心网络，可以依托公众电信网和互联网，也可以依托行业专用通信资源；应用层包括应用基础设施 / 中间件和各种物联网应用。应用基础设施 / 中间件为物联网应用提供信息处理、计算等通用基础服务设施，能力和资源调用接口，并以此为基础实现物联网在众多领域中的应用。

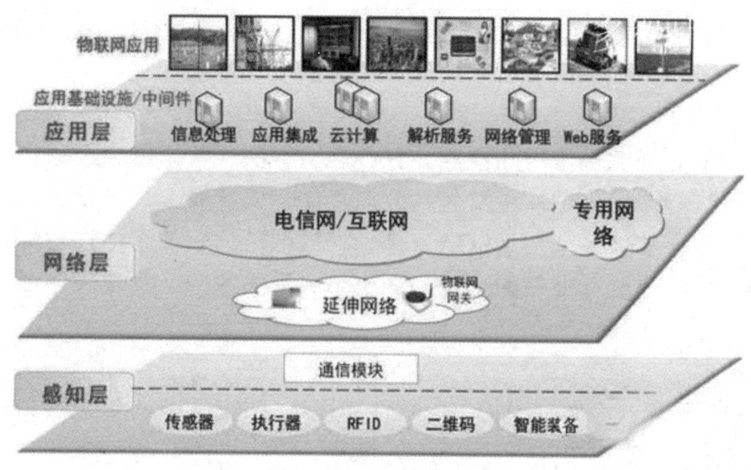

图 5-2　物联网网络架构

2. 物联网技术体系

物联网技术涉及感知、控制、网络通信、微电子、软件、嵌入式系统和微机电等技术领域，因此物联网涵盖的关键技术非常多，为了能够系统分析物联网技术体系，将其划分为感知关键技术、网络通信关键技术、应用关键技术、共性技术和支撑技术，如图 5-3 所示。

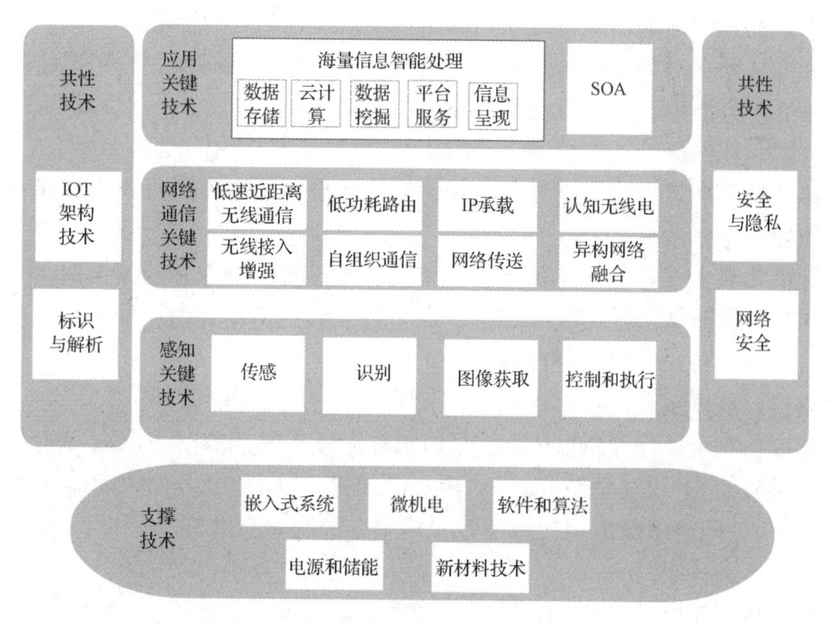

图 5-3　物联网技术体系

（1）感知关键技术。

传感和识别是物联网感知物理世界、获取信息和实现物体控制的首要环节，传感器将物理世界中的物理量、化学量、生物量转化为可供处理的数字信号，识别技术实现了对物联网中物体标识和位置信息的获取。

（2）网络通信关键技术。

网络通信关键技术主要实现物联网信息和控制信息的双向传递、路由和控制，主要包括低速近距离无线通信技术、自组织通信技术、无线接入增强技术、低功耗路由技术、IP承载技术、网络传送技术、异构网络融合技术及认知无线电技术。

（3）应用关键技术。

海量信息智能处理综合运用高性能计算、人工智能、数据库和模糊计算等技术，对收集的感知数据进行通用处理，主要包括数据存储、云计算、数据挖掘、平台服务、信息呈现等，面向服务的体系架构（SOA）是一种松耦合的软件组件技术，它将应用程序的不同功能模块化，通过标准化的接口和调用方式联系起来，实现快速可重用的系统开发和部署。

（4）支撑技术。

支撑技术包括嵌入式系统、微机电、软件和算法、电源和储能、新材料技术等。

（5）共性技术。

共性技术用于设计网络的不同层面，主要包括IOT架构技术、标识与解析、安全与隐私、网络安全等。

3. 物联网标准化体系

物联网标准是国际物联网技术竞争的制高点，由于物联网涉及不同专业技术领域和不同行业应用部门，所以物联网的标准既要涵盖面向不同应用的基础公共技术，又要涵盖满足行业特定需求的技术标准，即，既包括国家标准，又包括行业标准。

物联网标准体系相对繁杂，若从物联网总体、感知层、网络层、应用层、共性关键技术标准体系等5个方面出发，则可初步构建一个标准体系。

（1）物联网总体性标准。

物联网总体性标准包括物联网导则、物联网总体架构、物联网业务需求等。

（2）感知层标准体系。

感知层标准体系主要涉及传感器等各类信息获取设备的物理和数据接口、感知数据模型、描述语言和数据结构的通用技术标准、特定行业和应用相关的感知层技术标准，以及RFID标签、读写器接口和协议标准等。

（3）网络层标准体系。

网络层标准体系主要涉及物联网网关、短距离无线通信、自组织网络、简化IPv6协议、低功耗路由、增强的M2M（Machine to Machine，机器对机器）无线接入和核心网标准、M2M模组和平台、网络资源虚拟化标准及异构融合的网络标准等。

（4）应用层标准体系。

应用层标准体系包括应用层架构、信息智能处理技术，以及行业、公众应用类标准。应用层架构是重点面向对象的服务架构，包括SOA体系架构、面向上层应用业务的流程管理、业务流程之间的通信协议、元数据标准，以及SOA安全架构标准。信息智能处理类技术标准包括云计算、数据存储、数据挖掘、海量智能信息处理和呈现等。云计算技术标准主要包括开放云计算接口、云计算开放式虚拟化架构（资源管理与控制）、云计算互操作、云计算安全架构等。

（5）共性关键技术标准体系。

共性关键技术标准体系包括标识和解析标准、服务质量标准、安全标准、网络管理技术标准。标识和解析标准包括编码、解析、认证、加密、隐私保护、管理，以及多标识互通标准。安全标准主要包括安全体系架构、安全协议、支持多种认证和加密技术、用户和应用隐私保护、虚拟化和匿名化、面向服务的自适应安全技术标准等。

4．物联网产业

物联网相关产业是指实现物联网功能所必需的相关产业集合，从产业结构上主要包括物联网服务业和物联网制造业两大范畴，如图 5-4 所示。

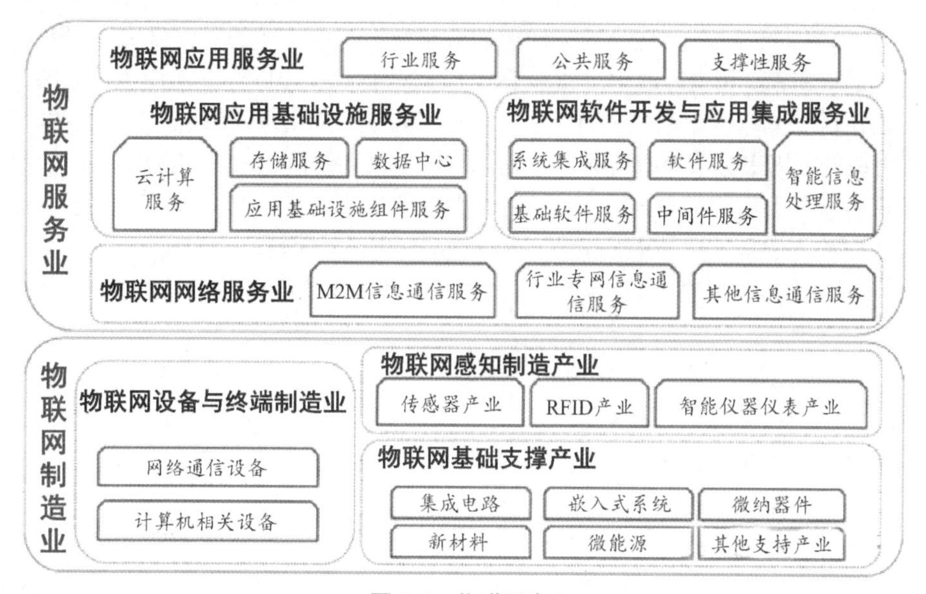

图 5-4　物联网产业

物联网制造业以物联网基础支撑产业为主，感知端设备的高智能化与嵌入式系统息息相关，设备的高精密化离不开集成电路、嵌入式系统、微纳器件、新材料、微能源等基础产业的支撑。部分计算机设备和网络通信设备也是物联网制造业的组成部分。

物联网服务业主要包括物联网网络服务业、物联网应用基础设施服务业、物联网软件开发与应用集成服务业及物联网应用服务业四大类。物联网应用基础设施服务业可细分为云计算服务、存储服务、数据中心和应用基础设施组件服务，物联网软件开发与应用集成服务业可细分为系统集成服务、基础软件服务、软件服务、中间件服务及智能信息处理服务，物联网应用服务可分为行业服务、公共服务和支撑性服务。

物联网产业绝大部分属于信息产业，但也涉及其他产业，如智能电表等，物联网产业的发展不是对已有信息产业的重新统计划分，而是通过应用带动，形成新市场、新形态。

5.2.2　物联网的核心技术

物联网的核心技术有识别与感知技术、网络与通信技术、数据挖掘与融合技术。

（1）识别与感知技术。

二维码扫描是物联网中的一种很重要的自动识别技术，是在一维条码的基础上扩展出来的条码技术。二维码包括堆叠式/行排式二维码和矩阵式二维码，后者较为常见。矩阵式二维码在一个矩形空间内通过黑、白像素对矩阵中的不同分布进行编码。在矩阵相应的元素位置上，用点（方点、圆点或其他形状）表示二进制数“1”，用空白表示二进制数“0”，点的排列组合确定了矩阵式二维码所代表的意义。二维码具有信息容量大、编码范围广、容错能力强、译码可靠性高、成本低易制作等良好特性，已得到广泛应用。

RFID（Radio Frequency Identification）技术用于静止或移动物体的无接触自动识别，具有全天候、无接触、可同时实现多个物体的自动识别等特点。RFID 技术在生产和生活中得到了广泛应用，大大推动了物联网的发展，我们平时使用的公交卡、门禁卡、校园卡等都嵌入了 RFID 芯片，可以实现迅速、便捷的数据交换。从结构的角度来说，RFID 是一种简单的无线通信系统，由 RFID 读写器和 RFID 标签组成。RFID 标签是由天线、耦合元件、芯片组成的，是一个能传输信息、回复信息的电子模块。RFID 读写器也是由天线、耦合元件、芯片组成的，用来读取（有时也用来写入）RFID 标签中的信息。RFID 系统使用 RFID 读写器及可附着于目标物的 RFID 标签，利用频率信号将信息由 RFID 标签传送至 RFID 读写器。以公交卡为例，市民持有的公交卡就是一个 RFID 标签，公交车上安装的刷卡设备就是 RFID 读写器，当我们刷卡时，就完成了一次 RFID 标签和 RFID 读写器之间的非接触式通信和数据交换。

（2）网络与通信技术。

物联网中的网络与通信技术包括短距离无线通信技术和远程通信技术。短距离无线通信技术包括 Zigbee、NFC、蓝牙、Wi-Fi、RFID 等。远程通信技术包括互联网、2G/3G/4G 移动通信网络、卫星通信网络等。

（3）数据挖掘与融合技术。

物联网中存在大量数据来源、各种异构网络和不同类型的系统，如此大量的不同类型的数据，如何实现有效整合、处理和挖掘，是物联网处理层需要解决的关键技术问题。云计算和大数据技术的出现，为物联网数据存储、处理和分析提供了强大的技术支撑，海量的物联网数据可以借助庞大的云计算基础设施实现廉价存储，利用大数据技术实现快速处理和分析，满足各种实际应用需求。

完整的物联网产业链主要包括核心感应器件提供商、感知层末端设备提供商、网络提供商、软件与行业解决方案提供商、系统集成商、运营及服务提供商等环节。

5.2.3 云计算、大数据和物联网的关系

云计算、大数据和物联网代表了 IT 领域最新的技术，三者既有区别又有联系。云计算最初主要包含两类含义：一类是以 Google 的 GFS 和 MapReduce 为代表的大规模分布式并行计算技术；另一类是以亚马逊的虚拟机和对象存储为代表的“按需租用”的商业模式。随着大数据概念的提出，云计算中的分布式计算技术开始被更多地列入大数据技术，但人们在提到云计算时，更多的是指底层基础 IT 资源的整合优化及以服务的方式提供 IT 资源的商业模式（如 IaaS、PaaS、SaaS）。从云计算和大数据的概念诞生到现在，二者之间的关系一直非常微妙，既密不可分，又千差万别。因此，我们不能把云计算和大数据割裂开来当作两类截然不同的技术看待。此外，物联网也是与云计算和大数据相伴相生的技术。云计算、大数据和物联网的关系如图 5-5 所示。

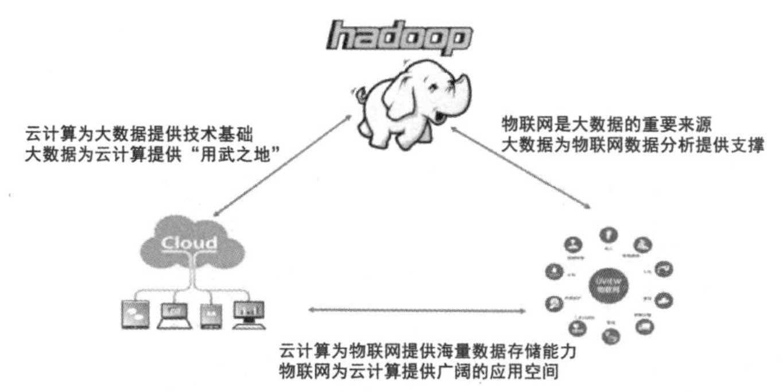

图 5-5　云计算、大数据和物联网的关系

下面总结一下三者的区别与联系。

大数据、云计算和物联网的区别：大数据侧重于对海量数据的存储、处理与分析，可以从海量数据中发现价值，并服务于生产、生活；云计算旨在整合和优化各种 IT 资源，并通过网络以服务的方式廉价地提供给用户；物联网的发展目标是实现“物物相连”，应用创新是物联网发展的核心。

大数据、云计算和物联网的联系：从整体上看，大数据、云计算和物联网是相辅相成的。大数据根植于云计算，大数据分析的很多技术都来源于云计算，云计算的分布式数据存储和管理系统（包括分布式文件系统和分布式数据库系统）提供了对海量数据的存储和管理能力，分布式并行处理框架 MapReduce 提供了对海量数据的分析能力，没有这些云计算技术作为支撑，大数据分析也就无从谈起。反之，大数据为云计算提供了“用武之地”，没有大数据这个“练兵场”，云计算技术就算再先进，也无法发挥它的应用价值。物联网传感器产生的大量数据，构成了大数据的重要数据来源，没有物联网的飞速发展，就不会带来数据产生方式的变革，即由人工产生阶段转向自动产生阶段，大数据时代也不会这么快就到来。同时，物联网需要借助于云计算和大数据技术，以实现物联网大数据的存储、分析和处理。

可以说，云计算、大数据和物联网三者已经彼此渗透、相互融合，在很多应用场合中都可以同时看到三者的身影。在未来，三者会继续相互促进、相互影响，更好地服务于社会生产、生活的各个领域。

5.3　物联网技术的典型应用

视频：物联网技术的典型应用

5.3.1　仓储物流

在物联网、大数据和人工智能的支撑下，物流的各个环节已经实现系统感知、全面分析处理等功能。而物联网领域的应用，主要是仓储、运输监测和快递终端，如图 5-6 所示。

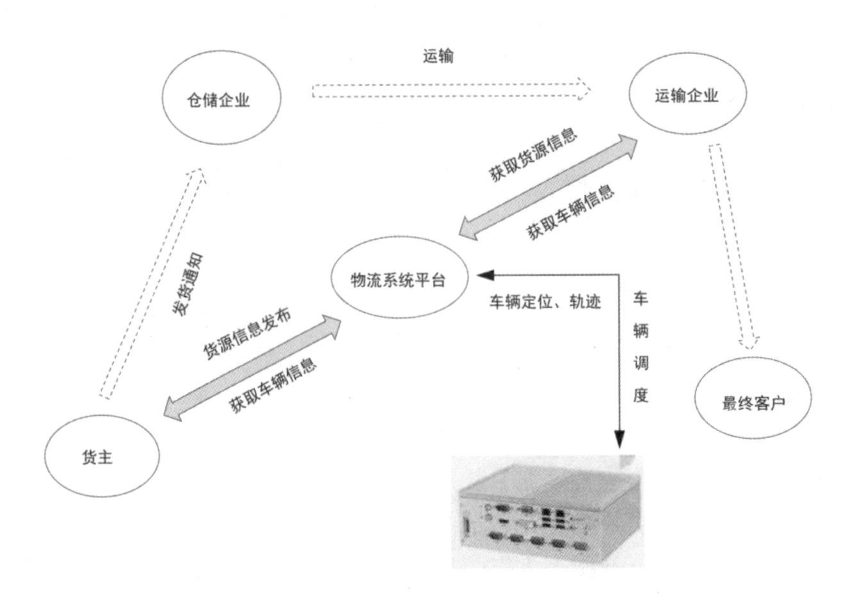

图 5-6　仓储物流

结合物联网技术，可以监测货物的温湿度和运输车辆的位置、状态、油耗、速度等。从运输效率上来看，物流行业的智能化水平得到了提高。

5.3.2　智能交通

智能交通被认为是物联网所有应用场景中最有前景的应用之一。随着城市化的发展，交通问题越来越严峻，而传统的方案已无法解决新的交通问题，因此，智能交通应运而生。智能交通是指将先进的信息技术、数据传输技术及计算机处理技术等有效地集成到交通运输管理体系中，使人、车和路能够紧密配合，改善交通运输环境，以提高资源利用率等。我们根据实际的行业应用情况，总结出了八大应用场景。

（1）智能公交车。

智能公交车通过 RFID、传感等技术，实时了解公交车的位置，实现弯道及路线提醒等功能。同时结合公交车的运行特点，通过智能调度系统，对线路和车辆进行规划调度，实现智能排班。

（2）共享自行车。

共享自行车是通过配有 GPS 或 NB-IoT 模块的智能锁，将数据上传到共享服务平台，实现车辆的精准定位、实时掌控车辆的运行状态等。

（3）车联网。

利用先进的传感器、RFID 及摄像头等设备，采集车辆周围的环境及车辆自身的信息，将数据传输至车载系统，以实现实时监控车辆运行状态的目的，包括油耗、车速等。车联网如图 5-7 所示。

图 5-7　车联网

（4）充电桩。

使用传感器采集充电桩的电量、状态监测情况及充电桩的位置等信息，将采集到的数据实时上传到云平台，通过 App 与云平台进行连接，实现统一管理等功能。

（5）智能红绿灯。

通过安装在路口的雷达装置实时监测路口的行车数量、车距及车速，同时监测行人的数量及外界的天气状况，动态地调控交通信号灯，以提高路口车辆的通行率，减少交通信号灯的空放时间，最终提高道路的承载力。

（6）汽车电子标识。

汽车电子标识又叫电子车牌，通过 RFID 技术自动地、非接触地完成车辆的识别与监控，将采集到的信息与交管系统连接，实现车辆的监管，解决交通肇事、逃逸等问题。

（7）智慧停车。

在城市交通出行领域，由于停车资源有限、停车效率低下等问题，智慧停车应运而生。智慧停车以停车位的资源为基础，通过安装地磁感应、摄像头等装置，实现车牌识别、车位查找与预订及使用 App 自动支付等功能。智慧停车如图 5-8 所示。

图 5-8　智慧停车

（8）智能收费。

通过摄像头识别车牌信息，将车牌绑定至微信或支付宝，根据行驶的里程，自动通过微信或支付宝收取费用，实现智能收费，提高通行效率、缩短车辆等候时间。智能收费如图 5-9 所示。

图 5-9　智能收费

以物联网、大数据、人工智能等为代表的新技术，能够有效解决交通拥堵、停车资源有限、红绿灯变化不合理等问题，最终使得智能交通得以实现。

5.3.3 医疗健康

物联网技术在医疗领域的应用潜力巨大，它能够帮助医院实现对人的智慧化医疗和对物的智慧化管理工作，满足医疗健康信息、医疗设备与用品、公共卫生安全的智能化管理与监控等方面的需求，从而解决医疗平台支撑薄弱、医疗服务水平整体较低、医疗安全生产隐患等问题，物联网与医疗结合如图 5-10 所示。

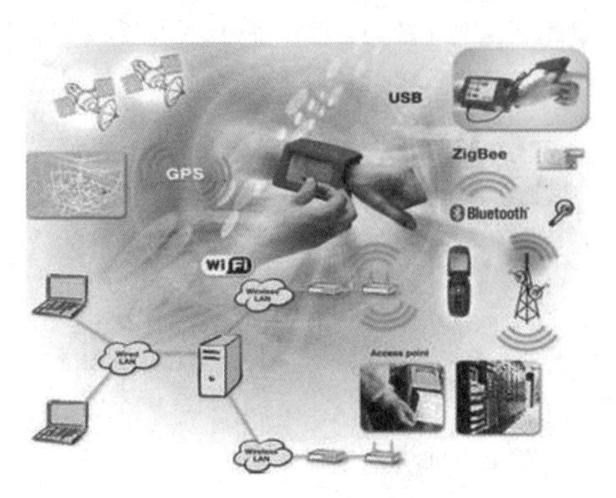

图 5-10 物联网与医疗结合

（1）人员管理智能化。

依靠物联网技术实现对患者的监护跟踪安全系统，对病人流动、人员出入与安全防控等方面进行监测；依靠物联网技术实现婴儿安全管理系统、医护人员管理系统，加强了对出入婴儿室和产妇病房人士的管理及对母亲与护理人员身份的确认，在出现偷抱或误抱的情况时可及时发出报警，同时可对新生儿的身体状况进行记录和查询，以确保新生儿的安全。

（2）医疗过程智能化。

使用依靠物联网技术的通信和应用平台，实现包括实时付费、网上诊断、网上病理切片分析、设备的互通等，以及挂号、诊疗、查验、住院、手术、护理、出院、结算等智能服务。

（3）供应链管理智能化。

依靠物联网技术实现药品、耗材、器械设备等医疗相关产品在供应、分拣、配送等各个环节的供应链管理系统。依靠物联网技术，实现对医院的资产、血液、消毒物品等的管理。产品物流过程涉及很多信息，企业需要掌握货物的具体地点等信息，从而及时做出反应。在药品生产方面，通过物联网技术实施对生产流程、市场流动及病人用药的全方位监测。依靠物联网技术，可实现对药品的智能化管理，如图 5-11 所示。

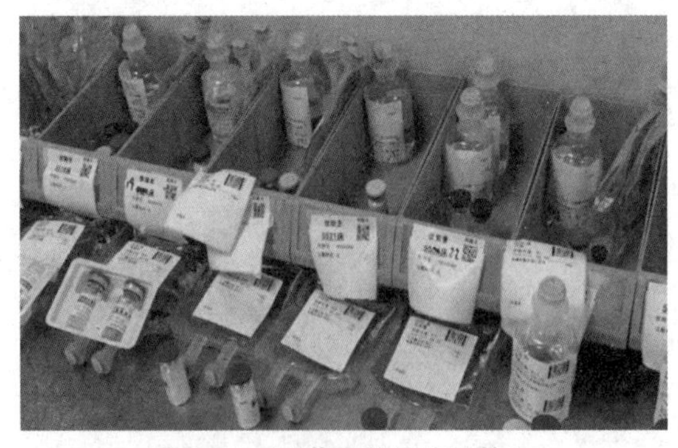

图 5-11 对药品的智能化管理

（4）医疗废弃物管理智能化。

可追溯化是指用户可以通过界面采集数据、提炼数据、获得管理功能，并进行分析、统计，形成报表，以做出管理决策，这也为企业提供了一个数据输入、导入和上传的平台。

（5）健康管理智能化。

通过安装家庭安全监护，实时获取病人的全面医疗信息。而远程医疗和自助医疗、信息及时采集和高度共享，可缓解资源短缺、资源分配不均的问题。

（6）可穿戴设备。

可穿戴设备通过传感器监测人的心跳频率、体力消耗、血压高低等数据。带显示功能的可穿戴设备，如电子手环，可以直接查看监测数据，没有显示功能的可穿戴设备可以利用手机等终端通过 App 查询。

5.3.4　智能家居

家居与物联网的结合，使得很多智能家居类企业走向“物物联动”。智能家居行业发展的初期阶段是单品连接，中间阶段是物物联动，最终阶段是平台集成。

利用物联网技术，可以监测家居产品的位置、状态和变化，并进行分析反馈。

出门忘记带钥匙，不确定到底有没有锁门；不想半夜起床摸黑开灯；突遇降雨忘记关家里的窗户。相信有不少人遇到过类似的困扰，而智能家居正是为了解决所有不便而生。

智能家居利用先进的计算机、网络通信、自动控制等技术，将与家庭生活有关的各种应用有机地结合在一起，通过综合管理让生活更舒适、安全、有效和节能。智能家居不仅具有传统的功能，还能提供舒适安全、高效节能及具有高度人性化的生活空间，将被动静止的家居设备转化为具有“智慧”的工具，提供全方位的信息交换功能，帮助家居与人类保持信息“交流”，优化人类的生活方式，帮助人类有效地安排时间，管理家中事务，节省能源费用。物联网与家居结合如图 5-12 所示。

图 5-12　物联网与家居结合

智能家居到底给我们带来了什么？

（1）安全。

智能门锁可自主设置指纹、密码、刷卡、钥匙、手机远程开锁等开锁方式，开锁后智能安防自动撤防，联动智能灯光亮起，音乐系统播放欢迎音乐，窗帘慢慢拉开，推门面对的不再是漆黑的环境。同时还会收到智能门锁发出的开锁提示。智能门锁会根据归家人员的身份和时间段，记录详细的开锁信息（见图 5-13），当出现非法入侵的情况时，手机 App 会及时收到提示信息。

智能门锁也可以搭配全套智能家居安防报警系统使用，通过手机实时了解家中的情况，掌控家中的信息。当入侵者开门后，智能摄像头会将实时画面传送到手机上，并进行及时启动室内警报器、关闭门窗等操作，保证室内家居财产的安全（见图 5-14）。

图 5-13　智能门锁

图 5-14　智能家居 App 控制

一套完善的智能家居安防报警系统可确保每一位用户的生命安全和财产安全，该系统通过安装门磁、窗磁来防止非法入侵。若出现非法入侵的情况，则室内警报器会触发警报。外出前在启动安防报警系统的同时，还可以联动切断某些家用电器的电源。安防报警系统可以对家中的水、电、天然气的使用情况进行监控和管理，在出现异常情况时，室内烟感探测器和厨房的可燃气体探测器会启动报警模式。同时，该系统还为用户提供了对家中电器设备的多种控制方式，无论主人身居何处，都能及时了解家中电器的使用状况，并对它们进行控制。

（2）便捷。

智能家居让传统的家电设备告别了孤岛式功能，通过分析室内环境和空气质量指数，及时调整新风系统的工作模式，开启中央空调或地暖等智能家居。智能冰箱可以定期监测冰箱内食品的保质期并提示过期信息，同时还可以根据冰箱内的食材自动生成菜谱、帮助用户制订购物计划。智能灯具可以根据室内光线的明暗自动调节灯光模式。

不同的场景模式可以实现家居之间的交互，智能让生活更便捷。

（3）健康。

现代社会城市化发展进程的加快直接影响了生活环境，工业噪声、雾霾、空气污染等问题无一不对我们的生活产生困扰，因此室内装修离不开新风系统。新风系统是一个节能、健康、舒适、可控制的通风系统，可有效隔绝室外空气中的雾霾、细菌等有害物质。通过在控制系统中内置模块，室内空气质量监测器一旦检测到污染值超标，将自动开启新风系统，及时更新室内空气，保障家人健康。

室内环境湿度过大，会造成家具受潮、墙壁发霉，从而滋生细菌，对人体健康造成危害。而室内环境过于干燥，又会造成地板、墙壁开裂，人体皮肤干燥、咽喉肿痛等问题。实验测定，在冬天最宜人的室内温度为 18～25℃，湿度为 30%～80%；在夏天最宜人的室内温度为 23～28℃，湿度为 30%～60%。智能家居系统可以根据预设好的人体最舒适的温湿度，判断是否需要自动开启中央空调、加湿器等设备。

舒适、健康的居住环境有利于家人的身体健康，同时可提升生活品质。

5.3.5　物联网农业

农业与物联网的融合，表现在农业种植、畜牧养殖等方面，如图 5-15 所示。

农业物联网应用是将大量的传感器节点组装成监控网络，通过各种传感器采集信息，以帮助农户及时发现问题，确定问题所在并解决问题。通过这种方式农业将逐渐从以人力为中心、依赖于孤立机械的生产模式转向以信息和软件为中心的生产模式，从而借助更多的自动化、智能化、远程控制的生产设备，加速农业生产。

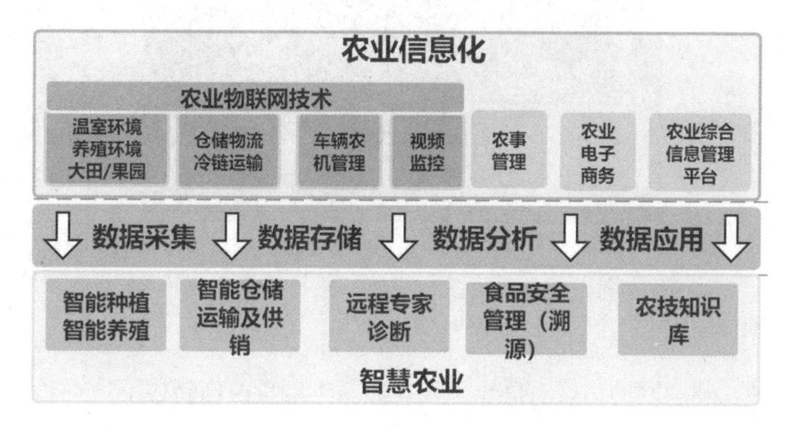

图 5-15　物联网与农业的融合

农业种植利用传感器、摄像头、卫星等设备促进农作物和机械装备的数字化发展，如目前应用较为广泛的智慧大棚监测系统，如图 5-16。

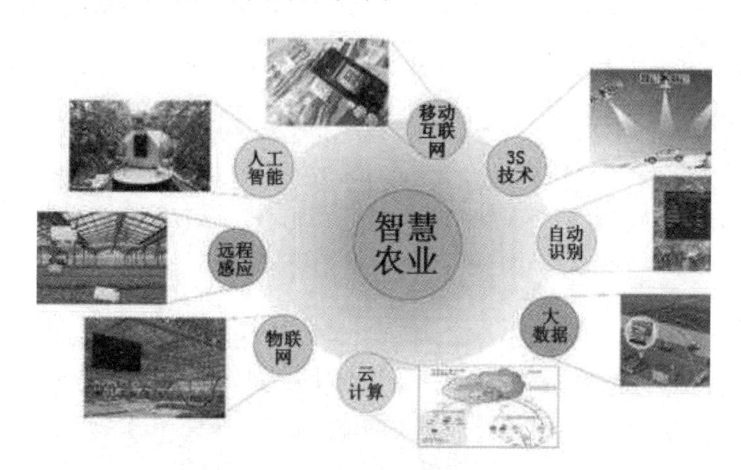

图 5-16　智慧大棚监测系统

智慧养殖系统是基于物联网技术在线监测动物生长的环境信息，通过氨气传感器、二氧化碳传感器、湿度传感器等设备监测畜舍内的环境参数，自动将畜舍内的实时环境参数传送至综合服务平台，联动控制湿帘、热风机、风机等设备协同工作，调控畜舍的环境条件，实现远程控制和系统自动化控制养殖场设备，以达到降低人工成本、能源成本和疫情风险的目的，提高养殖效益。智慧养殖系统利用物联网、大数据等技术改造、创新、变革传统畜牧养殖业，将养殖信息与生产技术深度融合，实现对环境数据的无线采集监测和自动化养殖，以及养殖的精细化管理。智慧养殖系统适用于牛棚、养猪场、鸭舍、鸡舍、养羊场等场所，如图 5-17 所示。

图 5-17　智慧养殖系统

5.3.6　教育领域

在教育领域，物联网的出现有助于开发提高教学质量的创新应用。

（1）教育管理。

物联网在教育管理方面可用于人员考勤、图书管理、设备管理等。例如，带有 RFID 标签的学生证可以记录学生进出各个教学楼的情况及行动路线；将 RFID 技术用于图书管理，通过 RFID 标签可以方便地找到图书，还可以在借阅图书时获取图书信息。将物联网技术用于实验设备管理，可以跟踪设备的位置和使用状态。

（2）智慧校园。

物联网在校园内还可以用于校内交通管理，如车辆管理、校园安全、智能建筑、学生生活服务等领域，将教学环境智能化。例如，在教室内安装光线传感器和控制器，根据光线强度和学生的位置，调整教室内的光照强度。控制器可以与投影仪和窗帘导轨等设备整合，根据投影状态决定是否拉上窗帘、降低灯光亮度。

（3）信息化教学。

利用物联网建立泛在学习环境。智慧校园可以利用智能标签识别需要学习的对象，并根据学生的学习行为记录调整学习内容。这是对传统课堂和虚拟实验的拓展，在空间和交互环节上，通过实地考察和实践，增强学生的体验感。例如，在生物课的实践性教学中，需要学生识别校园内的各种植物，学校可以为每类植物粘贴带有二维码的标签，学生在室外找到这些植物后，除了可以知道植物的名称，还可以使用手机识别二维码，并从教学平台上获得相关的扩展内容。

5.3.7　其他领域

（1）网上支付。

物联网与人工智能相结合将使“人的识别”这一过程的效率显著提高，通过对人“无意识”的举动（如行走步态、打字节奏等）和“更自然”的交互方式（如语音交互、脑机结合）进行特征采集，最终可以让人在借助少量甚至是无附属物体的情况下完成身份识别，实现“人即载体”。

支付的安全和便利难以兼得，为保证便利而将支付信息传输的通道从专网改为公网，但物联网的应用将进一步提高网上支付的便利与安全程度。结合智能控制，可以发现深层次规律并做出预判，以优化高频交易速度、提高风险评估和反欺诈水平。指纹、人脸识别等支付方式使得网上支付越发地便利与安全。

（2）智能安防。

人类极度重视安全，所以安防可发展的空间也非常大。传统的安防依赖人力，而智能安防更多的是依赖设备，减少了对人员的依赖。智能安防最核心的部分是智能安防系统，应用该系统的设备主要包括门禁、报警、监控，视频监控应用较多，同时该系统可以传输和存储图像，也可以对拍摄到的画面进行分析处理。

（3）能源环保。

在能源环保方面，与物联网的结合包括水能、电能、燃气及路灯、井盖、垃圾桶等环保装置。智慧井盖可以监测水位，智能水电表可以远程获取读数。将水、电、光能设备联网，可以提高资源利用率，减少不必要的损耗。利用物联网技术可以获取数据，完成人与物的智能化管理。

（4）建筑。

建筑与物联网的结合体现在节能方面，与医院的医疗设备管理类似，智能建筑可以对建筑设备进行感知，如水电系统，可以节约能源，同时减少运维的人员成本。

（5）制造。

制造领域涉及的行业范围较广，制造业与物联网的结合主要体现在数字化、智能化工厂，具体如机械设备监控和环境监控。

（6）零售。

零售与物联网的结合体现在无人便利店和自动售货机。智能零售将零售领域的售货机、便利店进行数字化处理，形成了无人售货的模式，从而节省人力成本，提高经营效率。

5.4　物联网的发展与未来

视频：物联网的发展与未来

最保守的预测认为，到 2045 年将有超过 1000 亿的设备连接在互联网上。这些设备包括移动设备、可穿戴设备、家用电器、医疗设备、工业探测器、监控摄像头等，如我们常见的智能手环、智能冰箱、智能音箱、智慧停车等，这些设备已经被应用到很多生活场景中，改变着我们的生活方式。

未来，物联网及其连接设备所创造并分享的数据将会为我们的工作和生活带来一场新的信息革命。人们可以通过来自物联网的信息加深对世界及自身生活环境的了解，并做出更加适合自己生活现状的决定。

随着物联网、数据分析及人工智能技术的逐渐成熟，组合使用这 3 项技术将在世界上创造出一个巨大的智能机器网络，在不需要人力介入的情况下就能实现巨量的商业交易。

虽然物联网会提高经济效率及个人生活质量，但它也会加重网络安全和个人隐私泄露的问题。面对网络威胁，小到个人、大到国家，谁也无法独善其身。我们家中联网的智能设备可能会被不良企图者控制，从而窥探我们的个人隐私，操纵我们的智能家电、自动交通工具等设备，造成重大损失。未来，网络安全将成为国家、行业及各企业的重点研究方向。

思政园地

素养目标

✧ 培养学生观察普遍联系的能力。

✧ 培养学生在使用物联网的过程中的安全意识。

思政案例

智能亚运彰显创新活力

智能亚运彰显创新活力，请扫描右侧二维码观看视频。

之江潮涌，敢为天下先。勇立潮头是浙江儿女身上独特的精神气质，也为这片土地带来了浓厚的创新氛围。2023 年，杭州亚运会向来自亚洲各地的体育健儿提供了超越自我的舞台，更是打开了一扇观察中国科技创新的窗口。从 20 年前开始布局建设“数字浙江”，到如今 5G、物联网、大数据、人工智能等各类前沿技术广泛运用，“数字”赋能浙江各行各业，为经济社会发展释放巨大动力。作为本届亚运会的鲜明底色，“智能”亦体现在筹办工作的全过程、各方面，为实现“简约、安全、精彩”的赛事要求奠定了坚实基础。（视频来源：新华网）

自我检测

一、单选题

1. 物联网的基础实际上是一个_____。
   A. 电子传感器　　B. 移动通信技术
   C. 电子计算机技术　　D. 互联网
2. “感知中国”是我国政府为促进_____发展而制定的。
   A. 新型材料　　B. 物联网技术
   C. 电动汽车技术　　D. 集成电路技术
3. 智慧城市的构建，不包含_____。
   A. 数字城市　　B. 物联网
   C. 联网监控　　D. 云计算
4. 通过无线网络与互联网的融合，将物体的信息实时准确地传递给用户，指的是_____。
   A. 可靠传递　　B. 全面感知
   C. 智能处理　　D. 互联网
5. 利用 RFID 标签、传感器、二维码等随时随地获取物体的信息，指的是_____。
   A. 可靠传递　　B. 全面感知
   C. 智能处理　　D. 互联网
6. 第三次信息技术革命指的是_____。
   A. 互联网　　B. 物联网
   C. 智慧地球　　D. 感知中国

7．物联网的核心是_____。

A．应用　　B．产业

C．技术　　D．标准

二、多选题

1．基于四大技术的物联网支柱产业群包括_____。

A．RFID 从业人员　　B．传感网从业人员

C．M2M 人群　　D．工业信息化人群

2．3C 指的是_____。

A．Computer　　B．Control

C．Cmmunication　　D．Consumer

3．1995 年，比尔·盖茨在《未来之路》中提及的物联网概念，包括_____。

A．数字电视　　B．购买冰箱

C．不同的电视广告　　D．全新的数字音乐

4．物联网的主要特征包括_____。

A．全面感知　　B．功能强大

C．智能处理　　D．可靠传送

三、判断题

1．物联网是在互联网的基础上，将其用户端延伸和拓展到任何物品之间进行信息交换和通信的一种网络。（　　）

2．移动互联网，它的本质离不开“互联网+”。（　　）

3．3C 是指 Computer、Communication 和 Control。（　　）

4．物联网的价值在于“物”而不在于“网”。（　　）

5．智能家居是物联网关于个人用户的智能控制类应用。（　　）

第6章　工业互联网技术

课件：工业互联网技术

学习目标

- ◆ 了解工业互联网技术的内涵。
- ◆ 掌握工业互联网技术的体系架构。
- ◆ 了解工业互联网的网络体系。
- ◆ 了解工业大数据的含义及应用。

案例导读

【案例1】工业互联网助力生产效率持续提高

自动导向搬运小车传送物料、有轨穿梭小车协助进行工序转换……一个5400平方米的生产车间，只需39名生产人员。"通过浪潮云洲工业互联网平台赋能，生产效率提高了27%，产品一次合格率提升了17%，车间综合运营成本降低了17%。"山东电工电气集团新能科技有限公司生产制造中心主任薛俊杰说。

据了解，化纤企业桐昆集团应用联想开发的工业互联网平台后，在研发、生产、物流、销售等环节实现了数智化与网络化管理，新产品研发周期缩短了53%，人均年产值提高了22%，产品不良率降低了44%，单位产量能耗比行业清洁生产一级标准降低了11.2%。

【案例2】"5G+工业互联网"建设：金田铜业智能工厂项目

金田铜业"5G+智能工厂"通过"5G+MEC"通信专网建设，实现工厂园区5G信号全覆盖，在替代传统有线和无线方式的同时，实现园区设备数据、生产数据、视频数据等流转不出厂，确保数据安全。在制造环节，打造"5G+工业互联网"模式（见图6-1），充分发挥5G网络特性，采用5G网关采集每一个环节的生产数据，监控每一台设备的实时状态，管控产品制造的每一个细节。在质量环节，通过运用"5G+AI"技术，对出铜状态、板材质量行实时监测分析，一旦板材质量异常，摄像头将借助5G低时延技术将结果实时反馈给生产管理人员，从而有效确保产品的合格率。在安全管控上，建立"5G+气体"自动检测，实现对可燃气体的实时在线监测；建立"5G+安全行为"识别，实现对未佩戴防护装备、在危险区域内停留等异常行为的识别，通过实时的预警提醒，有效提高生产区域的安全性。项目共建设MES中台、仓储运营中台、物流车辆管理系统、环保管控平台和田检定证书管理系统5个工业App。

图 6-1　“5G+工业互联网”模式

【案例 3】基于 UPF 下沉园区的三花 5G 未来工厂项目

由中国电信和三花集团共同打造“1+2+2”模式“云网边”一体化工业互联的未来智慧工厂。其中，“1”代表 5G 定制化工业专网，第一个“2”代表核心云端和边缘云，第二个“2”代表工业互联平台和工业互联 AppS，5G 定制网络方案如图 6-2 所示。通过 5G 定制化工业专网将分布广泛且零散的人、机器和设备以数字孪生模型接入边缘侧，形成物理世界资产对象与数字空间业务应用的虚实映射。同时通过在核心云和边缘云部署工业互联平台及工业互联 AppS 来支撑各类业务应用的开发与实现，目前此项目已在三花绍兴滨海工厂落地。

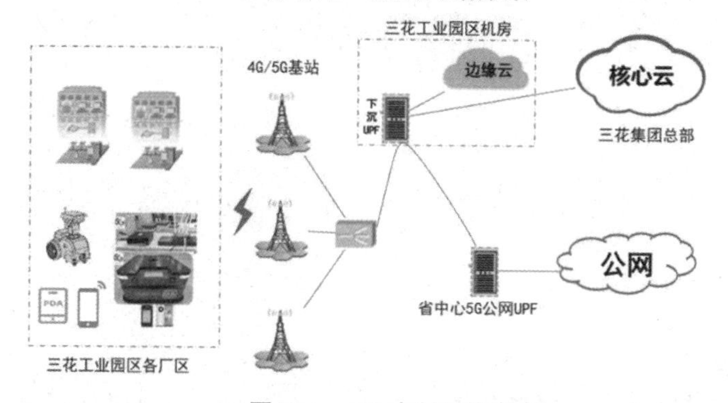

图 6-2　5G 定制网络方案

工业互联网（Industrial Internet，II）是新一代信息通信技术与工业经济深度融合的新型基础设施、应用模式和工业生态，通过对人、机、物、系统等方面的全面连接，构建起覆盖全产业链、全价值链的全新制造和服务体系，为工业乃至产业数字化、网络化、智能化发展提供了实现途径，是第四次工业革命的重要基石。本章将介绍工业互联网的内涵、业务需求与体系架构、网络体系、数据体系、安全体系及典型应用等内容。

6.1　工业互联网的内涵

视频：工业互联网的内涵

美国通用电气公司（GE）早在 2012 年就提出了工业互联网的理念，是最早提出该理念的公司。目前，它已成为许多国家制造业向智能制造转型升级的一种重要制造模式、手段和业态。工业互联网的内涵在于界定工业互联网的范畴和特征，明确工业互联网的总体目标，它是研究工业互联网的基础和出发点。我国的工业互联网产业联盟将其定义为，互联网和新一代信息技术与工业系统全方位深度融合所形成的产业和应用生态，是工业智能化发展的关键信息基础设施。工业互联网的本质是以机器、原材料、控制系统、信息系统、产品与人之间的网络互联为基础，通过对工业数据的全面深度感知、实时传输交互、快速数据处理和高级建模分析，实现智能控制、运营优化等生产组织方式的变革。

工业互联网不是互联网在工业上的简单应用，而是具有更为丰富的内涵和外延。工业互联网可以重点从网络、数据和安全 3 个方面来理解。其中，网络是基础，即通过物联网、互联网等技术实现工业全系统的互联互通，促进工业数据的充分流动和无缝集成；数据是核心，即通过工业数据全周期的感知、采集和集成应用，形成基于数据的系统性智能，实现机器弹性生产、运营管理优化、生产协同组织与商业模式创新，推动工业智能化发展；安全是保障，即通过构建涵盖工业全系统的安全防护体系，保障工业智能化的实现。工业互联网既是工业数字化、网络化、智能化转型的基础设施，又是互联网、大数据、人工智能与实体经济深度融合的应用模式，同时还是一种新业态、新产业，它将重塑企业形态、供应链和产业链，发展体现多个产业生态系统的融合，它是构建工业生态系统、实现工业智能化发展的必由之路。

6.2 工业互联网的业务需求与体系架构

视频：工业互联网的业务需求与体系架构

6.2.1 业务需求

工业互联网的业务需求可以从工业和互联网两个视角进行分析，如图 6-3 所示。

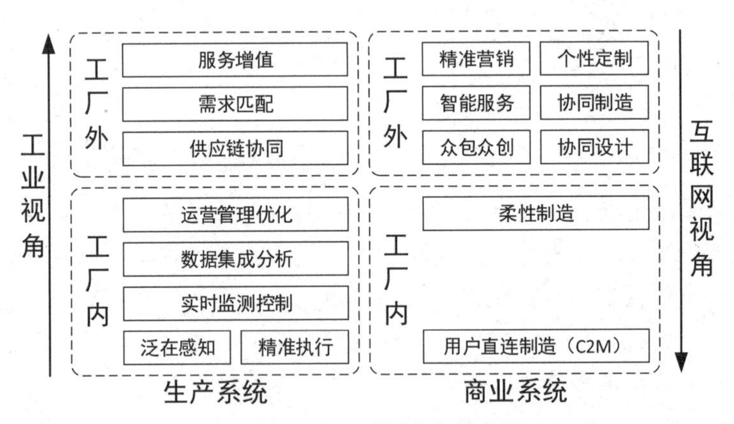

图 6-3　工业互联网业务视角图

从工业的视角来看，工业互联网主要表现为从生产系统到商业系统的智能化，由内及外。生产系统自身通过采用信息通信技术，实现机器之间、机器与系统及企业上下游之间的实时连接与智能交互，带动商业活动优化。其业务需求包括面向工业体系各个层级的优化，如泛在感知、精准执行、实时监测控制、数据集成分析、运营管理优化、供应链协同、需求匹配、服务增值等。

从互联网的视角来看，工业互联网主要表现为从商业系统到生产系统变革的智能化，由外及内，以营销、服务、设计环节的互联网新模式、新业态带动生产组织和制造模式的智能化变革。其业务需求包括基于互联网平台实现的精准营销、个性定制、智能服务、协同制造、众包众创、协同设计、柔性制造、用户直连制造（Customer to Manufacturer，C2M）等。

6.2.2　体系架构

工业互联网的核心是基于全面互联而形成数据驱动的智能，网络、数据和安全是工业和互联网两个视角的共性基础和支撑。

其中，网络是工业系统互联和工业数据传输的支撑基础，包括网络互联体系、标识解析体系、工业无线通信和应用支撑体系等，具体表现为通过泛在互联的网络基础设施、健全适用的标识解析体系和集中通用的应用支撑体系，实现数据在生产系统各单元之间、生产系统与商业系统各主体之间的无缝传递，从而构建新型的机器通信、设备有线与无线的连接方式，支撑形成实时感知、协同交互的生产模式。

数据是工业互联网的核心，驱动了工业智能化的发展，包括数据采集交换、集成处理、建模分析、决策优化和反馈控制等功能模块，具体表现为通过海量数据的采集交换、异构数据的集成处理、机器数据的边缘计算、经验模型的固化迭代和基于云的大数据计算分析，实现对生产现场状况、协作企业信息、市场用户需求的精确计算和复杂分析，从而形成企业运营的管理决策及机器运转的控制指令，驱动从机器设备、运营管理到商业活动的智能和优化。

安全是网络与数据在工业中应用的保障，包括设备安全、网络安全、控制安全、数据安全、应用安全和数据可信管理等，具体表现为通过涵盖整个工业系统的安全管理体系，避免网络设施和系统软件受到内部和外部的攻击，降低企业数据未经授权就被访问的风险，确保数据传输与存储的安全性，实现对工业生产系统和商业系统的全方位保护。

工业互联网体系架构如图 6-4 所示。

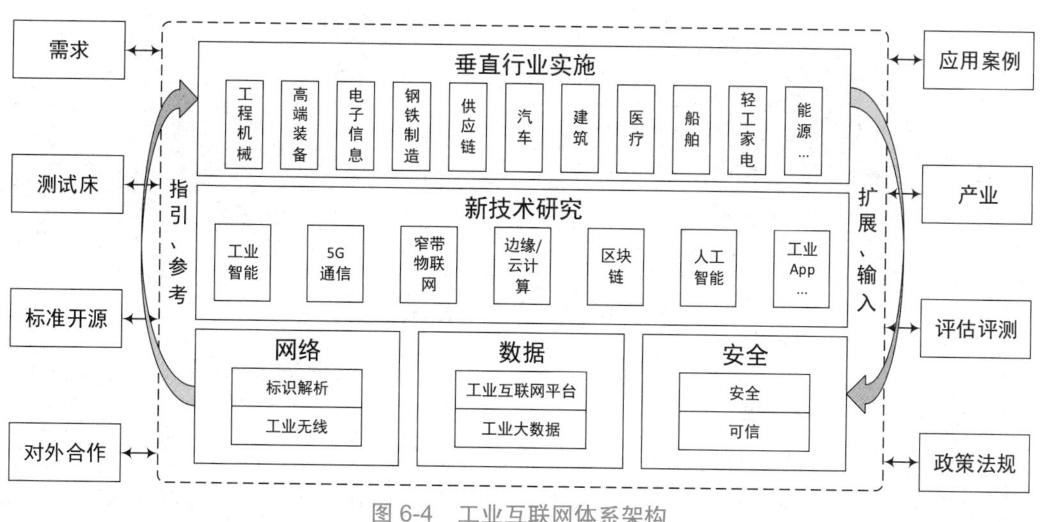

图 6-4　工业互联网体系架构

6.3 工业互联网的网络体系

视频：工业互联网的网络体系

6.3.1 网络体系框架

随着智能制造的发展，工厂内部数字化、网络化、智能化及其与外部数据交互需求的逐步增加，工业互联网呈现以三类企业主体、七类互联主体、八种互联类型为特点的互联体系，如图 6-5 所示。

三类企业主体包括工业制造企业、工业服务企业（围绕设计、制造、供应、服务等环节提供服务的各类企业）和互联网企业，这三类企业不断渗透，扮演的角色可相互转换。七类互联主体包括在制品、智能机器、工业控制系统、工厂云平台及管理软件、智能产品、工业互联网应用和用户，工业互联网将互联主体从传统的自动化控制进一步扩展为产品全生命周期的各个环节。八种互联类型包括七类互联主体之间复杂多样的互联关系，形成了连接设计能力、生产能力、商业能力及用户服务的复杂网络系统。

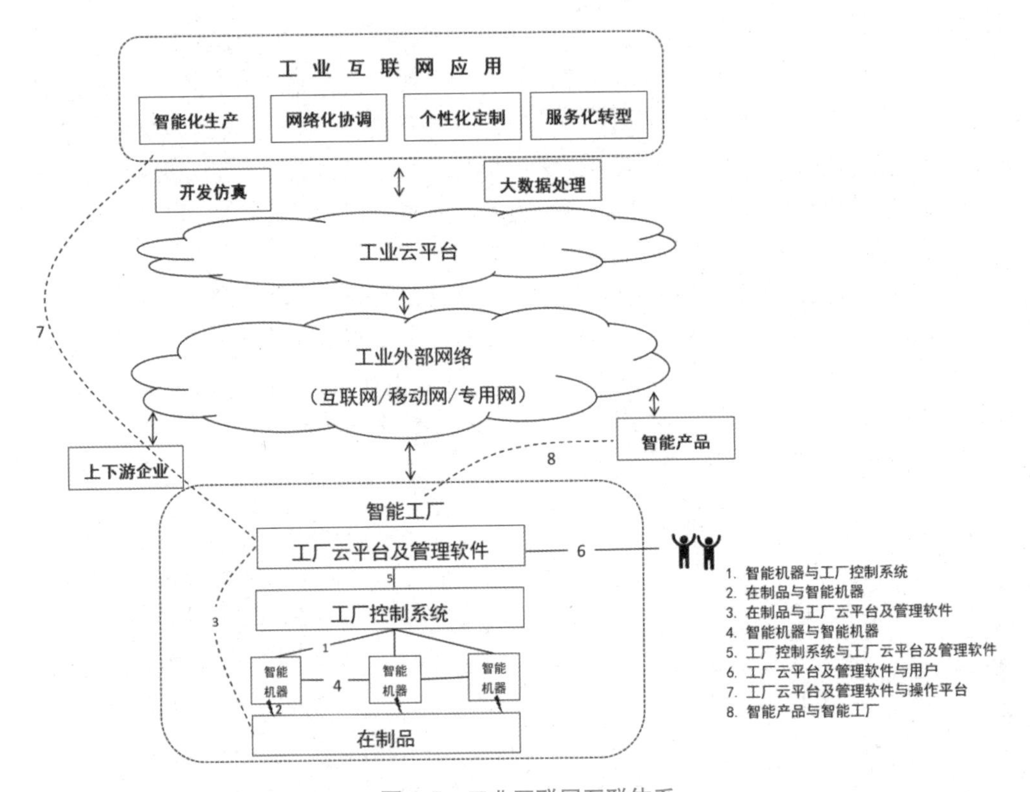

图 6-5　工业互联网互联体系

以上工业互联网互联需求的发展，促使工厂网络发生了新的变革，形成了工业互联网整体网络架构，如图 6-6 所示。

与现有互联网包含互联体系、DNS 体系、应用服务体系类似，工业互联网也包含三个重要体系。一是网络互联体系，即将工厂网络 IP 化改造为基础的工业网络体系，包括工厂内部网络和工厂外部网络。工厂内部网络用于连接在制品、智能机器、工业控制系统、人等主体，包含工厂 IT 网络和工厂 OT（工业生产与控制）网络；工厂外部网络用于连接上下游企业、企业与智能产品、企业与用户等主体。二是地址与标识解析体系，即由网络地址资源、标识、解析系统构成的关键基础资源体系。工业互联网标识类似于互联网域名，用于识别产品、设备、原材料等物体；工业互联网标识解析系统，用于实现对上述物体的解析，即通过将工业互联网标识翻译为该物体的地址，或者其对应信息服务器的地址，从而找到该物体或其相关信息。三是应用支撑体系，即工业互联网业务应用的交互和支撑能力，包含工业云平台和工厂云平台及其提供的各种资源的服务化表述、应用协议。

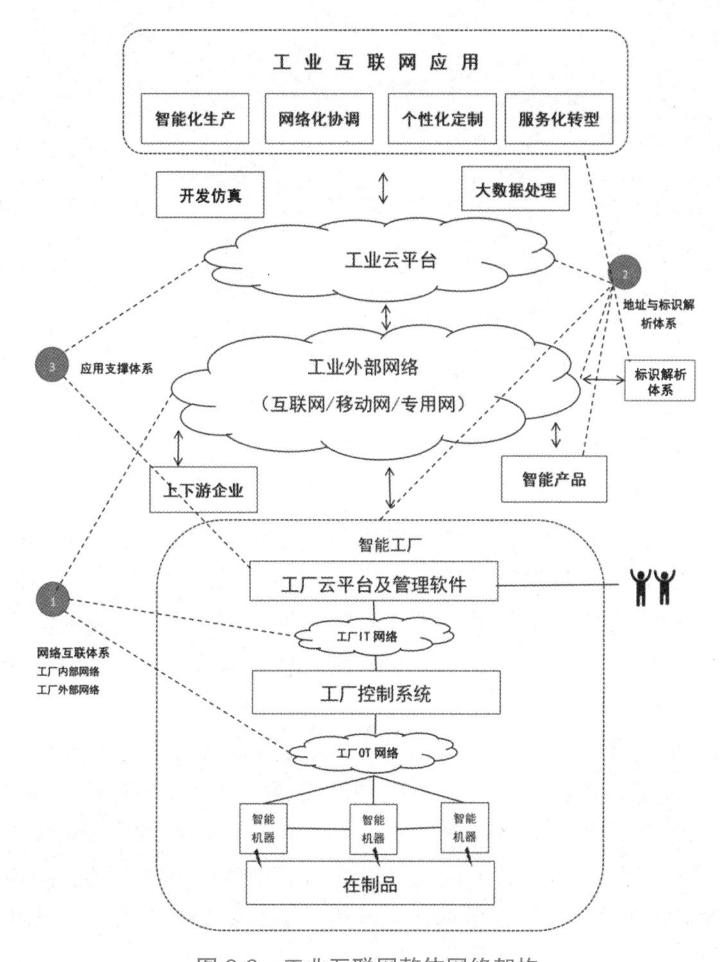

图 6-6　工业互联网整体网络架构

6.3.2　网络互联体系

1. 工厂内部网络

工厂内部网络是在工厂内部用于生产要素及 IT 系统互联的网络。总体来看，工厂内部网络呈现“两层三级”的结构，“两层”是指工厂 OT 网络和工厂 IT 网络，“三级”是指根据目前工厂管理层级的划分，网络被分为“现场级”“车间级”“工厂级/企业级”3 个层次，每个层次之间的网络配置和管理策略相互独立。工厂内部网络结构如图 6-7 所示。

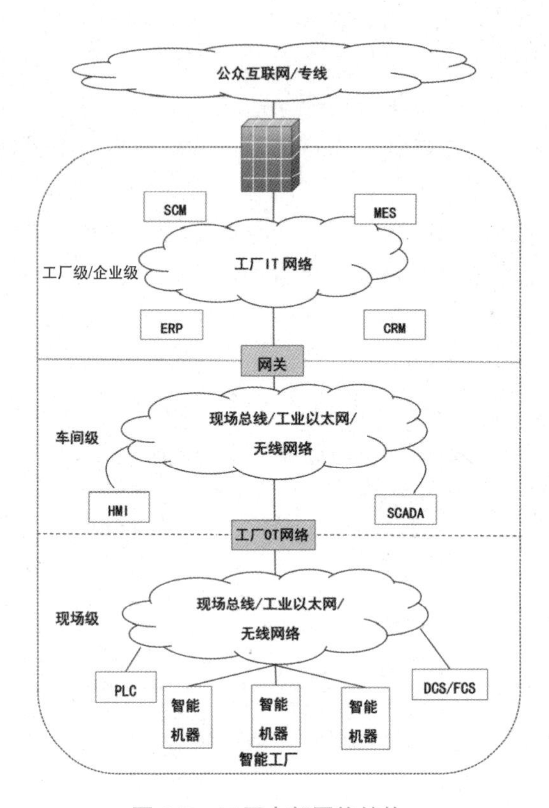

图 6-7　工厂内部网络结构

其中，工厂 OT 网络主要用于连接生产现场的控制器（如 PLC、DCS/FCS）、传感器、服务器、监控设备等部件。从整体上讲，工厂 OT 网络通信技术分为有线通信技术和无线通信技术。其中，有线通信技术包括现场总线和工业以太网等。无线通信技术包括 Wi-Fi、蜂窝网络、蓝牙、ZigBee 等。工厂 IT 网络主要由 IP 网络构成，并通过网关设备实现与互联网和工厂 OT 网络的互联及安全隔离。

目前，工厂内部网络“两层三级”的技术体系及网络结构相互隔离的状况，使 IT 系统与生产现场之间的通信存在较多障碍。一是工业控制网络与工厂信息网络的技术标准各异，难以融合互通；二是工业生产全流程存在大量“信息死角”，亟须实现网络全覆盖；三是工厂网络静态配置和刚性组织的方式难以满足未来用户定制和柔性生产的需要。

为了适应智能制造发展，工厂内部网络呈现扁平化、以太网 / IP 化、无线化及灵活组网的发展趋势。

（1）工厂内部网络扁平化。一是随着智能机器的发展和智能分析的集中，工厂 OT 系统将逐渐打破“车间级”“现场级”的分层次组网模式，智能机器之间将逐渐实现直接的横向互联；二是整个工厂管理控制系统扁平化，包括 IT 系统和 OT 系统部分功能融合（如 HMI），或通过工业云平台实现，实时控制功能下沉到智能机器，促使 IT 网络与 OT 网络逐步融合为一张全互联网络。

（2）工厂内部网络以太网 / IP 化。随着工业网络技术的发展演进，现场总线正在逐步被工业以太网取代。未来，工业内的有线连接将被具有以太网物理接口的网络主导，同时各种私有的工业以太网将被基于通用标准的工业以太网逐步取代，并实现控制数据与信息数据的同口传输。随着以太网的广泛应用，工业网络的IP化趋势将更为明显，IP技术将由IP网络向工厂OT网络延伸，实现信息网络的IP到底，从而使得IT机器（节点）与OT机器直接可达。未来，随着IPv6技术在智能工厂内的广泛应用，将实现支持海量IP设备接入工业网络。

（3）工厂内部网络无线化。无线技术逐步向工业领域渗透，呈现从信息采集到生产控制，从局部方案到全网方案的发展趋势。目前无线技术主要用于信息采集、智能控制和工厂内部信息化等，Wi-Fi、Zigbee、2G/3G/4G/LTE、面向工业过程自动化的无线网络WIAPA、WirelessHART及ISA100.11a等技术已在工厂内获得部分应用。对于大连接、广覆盖、低功耗等工业信息采集和控制场景，近几年推出的窄带物联网（NB-IoT）将成为较好的技术选择。

（4）工厂内部网络灵活化组网。未来基于智能机器的柔性生产，将实现生产域根据需求进行灵活重构，智能机器可在不同生产域间迁移和转换，并在生产域内实现即插即用。这需要工厂网络的灵活组网，实现网络层资源的可编排能力，其中软件定义网络（SDN）是实现方式之一。

2. 工厂外部网络

工厂外部网络主要是指以支撑工业全生命周期各项活动为目的，用于连接上下游企业、企业与智能产品、企业与用户之间的网络。目前，大量工业企业已经与公众互联网实现互联，但互联网为工业生产带来的价值仍比较有限。从互联形式的角度来看，工厂的生产流程和企业管理流程仍封闭在工厂内部；从公众互联网的角度来看，工厂内部仍是一个“黑盒”，对互联网不“透明”；从应用形式的角度来看，工厂与互联网的结合主要在产品销售和供应链管理等环节，互联网在工业生产全生命周期中的资源优化配置作用未得到充分体现。

随着网络和信息技术及服务模式的发展，原来局限在工厂内部的工业生产过程逐步扩展到外部网络，工业生产信息系统与互联网正在走向深度协同与融合，包括IT系统与互联网的融合、OT系统与互联网的融合、企业专网与互联网的融合、产品服务与互联网的融合。

从网络层面来看，企业IT系统与互联网的融合是工厂内部IT网络向外网的延伸。企业将自身的IT系统（如ERP、CRM等）托管在互联网的云服务平台中，或者直接使用SaaS、PaaS服务商提供的企业IT软件服务和平台服务。

从网络层面来看，企业OT系统与互联网协同是部分OT系统网络向外网的延伸。在一些人力较难到达，且需要实现生产过程调整和维护的场景下，可以通过可靠的互联网连接来实现远程的OT系统控制。但是目前，对于时延、抖动、可靠性要求极高的实时控制，公共互联网还无法达到工业互联网的质量要求。

企业专网与互联网融合是在公众网络中为企业生成独立的网络平面，并可对带宽、服务质量等业务场景进行灵活、快速地定制。这类业务场景需要提供独立的网络资源控制能力、熟练的网络可编程能力，以及定制化的网络资源（如带宽、服务质量等）。目前的互联网尚不支持此类业务场景，还需要网络虚拟化及软件定义网络技术的进一步发展与部署。

产品服务和互联网融合将通过智能工业产品的信息采集及联网能力为工业企业提供新的产品服务模式。工业企业可以基于这些模式为用户提供产品监测、预测性维护等延伸服务，从而延长工业生产的价值链。

6.3.3 地址与标识解析体系

1. 工业互联网地址

由于工业互联需要支撑海量智能机器、智能产品的接入，因此其发展需要大量的 IP 地址。但是，目前已趋于枯竭的 IPv4 地址难以满足未来工业互联网发展的海量地址空间需求，因此，IPv6 是工业互联网发展的必然选择。

IPv6 在工业互联网中应用的技术和管理手段将成为研究热点。IPv6 虽然已经研究了多年，但工业应用具有特殊性，尤其是工厂内网在安全性、可靠性、网络性能等方面都有着较高的要求，因此，使 IPv6 与工业互联网相结合的技术还需要进一步的深入研究。同时，工业生产关系国计民生，开展 IPv6 地址在工业互联网中的分配和管理的研究，将有利于提高主管部门的互联网监管水平。

2. 工业互联网标识及解析体系

工业互联网中的标识类似于互联网中的域名，是识别与管理物品、信息和机器的关键基础资源。工业互联网中的标识解析系统类似于互联网中的域名解析系统（DNS），是整个网络实现互联互通的关键基础设施，如同 DNS 在互联网中的作用，标识解析体系是工业互联网的关键神经系统。

目前国内外存在多种标识编码及标识解析方案。标识编码尚未统一，中小企业内部使用较多的还是自定义的私有标识，而涉及流通环节的供应链管理、产品溯源等应用模式，正在逐步尝试跨企业的公有标识。标识解析以是否基于 DNS 区分，总体可分为两大发展路径，即改良路径和改革路径。

（1）改良路径仍基于互联网中的 DNS，对现有的 DNS 进行适当改进来实现标识解析，其中美国 GS1/EPCglobal 组织针对 EPC 编码提出的 ONS 解析系统相对成熟。国际上主要的标识解析体系在我国都授权设立了分支机构，如电子标准化院组建的 OID 注册中心、负责国内 EPC 编码分配的物品编码中心。同时我国相关单位也在积极探索基于 DNS 的其他改良方案，如中国科学院计算机网络信息中心的物联网异构标识解析 NIOT 方案、中国信息通信研究院 CID 编码体系。国内单位通过在我国顶级域名“.cn”下注册二级域名，形成境内标识解析系统。同时，为打破域名解析系统长期所处的困局，国内互联网企业开展了根节点拓展实验“雪人计划”。

（2）改革路径采用区别于 DNS 的标识解析技术，目前主要是数字对象名称管理机构（DONA 基金会）提出的 Handle 方案，未来可能出现新的技术方案。Handle 方案采用平行根技术，实现各国共同管理和维护根区文件，现已在 ITU、美国、德国和我国设置了 4 个根服务器，既可以独立于 DNS，又可以与现有 DNS 兼容。

为支撑工业互联网的发展，生出了一些新的需求和挑战，现有的标识解析体系目前难以完全满足这些需求。在功能方面，由于工业互联网中的主体对象来源复杂、标识形式多样、难以统一，所以标识解析体系需要支持异构兼容性和有效扩展性；在性能方面，工业互联网的标识数据将大幅超过现有的互联网标识数据，这需要工业互联网标识解析系统具有高效性和可靠性，针对工厂内的柔性制造等特定场景还需要保障较低的解析时延；在安全方面，由于工业互联网标识解析系统中存储了大量涉及国计民生的敏感数据，所以需要提高隐私保护、真实认证、攻击抵抗、攻击溯源的能力；在管控方面，标识是工业互联网重要的基础资源，它可以反映、统计并分析工业运行状态，这需要更加公正、平等的治理体系。目前标识解析系统是否能够满足工业互联网在功能、性能、安全及管控等方面的需求，还需要进一步检验。

未来，互联网标识解析系统的发展趋势主要体现在以下 3 个方面。

（1）闭环的私有标识及解析系统正在逐步转向开放的公共标识及解析系统。标识技术在资产管理、物流管理等部分环节中得到了应用和推广，正在向生产环节渗透，如生产线可以通过自动读取在制品标签标识来匹配相应的处理方法。面向产品全生命周期管理和跨企业产品信息交互需求的增加，将推动企业标识系统与公共标识解析的对接。标识对象也将随着自动化标识技术的应用逐步扩展，初期可能侧重于产品标识，后期逐步覆盖原材料、软件系统等管理对象和要素。

（2）多种标识解析体系在一定时期内共存。基于改良路径的方案和基于改革路径的方案在国内外均已启用并形成了一定的规模布局。从目前的情况来看，已有的标识类应用的现状难以打破，短期内难以实现标识解析体系的统一，但现有的多种方案已具备互通能力，可以相互兼容、互通和共存。

（3）公平对等是标识解析的重要发展方向。传统互联网的治理布局长期不变，DNS 的最高管理权仍掌握在少数国家手中，这种集中化的单边管理机制既容易受到黑客攻击，又存在控制权争议问题。目前，国内外已提出并开始布局多种新型标识解析体系方案，如 ONS 在 2.0 版本中已经支持并连根，Handle 采用平行根设计，二者的共同特征是倾向于分布式的多边管理机制，更加强调公平、对等。

6.3.4　工业互联网应用支撑体系

工业互联网应用支撑体系包括三个层面，一是实现工业互联网应用、系统与设备之间数据集成的应用使能技术；二是工业互联网应用服务平台；三是服务化封装与集成。

（1）工业互联网应用、系统与设备之间数据集成的应用使能技术是支撑工业企业内部或工业企业与互联网数据分析平台之间实现数据集成和互操作的基础协议。与互联网中的 HTML 等协议类似，工业互联网中的应用使能技术的主要作用是在异构系统（不同操作系统、不同硬件架构等）之间实现数据层面的相互“理解”，实现信息集成与互操作。OPC 是目前应用较为广泛的工厂内应用使能技术，其定义了一套通用的数据描述方法和语法表达方法（信息模型），每个系统都可以将各自的数据信息以 OPC 格式进行组织，从而被其他系统获取和集成。

（2）目前，工业互联网应用服务平台主要体现为，可集成部署各类工业云服务能力和资源的平台，以实现在线设计研发、协同开发等工业云计算服务，这类服务主要面向中小工业企业。一是通过在线的集成设计云服务可以为工业企业提供设计资源和工具服务；二是开展基于云平台的多方协作、设计众包等新型开发方式，实现制造资源的高效整合。目前已出现一些工业云服务平台，通过利用应用使能技术，实现对生产现场数据的有效采集与分析，并将结果应用于企业管理与决策。

（3）服务化封装与集成主要集中在工厂运营层信息系统中，大型企业通过企业服务总线（ESB）将 ERP、CRM、MES 等信息系统以 SOA 化的形式进行资源组织，为企业运营提供基础管理支撑。在此基础上，向工厂/车间下沉的 MES 或 SCADA 系统基本停留在以业务逻辑预置开发和数据库为中心的交互模式上，而底层设备、物料等生产资源仍无法实现 SOA 化的服务资源调度。

未来，工业互联网场景下的应用支撑体系目标架构将主要包括 4 个环节，如图 6-8 所示。

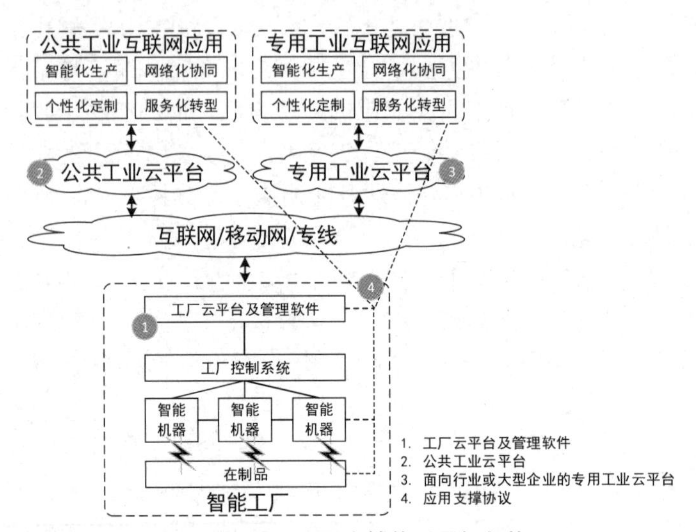

图 6-8　应用支撑体系目标架构

（1）工厂云平台及管理软件。在大型企业内部建设专有云平台，实现企业/工厂内的 IT 系统集中化建设，并通过标准化的数据集成，对内开展数据分析和运营优化。同时，还可以考虑混合云模式，将部分数据能力及信息系统移植到公共云平台上，以便实现基于互联网的信息共享与服务协作。

（2）公共工业云平台。面向中小工业企业开展设计协同、供应链协同、制造协同、服务协同等信息工业互联网应用模式，提供 SaaS 类服务。

（3）面向行业或大型企业的专用工业云平台。面向大型企业或特定行业，提供以工业数据分析为基础的专用云计算服务。

（4）应用支撑协议。工厂内各生产设备、控制系统和 IT 系统间的数据集成协议，以及生产设备、IT 系统到工厂外云平台间的数据集成和传送协议。

6.4　工业互联网的数据体系

视频：工业互联网的数据体系

6.4.1　工业大数据的内涵特征

工业大数据是指在工业领域信息化应用中产生的数据，是工业互联网的核心，也是工业智能化发展的关键。工业大数据基于网络互联和大数据技术，贯穿工业的设计、工艺、生产、管理、服务等各个环节，使工业系统具备描述、诊断、预测、决策、控制等智能化功能的模式和结果。

工业大数据从类型上主要分为现场设备数据、生产管理数据和外部数据。现场设备数据是来源于工厂生产线设备、机器、产品等方面的数据，通常由传感器、设备仪表仪器、工业控制系统产生，包括设备的运行数据、生产环境数据等；生产管理数据是指传统信息管理系统中产生的数据，如 SCM、CRM、ERP、MES 等；外部数据是指来源于工厂外部的数据，主要包括来自互联网的市场、环境、客户、政府、供应链等外部环境的数据。

工业大数据具有以下 5 大特征。

（1）数据体量巨大。大量机器设备的高频数据和互联网数据持续涌入，大型工业企业的数据集将达到 PB 级甚至 EB 级。

（2）数据分布广泛。工业大数据通常分布于机器设备、工业产品、管理系统、互联网等方面。

（3）数据结构复杂。工业大数据既有结构化和半结构化的传感数据，又有非结构化数据。

（4）数据处理速度需求多样。生产现场要求实现实时时间分析达到毫秒级，管理与决策应用需要支持交互式的或批量的数据分析。

（5）对数据分析的置信度要求较高。相关关系分析不足以支撑故障诊断、预测预警等工业应用，需要将物料模型与数据模型相结合，追踪挖掘因果关系。

6.4.2　工业大数据的功能架构

从功能视角来看，工业大数据架构主要由数据采集与交换、数据预处理与存储、数据建模、数据分析和数据驱动下的决策与控制应用 4 个层次、5 大部分组成，如图 6-9 所示。

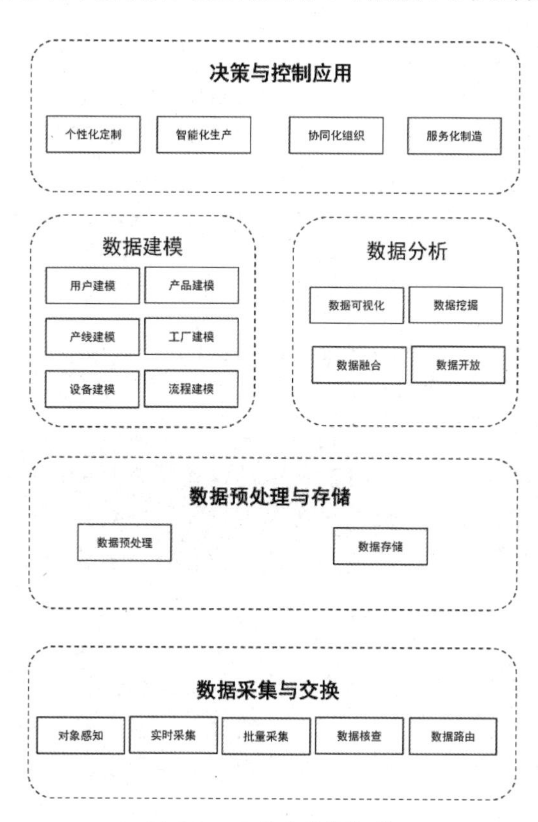

图 6-9　工业大数据架构

其中，数据采集与交换层主要实现工业各环节的数据采集与交换，数据源既包含来自传感器、SCADA、MES、ERP 等内部系统的数据，也包含来自企业外部的数据，主要包含对象感知、实时采集、批量采集、数据核查、数据路由等功能。

数据预处理与存储层的关键目标是实现工业互联网数据的初步清洗和集成，并将工业系统与数据对象进行关联，主要包含数据预处理、数据存储等功能。

数据建模层根据工业实际元素与业务流程，在数据基础上构建用户、产品、产线、工厂、设备、流程等数字化模型，并结合数据分析层提供数据可视化、数据挖掘、数据融合及数据开放功能，为各类决策的产生提供支持。

决策与控制应用层主要基于数据分析结果和生产描述、诊断、预测、决策、控制等不同应用，形成优化决策建议或产生直接控制指令，从而实现个性化定制、智能化生产、协同化组织和服务化制造等创新模式，并将结果以数据化的形式存储起来，最终构成从数据采集到设备、生产现场及企业运营管理的持续优化闭环。

6.4.3 工业大数据的应用场景

工业大数据的应用覆盖工业生产的全流程和产品的全生命周期。工业大数据的主要作用表现在状态描述、诊断分析、预测预警、辅助决策等方面，在智能化生产、网络化协同、个性化定制和服务化延伸 4 类场景中发挥着核心驱动作用。

1. 智能化生产中的工业大数据应用

（1）虚拟设计与虚拟制造。

虚拟设计与虚拟制造是指将大数据技术与 CAD、CAE、CAM 等设计工具相结合，深入了解历史工艺的流程数据，找出产品方案、工艺流程、工厂布局与资金投入之间的模式和关系，对过去相互独立的各类数据进行汇总和分析，建立设计资源模型库和历史经验模型库，优化产品设计、工艺规划和工厂布局规划方案，缩短产品研发周期。

（2）生产工艺与流程优化。

生产工艺与流程优化是指应用大数据分析功能，评估和改进当前的操作工艺流程，对偏离标准工艺流程的情况进行报警，使用户快速发现错误或瓶颈，实现生产过程中工艺流程的快速优化与调整。

（3）设备预测维护。

设备预测维护是指建立大数据平台，从现场设备状态监测系统和实时数据库系统中获取设备振动、温度、压力、流量等数据，在大数据平台中对数据进行存储管理，进一步构建基于规则的故障诊断、基于案例的故障诊断、设备状态劣化趋势预测、部件剩余寿命预测等模型，通过数据分析进行设备故障预测与诊断。

（4）智能生产排程。

智能生产排程是指收集客户订单、生产线、人员等信息，通过大数据技术对比发现历史预测与实际情况的偏差概率，综合考虑产能约束、人员技能约束、物流可用约束、工装模具约束，通过智能优化算法制订生产计划，并监控计划与现场实际的偏差，动态调整生产计划。

（5）产品质量优化。

产品质量优化是指通过收集生产线、产品等方面的实时数据和历史数据，根据以往经验建立大数据模型，对质量缺陷产品的生产全过程进行回溯，快速甄别缺陷原因，改进生产问题，优化产品质量。

（6）能源消耗管控。

能源消耗管控是指对企业生产线各关键环节能耗和辅助传动输配环节的实时监控，收集生产线关键环节能耗等相关数据，建立能耗仿真模型，进行多维度能耗模型仿真预测分析，获取生产线各环节的节能空间数据，协同操作智能优化负荷和能耗平衡，从而实现整体生产线的柔性节能降耗减排，及时发现能耗的异常或峰值情况，实现生产过程中的能源消耗实时优化。

2. 网络化协同中的工业大数据应用

（1）协同研发与制造。

协同研发与制造主要是基于统一的设计平台和制造资源信息平台，集成设计工具库、模型库、知识库及制造企业生产能力信息，不同地域的企业或分支机构都可以通过工业互联网网络访问设计平台，获取相同的设计数据，也可以获取同类制造企业的闲置生产能力，实现多站点协同、多任务并行、多企业合作的异地协同设计与制造要求。

（2）供应链配送体系优化。

供应链配送体系优化主要是通过 RFID 等电子标签技术、物联网技术及移动互联网技术获取供应商、库存、物流、生产、销售等完整产品供应链的大数据，并对这些数据进行分析，以确定采购物料数量、运送时间等信息，以实现供应链优化。

3. 个性化定制中的工业大数据应用

（1）用户需求挖掘。

用户需求挖掘主要是指建立用户对商品需求的分析体系，挖掘用户深层次的需求，并建立科学的商品生产方案分析系统，结合用户需求与产品生产情况，形成满足消费者预期的各品类生产方案，实现对市场的预知性判断。

（2）个性化定制生产。

个性化定制生产主要是指采集客户的个性化需求数据、工业企业生产数据、外部环境数据等信息，建立个性化产品模型，将产品方案、物料清单、工艺方案通过制造执行系统快速地传递给生产现场，进行生产线调整和物料准备，快速生产出符合个性化需求的定制化产品。

4. 服务化延伸中的工业大数据应用

产品远程服务是指通过搭建企业产品数据平台，围绕智能装备、智能家居、可穿戴设备、车联网等多类智能产品采集数据，建立产品性能预测分析模型，提供智能产品的远程监测、诊断与运维服务，实现制造企业的服务化转型。

6.4.4 工业大数据存在的问题及发展趋势

目前，工业大数据存在的问题主要体现在以下几个方面。

（1）企业数据源较差，尤其是在采集机器设备、生产线等实时生产数据的数量、类型、精度及频率方面存在较大的提升空间。

（2）企业之间和企业内部的部门之间普遍存在信息“孤岛”问题，数据的交互、共享和集成存在很大的障碍，数据融合应用的价值难以被有效挖掘并利用。

（3）工业大数据应用缺乏成熟模式和灯塔式项目，尽管一些先进企业已经进行了工业大数据应用的尝试，但仍处于初级阶段，所积累的应用经验较少，尚未形成行业应用推广模式。

（4）工业大数据的核心技术、软件平台产品，以及系统集成和应用开发能力有待加强，安全可控能力不足。

随着工业互联网建设和应用的不断深入，数据的价值和作用已经凸显，数据分析将向工业各环节渗透，预测、决策、控制等更加智能的应用将成为工业的发展方向，最终构成从数据采集到设备、生产现场及企业运营管理优化的闭环。

未来，工业大数据将呈现以下几个发展方向。

（1）跨层次跨环节的数据整合。

从水平角度来看，工业大数据分散在设计研发、生产管理、企业经营等环节；从垂直角度来看，工业大数据分散在生产现场、企业管理（MES、ERP）等层次。未来，数据在水平和垂直方向都需要整合，为全局视图分析奠定数据基础。其中，语义技术将发挥重要作用，使用语义技术可以对工业互联网数据的含义进行标注，使数据在异构系统之间可以被正确理解和处理。

（2）数据在边缘节点的智能处理。

在靠近数据源头的网络边缘节点上，通过融合计算、存储与控制等功能，实现数据的边缘计算，以满足工业生产现场的实时连接、实时控制、实时分析、安全隐私等需求，实现与云平台的互补。

（3）基于云平台的数据集成管理。

将数据汇聚起来上传到云计算平台进行分析处理，是工业大数据未来发展的主流方向。基于成熟的、经验证的技术及大数据平台来支撑工业大数据的数据建模、数据抽取 ETL、查询和计算，与传统实时数据库、关系数据库和 MPP 数据混合应用，是云化的工业大数据平台构建的主流方向。

（4）深度数据分析挖掘。

知识驱动的分析方法建立在工业系统的物理化学原理、工艺及管理经验等知识之上。数据驱动的分析方法是完全在数据空间中通过算法寻找规律和知识的。未来工业大数据应用的发展趋势之一就是更多地将知识驱动的分析方法与数据驱动的分析方法相融合，以满足工业数据分析对高置信度的要求。

（5）数据可视化。

建立机器、生产流程、全生产周期等仿真数字化模型，并进行可视化呈现，使生产管理人员、系统开发人员和用户能够更加直观、全面地了解相关信息，助力设计、生产、产品流通与交易、产品服务等环节的决策。

6.5　工业互联网的安全体系

视频：工业互联网的安全体系

6.5.1　安全体系框架

工业互联网的安全需求可从工业和互联网两个视角进行分析。从工业视角分析，安全的重点是保障智能化生产的连续性和可靠性，需要重点关注智能装备、工业控制设备及系统的安全；从互联网视角分析，安全主要保障个性化定制、网络化协同及服务化延伸等工业互联网应用的安全运行，以提供持续的服务能力，防止重要数据泄露，需要重点关注工业应用安全、网络安全、工业数据安全及智能产品的服务安全。因此，从构建工业互联网安全保障体系的方面考虑，工业互联网安全体系框架主要包括 5 个方面，即设备安全、网络安全、控制安全、应用安全和数据安全，如图 6-10 所示。

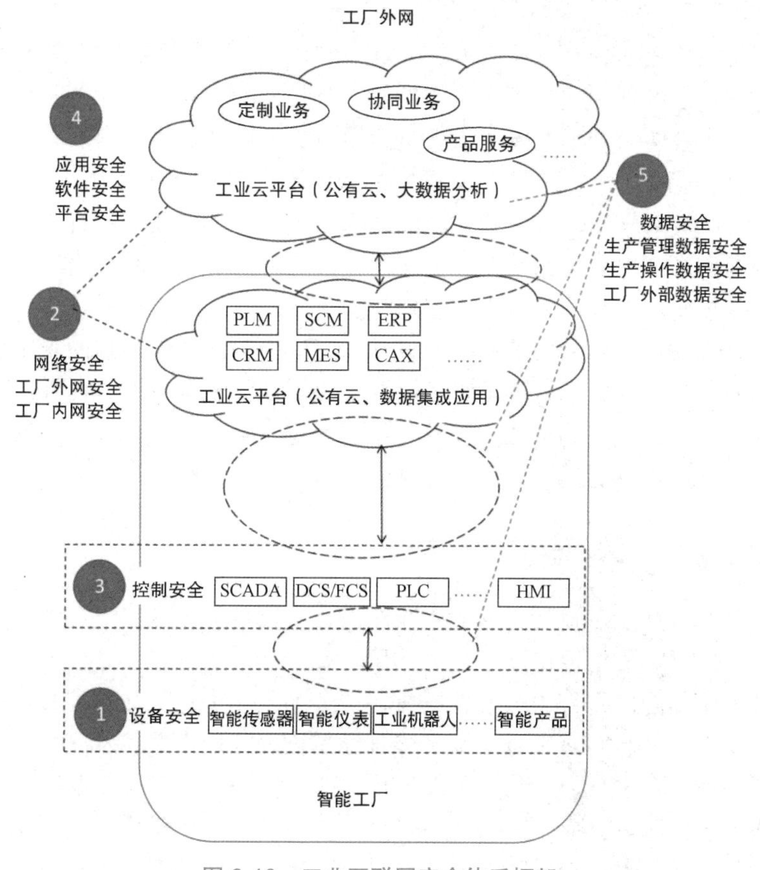

图 6-10　工业互联网安全体系框架

其中，设备安全是指工业智能装备和智能产品的安全，具体包括芯片安全、嵌入式操作系统安全、相关应用软件安全及功能安全等；网络安全是指工厂内有线网络和无线网络的安全，以及工厂外与用户、协作企业等实现互联的公共网络安全；控制安全是指生产控制安全，包括控制协议安全、控制平台安全、控制软件安全等；应用安全是指支撑工业互联网业务运行的应用软件及平台的安全；数据安全是指工厂内部重要的生产管理数据、生产操作数据及工厂外部数据（如客户数据、市场数据）等各类数据的安全。

6.5.2 安全体系现状分析

随着互联网与工业融合创新的不断深入，交通、电力、市政等大量关系国计民生的关键信息的基础设施日益依赖于网络，并逐步与公共互联网连接。因此，这些设施一旦受到网络攻击，不仅会造成巨大的经济损失，更可能带来环境灾难和人员伤亡，危及公众生活和国家安全。安全保障能力已成为影响工业互联网创新发展的关键因素。

目前，工业领域的安全防护采用分层分域的隔离和边界防护思路。工厂内网和工厂外网之间通常部署隔离和边界防护措施，采用防火墙、VPN、访问控制等边界防护措施保障工厂内网的安全。从工厂内网的角度来看，可以进一步将系统分为企业管理层和生产控制层。

企业管理层主要包括企业管理相关的 ERP、CRM 等系统，与传统 IT 系统类似，主要关注信息安全的内容，采用权限管理、访问控制等传统的信息系统安全防护措施，与生产控制层之间采用工业防火墙、网闸等设备进行隔离，一般通过添加白名单的方式对工业协议（如 OPC 等）进行过滤，防止来自互联网的威胁渗透到生产过程中；生产控制层包括工程师站、操作员站等工作站，以及 PLC、DCS 等控制设备，与生产过程密切相关，对可靠性和实时性要求较高，主要关注功能安全问题。

传统的生产控制层以物理隔离为主，信息安全隐患较低，工业私有协议应用较多，工业防火墙等隔离设备需针对专门的协议来设计。企业更关注生产过程的正常运行，一般较少在工作站和控制设备之间部署隔离设备，避免带来功能安全问题。此外，控制协议、控制软件在设计之初也缺少诸如认证、授权、加密等安全功能，生产控制层安全保障措施的缺失已成为工业互联网发展过程中的重要安全问题。

6.5.3 安全体系存在的问题及发展趋势

随着工业融合创新及工业互联网的不断演进，工厂环境将变得更加透明，在未来，工业互联网的安全问题主要体现在以下几个方面。

（1）设备安全问题。传统生产设备以机械装备为主，重点关注物理安全和功能安全。在未来，生产设备和产品将越来越多地集成到通用嵌入式操作系统及应用软件中，海量设备将直接暴露在网络攻击下，木马病毒在设备之间的传播速度将呈指数级增长。

（2）网络安全问题。目前，工厂网络向“三化（IP 化、扁平化、无线化）+灵活组网”的方向发展，面临着更多的安全挑战。现有的针对 TCP/IP 协议的攻击方法和手段较为成熟，可被直接用于攻击工厂网络。网络灵活组网的需求使网络拓扑的变化更加复杂，传统静态防护策略和安全域划分方法面临着动态化、灵活化挑战。无线技术的应用需要满足工厂实时性、可靠性要求，难以兼顾复杂的安全机制，极易受到非法入侵、信息泄露、拒绝服务等攻击。

（3）控制安全问题。当前工厂的控制安全主要侧重于控制过程的功能安全，在信息安全防护方面的能力略有不足。现有的控制协议、控制软件等，在设计之初主要基于IT（信息技术）和OT（运营技术）相对隔离，以及OT环境相对可信的前提，对工厂控制的实时性和可靠性要求较高，但是随着IT和OT的融合发展，打破了传统安全可信的控制环境，因此网络攻击从IT层渗透到OT层，从工厂外渗透到工厂内，然而目前缺乏有效的APT攻击检测手段和防护手段。

（4）应用安全问题。网络化协同、服务化延伸、个性化定制等新模式、新业态的出现，对传统公共互联网的安全能力提出了更高的要求。工业应用场景复杂，安全需求多样，因此对网络安全隔离能力、网络安全保障能力的要求都将提高。

（5）数据安全问题。工业数据正在由“少量、单一、单向”向“大量、多维、双向”转变，具体表现为工业互联网数据体量大、种类多、结构复杂，并在IT层和OT层与工厂内外双向流动共享。工业领域的业务应用复杂，数据种类和保护需求多样，数据流动方向和路径多变，重要工业数据和用户数据保护难度较大。

未来，以下几个方面将成为工业互联网业界主要关注和推进的重点内容。

（1）设备内嵌安全机制。生产装备由机械化向高度智能化转变，内嵌安全机制将成为未来设备安全保障的突破点，通过安全芯片、安全固件、可信计算等技术，提供内嵌的安全能力，防止设备在未授权的情况下被控制或功能安全失效。

（2）动态网络安全防御机制。针对工厂内灵活组网的安全防护需求，实现安全策略和安全域的动态调整，同时增加轻量级的认证、加密等安全机制，保障无线网络的传输安全。

（3）信息安全和功能安全融合机制。工厂控制环境由封闭到开放，信息安全威胁可能直接导致功能安全失效，功能安全和信息安全相关联。未来，工厂控制安全需要综合考虑功能安全和信息安全的需求，形成综合安全保障能力。

（4）面向工业应用的灵活安全保障能力。未来业务应用呈现多样化，需要针对不同业务的安全需求，提供统一灵活的认证、授权、审计等安全服务能力，同时还需要支持百万级VPN隔离，并且VPN用户量还会不断增长。

（5）工业数据及用户数据的分类分级保护机制。对重要工业数据及用户数据进行分类分级，并采用不同的技术进行分级保护，通过数据标签、签名等技术实现对数据流动过程的监控审计，实现工业数据全生命周期的保护。

6.6　工业互联网的典型应用

视频：工业互联网的典型应用

1. 生产应用

（1）智能制造。

智能制造是工业互联网应用中最为重要的场景之一。通过工业互联网，可以将生产过程中的各个环节进行数字化和智能化改造，实现生产过程的全面监测和控制。例如，工业机器人、自动化生产线、智能物流等都是智能制造的典型应用场景。伏锂码云工业互联网平台能够帮助企业开发智慧工厂、数字孪生车间等智能制造领域的数字化应用。智能工厂可视化大屏如见图6-11所示。

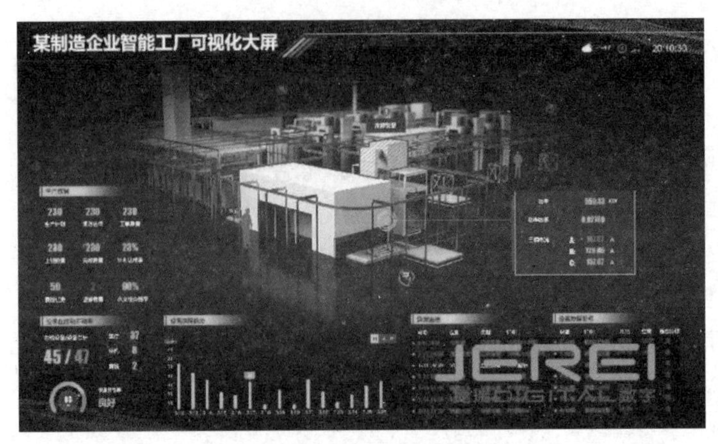

图 6-11　智能工厂可视化大屏

（2）智能维修。

工业设备的维修是生产过程中非常重要的环节。通过工业互联网，可以对设备进行实时监测和预测性维修，以提高设备的稳定性和可靠性。例如，通过传感器对设备的运行状态进行监测，可以提前发现设备的故障，并及时进行维修，避免因设备故障带来的生产损失。

（3）智能质检。

在生产过程中，质检是一个非常关键的环节。通过工业互联网，可以对生产过程中的各个环节进行实时监测和控制，及时发现产品的质量问题，提高质量和稳定性。例如，通过传感器对生产过程进行监测和控制，可以有效避免质量问题的发生，提高产品的合格率。

2. 管理应用

（1）智能调度。

在生产过程中，调度是一个非常复杂的工作。通过工业互联网，可以对生产过程进行全面的监测和控制，及时发现生产过程中的问题，并进行调度和优化。例如，通过工业互联网对生产过程进行监测和分析，可以得出最优的生产计划，及时调度生产过程，提高生产效率。

（2）智能仓储。

在生产过程中，仓储也是一个非常重要的环节。通过工业互联网，可以对仓库进行实时监测和控制，提高仓库的运作效率和安全性。例如，通过传感器对货物进行监测，可以实时掌握货物的数量和位置，从而避免货物丢失和损坏的问题；通过智能分拣系统，可以自动进行货物的分拣和存储，提高仓库的运作效率。智能仓储如图 6-12 所示。

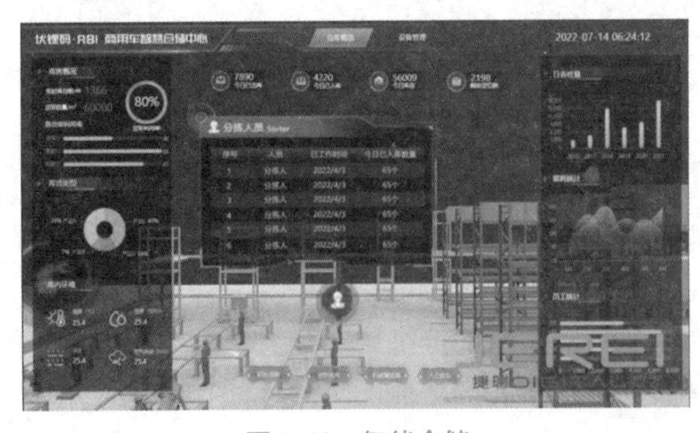

图 6-12　智能仓储

（3）智能物流。

物流是生产过程中不可或缺的一部分。通过工业互联网，可以实现物流过程的全面数字化和智能化。例如，通过物联网技术对物流车辆进行监测和控制，可以提高物流的效率和安全性；通过智能调度系统，可以实现物流过程的自动化，提高物流的灵活性和可靠性。智能物流如图 6-13 所示。

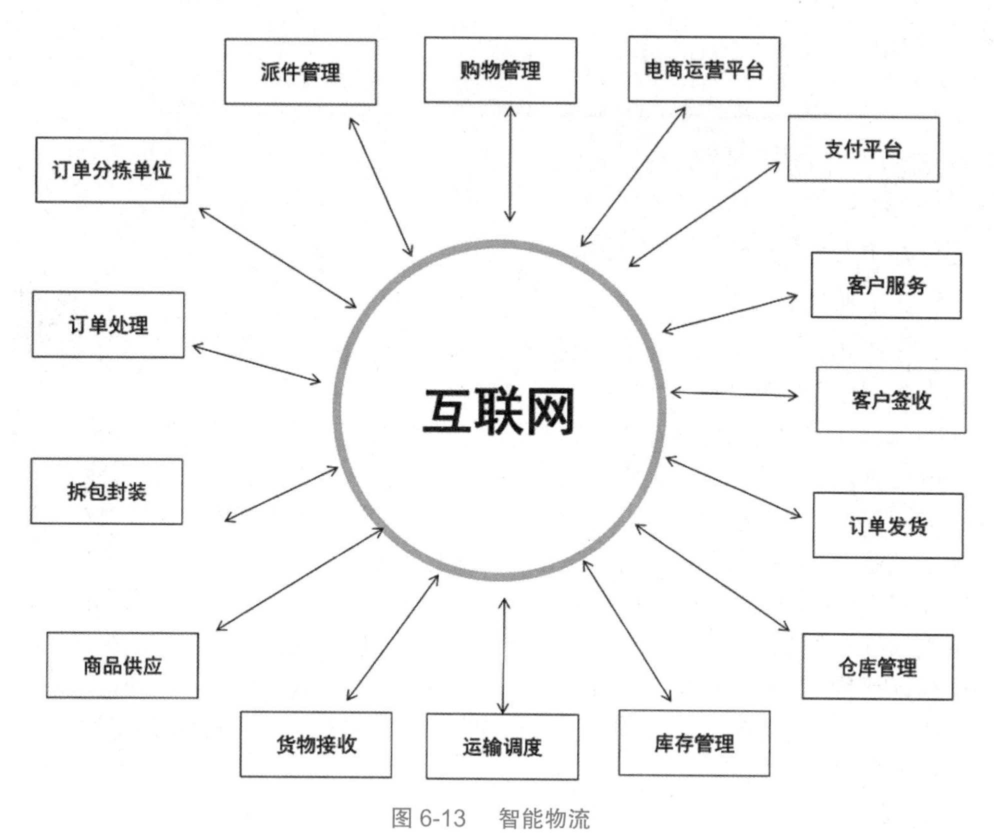

图 6-13　智能物流

3. 服务应用

（1）智能售后。

在生产过程中，智能售后服务是非常重要的一环。通过基于工业互联网的智能售后服务平台，可以实现对设备和产品的全面监测和预测性维修，可以将智能售后服务广泛应用于制造工业、石化工业、电力能源等领域。在制造工业领域中，可以对制造业企业的生产设备进行实时检测和预警，以及对故障进行判断和排除。在石化工业领域中，可以减少故障停机时间，降低维修成本。在电力能源领域中，可以对电力设施进行实时监测，防止故障和灾害的发生，提高设备的运行效率，减少因返修造成的损失，从而提高售后服务的质量和客户满意度。

（2）智能客服。

智能客服是工业互联网应用的一个重要场景。通过智能客服系统，可以实现对客户的全面服务，提高客户满意度和忠诚度。例如，通过智能客服系统对客户的问题进行自动化处理，提高客户的服务体验和客服的响应速度，从而增强客户的满意度和忠诚度。

（3）智能市场。

智能市场是工业互联网应用的又一个重要场景。通过智能市场，可以实现对市场需求的全面了解和分析，增强市场营销的效果。例如，通过智能市场，系统可以对市场需求进行分析和预测，从而制定出最优的市场营销策略，增强市场营销的效果。

思政园地

素养目标

✧ 培养学生的科学创新精神。

✧ 培养学生的安全意识。

✧ 培养学生精益求精的工匠精神。

思政案例

零件和产品要有“身份证”了！工业互联网“神经系统”了解一下

零件和产品要有“身份证”了！工业互联网“神经系统”了解一下，请扫描右侧二维码观看视频。

2024 年 1 月 31 日，工业和信息化部等十二部门联合印发《工业互联网标识解析体系“贯通”行动计划（2024—2026 年）》（下称《行动计划》），加大政策资金支持，持续发挥财政资金引领作用，加强标识关键技术产品攻关和产业化应用。所谓工业互联网标识解析体系是工业互联网的“神经系统”和重要组成部分，主要包括标识编码和解析系统两大部分。其中，标识编码相当于“身份证”或“门牌号”，为工业互联网上的每一个物理实体、每一个数字对象赋予全球唯一的编码；解析系统依据标识编码对网络地址和相关联的信息进行查询和统一解析，从而实现精准定位，为跨系统、跨企业、跨地域的供应链全流程管理、追踪溯源、网络精准协同等应用提供基础支撑。（视频来源：央视频）

自我检测

一、单选题

1. 所谓数字化是指将许多复杂的、难以估计的信息通过一定的方式变成计算机可以处理的“0”和“1”的______。

A．二进制码　　B．八进制码

C．十进制码　　D．十六进制码

2. 如果说信息化是物理世界的思维模式，那么______就是通过移动互联网、物联网、区块链、AR 等数字化工具来实现更宽广的数字化世界。

A．工业化　　B．无人化

C．数字化　　D．智能化

3. 在工业互联网领域，市场的主角是传统______，互联网公司为传统企业提供互联网工具，帮助企业提升竞争力，两者呈现合作共赢的关系。

A．产品　　B．工具

C．个人　　D．企业

4. 电子商务、广告竞价、应用分成、金融服务、专业服务、功能订阅等互联网平台的经济模式，大部分在工业互联网平台中也会出现。专业服务是当前平台企业最主要的盈利手段，基于平台的系统集成______是最主要的服务方式。

A. 电子商务　　B. 广告竞价
C. 应用分成　　D. 专业服务

5. 工业互联网安全防护旨在加强工业互联网各层防护对象的安全水平，保障系统网络安全运营，防范网络攻击。工业互联网安全防护的内容具体包括设备安全、控制安全、网络安全、应用安全、数据安全、______。

A. 传输安全　　B. 技术安全
C. 存储安全　　D. 数据安全

6. 工业App按照用途分类，主要分为______、研发设计、生产控制和嵌入式软件。

A. 设备颜色管理　　B. 设备型号管理
C. 信息管理　　D. 信号管理

7. 制造业直接体现了一个国家的______水平，是区别发展中国家和发达国家的重要指标之一。

A. 智慧力　　B. 科技力
C. 劳动力　　D. 生产力

8. 工业互联网的概念是由______首次提出的。

A. 微软公司　　B. 华为公司
C. 英特尔公司　　D. 通用电气公司

9. 消费互联网以“______经济”为主，是一种新的商业模式。

A. 传统　　B. 眼球
C. 实体　　D. 新型

10. 工业互联网的核心对象是______。

A. 互联网　　B. 个人
C. 用户　　D. 工业

二、多选题

1. 工业互联网的主要典型场景包括______。

A. 面向工业现场的生产过程优化
B. 面向企业运营的管理决策优化
C. 面向社会化生产的资源优化配置与协同
D. 面向产品全生命周期的管理与服务优化

2. 工业互联网平台作为工业全要素链接的枢纽与工业资源配置的核心，在工业互联网体系架构中具有至关重要的地位，是面向制造业的______需求，构建基于海量数据采集、汇聚、分析的服务体系。

A. 数字化　　B. 网络化
C. 智能化　　D. 信息化

3．工业互联网安全体系架构是基于安全需求，从____角度出发进行的设计。

A．利益相关者　　B．垂直行业

C．动态风控　　D．安全视角

4．随着网络攻击日益呈现的新型化、多样化、复杂化，现有的工业互联网安全暴露出______问题。

A．数据隐私和数据安全防护缺乏有效手段

B．工业生产迭代周期短，存量设备可以快速进行安全防护升级换代

C．OT 领域与 IT 领域的人员融合较慢，安全意识急需提升

D．工业信息安全存在先天不足，安全防护能力难以快速提升

5．工业互联网安全产业的发展趋势为______。

A．工业互联网产业政策持续向好

B．融合多领域技术的工业互联网安全解决方案涌现

C．工业互联网安全越来越被重视

D．工业互联网安全标准不断完善与发展

E．工业互联网安全人才需求持续增长

三、判断题

1．数字化是指在某个领域的各个方面，或者某种产品的各个环节都采用数字信息处理技术。（　　）

2．数字化并不是推倒企业以往的信息化，而是整合优化以往的企业信息化系统。（　　）

3．工业互联网标识解析体系是工业互联网网络体系的重要组成部分。（　　）

4．工业互联网中的“工业”是指工业全生命周期活动中所涉及的各类人、机、物、信息、数据等工业资源。（　　）

5．作为新一代信息技术与工业系统融合的产物，工业互联网产业与技术交织繁杂。（　　）

6．从产业层面来看，工业互联网包含了宏观经济、产业政策、企业管理、新经济等诸多方面。（　　）

第 7 章　区块链技术

学习目标

- ◆ 理解区块链的安全思想。
- ◆ 了解区块链的技术原理。
- ◆ 掌握区块链的分类。
- ◆ 掌握区块链的主要应用场景。

案例导读

【案例 1】北京海淀：坚持自主可控构建“区块链+数字政务”创新生态

北京市海淀区全面贯彻落实习近平总书记关于网络强国的重要思想，在党对网信工作的集中统一领导上下功夫，高度重视区块链数字技术的应用与发展，在区块链领域率先构建“区块链+数字政务”创新生态。海淀区基于区域科教资源和产业基础，在区块链领域率先探路，发布国内首个自主可控区块链软硬件技术体系“长安链·ChainMaker”；制定《海淀区区块链政务服务领域深化应用工作方案》，启动全区全场景深化应用工作；海淀区成功入选中央网信办公布的国家区块链创新应用试点名单；在区块链先进算力实验平台建设和国家区块链创新应用试点的牵引下，海淀区以自主可控的长安链生态联盟为基础，以“共识”为核心理念，在全国首次推出“区块链+跨省通办”政务服务新模式。按照自助服务终端的提示进行操作，仅花费 5 分钟，无房证明、社保参保证明、个税缴纳记录就通过北京市海淀区政务服务中心大厅内的自助服务终端全部开具出来……长期工作和生活在海淀区的市民陈先生打算在老家广东佛山购房，以前办理房贷时这些材料须返回佛山进行现场办理，现在通过“区块链+数字政务”服务操作就可以成功享受“跨省通办”带来的便利，节省了大量时间和精力。

【案例 2】湖北：“区块链+不动产”试点通过验收

2023 年 12 月，湖北省“区块链+不动产”技术应用试点项目顺利通过验收，并作为全国 12 个试点省份之一，率先接入自然资源部主链。这标志着，湖北省成为全国不动产登记电子证照全面推广应用的先行地区。同年 3 月，自然资源部下发了《关于在不动产登记领域开展“区块链”应用试点的通知》。作为试点省份之一，湖北省自然资源厅 4 月正式启动湖北省区块链+不动产技术研究与业务应用试点（一期）项目，并选取了武汉市、黄石市和襄阳市作为试点地区。在部自然资源确权登记局指导下，按照湖北省自然资源信息技术应用创新要求，湖北省自然资源厅部署搭建了全省不动产区块链，采取“先增量数据实时上链，后存量数据逐步上链”的方式，分步有序、高质高效完成不动产登记证照信息上链存证，建立湖北省不动产登记电子证照库，为不动产登记电子证照查询核验共享服务提供支撑。10月底，完成省级子链接入部级主链，实现不动产登记电子证照信息向部归集。截至11月底，湖北省数据上链总量为298963条，包括不动产登记电子证照、高频非税业务办件过程信息等数据，数据上链量及成功率位居全国前列。通过不断摸索，试点地区成功实现不动产登记过程信息上链管理路径及抵押登记等相关应用场景的设计论证，利用区块链技术的可信、防篡改、可追溯等技术特性，初步形成了湖北省不动产区块链信息管理应用共享服务体系，构建了权威可信的查询核验服务模式。

【案例3】当海洋塑料污染遇到区块链——走进获联合国“地球卫士奖”的中国“蓝色循环”

由中国浙江6300多名低收入群众和渔民、10180艘船舶及230多家企业共同参与的海洋塑料废弃物治理新模式“蓝色循环”，于2023年10月30日获2023年联合国“地球卫士奖”（见图7-1）。

“蓝色循环”通过物联网、区块链等技术，实现了海洋塑料“从海洋到货架”的全过程可视化追溯，并将收益反哺参与海洋塑料回收的一线收集人员，有效改善了近岸海域的塑料污染。

图7-1　中国“蓝色循环”获2023年联合国“地球卫士奖”

【案例4】数据“上链”助退役电池梯次利用——区块链等数字技术赋能产业升级

随着新能源车等产业的快速发展，电池回收利用问题越来越受到关注。我国已进入动力电池大规模退役期，相关机构曾预计，2023年退役动力电池将达59万吨。

传统的退役电池“抽检”方式成本高，也难以做到对电池剩余容量的准确判断。如今，在区块链技术的助力下，通过数据“上链”，实现电池梯次利用。区块链赋予了退役电池新生命，也成为了当前新兴数字技术赋能产业升级的典型注脚。

电动二轮车租赁、电池换电等新能源电池使用企业和回收企业都可以利用电池“上链”方案，提高可再生利用质量和效率。作为新能源设备区块链平台，蚂蚁链平台“上链”的新能源设备超过900万台，涉及二轮车出行、动力电池、新能源四轮车等。2022年，国家发展改革委等部门联合印发的《关于加快废旧物资循环利用体系建设的指导意见》提出，提升废旧物资回收行业信息化水平，支持回收企业运用互联网、物联网、大数据和云计算等现代信息技术，构建全链条业务信息平台和回收追溯系统。“当前，通过区块链能够精准记录电池生命周期，对高效流通利用和回收具有积极作用。”北京大学区块链研究中心主任陈钟说。

【案例 5】杭州西湖区法院利用区块链技术实现诉前调解智能方案

为提高金融债权实现效率、降低实现成本、提升金融领域风险防控水平，西湖区法院在全国率先以金融纠纷入手引入司法链智能合约，将智能合约场景+区块链技术嵌入诉前调解流程中（见图 7-2），数字赋强诉前调解协议的公信力和约束力，推动诉讼案件关口前移，实现纠纷源头治理和社会信用体系再造，自 2021 年司法链智能合约调解平台运行以来，平台已审核分配 41 万余件案件至调解组织进行调解，在调案件 16 万余件，已化解 25 万余件纠纷，为缓解金融纠纷长期高位运行、维护金融安全、夯实平安基础提供了智能方案，是新时代“枫桥经验”的实践样板。

图 7-2　司法系统应用智能合约场景+区块链技术

【案例 6】腾讯科技助力敦煌文化数字再生

2023 年，腾讯携手敦煌研究院，用科技赋予中华文化“数字生命”。其中，“数字敦煌开放素材库”助力数字化版权保护，“数字藏经洞”为公众带来沉浸互动式数字文博体验，“寻境敦煌”数字敦煌沉浸展为文博数字化和文旅行业创新开辟新场景。该系列利用区块链、游戏科技等技术，创造出了多个文博创新案例，例如，全球第一座超时空参与式博物馆、全球第一个基于区块链的数字文化遗产开放共享平台、莫高窟首个沉浸数字展览，呼应了近年来对于中华优秀传统文化的创造性转化、创新性发展的重要议题。同时，还就数字文化遗产版权保护与共创、文化遗产及其内容故事的数字化再生两大文博行业难题，提出了可持续解决方案。

7.1　区块链的概念及特点

7.1.1　区块链的定义

课件：区块链的概念及特点

视频：区块链的概念及特点

区块链（Block Chain）技术起源于化名为中本聪的技术极客在 2008 年发表的奠基性论文《比特币：一种点对点电子

现金系统》。

中国区块链技术与产业发展论坛给出的定义为，区块链是分布式数据存储、点对点传输、共识机制、加密算法等计算机技术的新型应用模式。区块链本质上是一个去中心化的分布式账本系统，通过将该账本的数据储存在所有参与的网络节点中来实现账本系统的去中心化。

狭义的区块链技术是一种按照时间顺序将数据区块以链条的方式组合成特定的数据结构，并以密码学的方式保证不可篡改和不可伪造的去中心化共享总账，能够安全存储有先后关系的在系统内验证的数据。

广义的区块链技术是利用加密链式区块结构来验证和存储数据，利用分布式共享算法来生成和更新数据，利用运行在区块链上的代码（即智能合约）来保证业务逻辑自动强制执行的一种全新的多中心化基础架构和分布式计算范式。区块链分布式记账如图 7-3 所示。

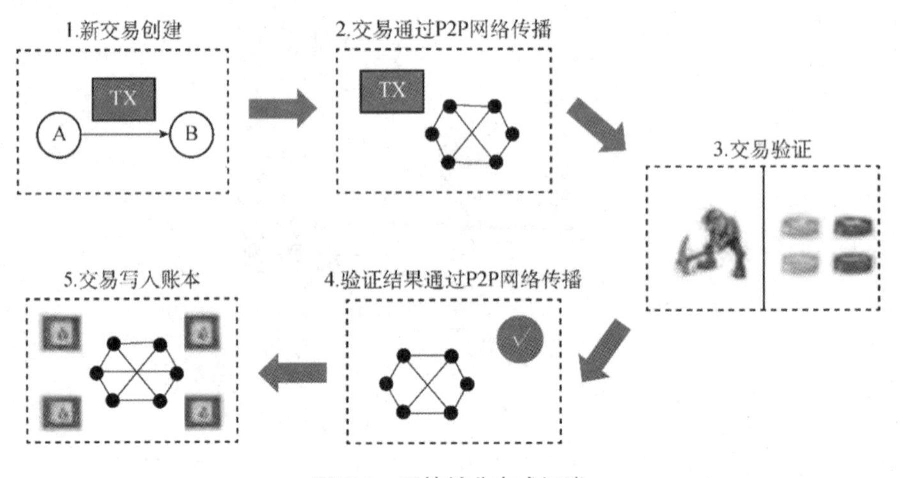

图 7-3　区块链分布式记账

7.1.2　区块链的特点

区块链技术具有分布式、去中心化、可靠数据库、开源可编程、集体维护、安全可信、交易准匿名等诸多特点，可由以下渐进逼近的方式加以定义，如图 7-4 所示。

- 一个分布式的链接账本，每个账本都是一个区块。
- 基于分布式的共识算法决定记账者。
- 账本内的交易由密码学签名和哈希算法保证其不可被篡改。
- 账本按产生时间的顺序链接，当前账本含有上一个账本的哈希值，账本间的链接保证交易不可被篡改。
- 所有交易在账本中均可追溯。

（1）去中心化。区块链的账本不是存储在某一个数据库中心内，而是分散在网络中的每一个节点上，不需要第三方权威机构负责记录和管理，每个节点都有一个该账本的副本，全部节点的副本同步更新。作为区块链的一种部署模式，公有链中所有参与节点的权利和义务都是均等的，系统中的数据块由整个系统中所有具有维护功能的节点来共同维护，任一节点停止工作都不会影响系统的整体运作。

（2）集体维护。区块链系统的数据库采用分布式存储，任一参与节点都可以复制一份完整的数据库内容，任一节点的损坏或失去都不会影响整个系统的运作，整个数据库由所有具有记账功能的节点来共同维护。一旦信息经过验证并添加至区块链，就会被永久地存储起来，除非能够同时控制系统中超过 51%的节点，否则在单个节点上对数据的修改是无效的。参与系统的节点越多，数据库的安全性就越高。

（3）时序不可篡改。区块链采用了带有时间戳的链式区块结构存储数据，从而为数据添加了时间维度，具有极强的可追溯性和可验证性。同时通过密码学算法和共识机制保证了区块链的不可篡改性，进一步提高了区块链的数据稳定性和可靠性。

（4）开源可编程。区块链系统通常是开源的，代码高度透明，数据和程序对所有人公开，任何人都可以通过接口查询系统中的数据。区块链平台提供灵活的脚本代码系统，支持用户创建高级的智能合约和去中心化应用。

（5）安全可信。区块链技术采用非对称密码学原理对交易进行签名，使得交易不能被伪造。同时利用哈希算法确保交易数据不能被轻易篡改，借助分布式系统各节点的工作量证明等共识算法来形成强大的算力，抵御破坏者的攻击，保证区块链中的区块及区块内的交易数据不可篡改、不可伪造，具有极高的安全性。

（6）开放性。区块链是一个开放的、信息高度透明的系统，任何人都可以加入区块链，除了交易各方的私有信息被加密，所有数据对区块链上的每个节点都公开透明，每个节点都可以看到最新的完整的账本，也可以查询到账本上的每一笔交易。

（7）匿名性。由于节点之间进行数据交换无须互相信任，因此交易对手之间可以不用公开身份，系统中的每个参与者都可以保持匿名。匿名性是区块链共识机制带来的附加作用，并不是必需的。在金融业务中，由于反洗钱等监管要求，在具体实现时往往会去除匿名性，但这并不影响它的其他特性。

（8）简化运维。在中心化的交易系统中，建设和维护一个高可用的中心系统成本很高。而区块链技术采用去中心化的模式，设备由各网络节点自行维护，对单个节点的可用性要求大大降低，因此可以显著降低系统建设和运维成本，具有较长的生命周期。

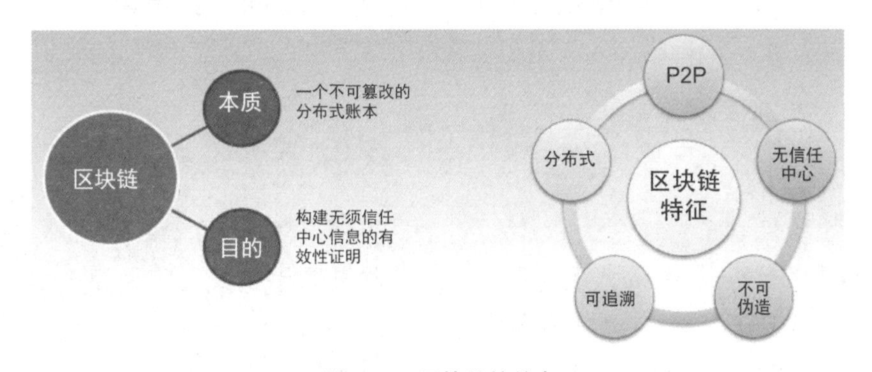

图 7-4　区块链的特点

7.1.3　区块链的分类

区块链根据准入机制和节点开放程度可以分成 3 类，即私有链、公有链和联盟链，如图 7-5 所示。

（1）私有链。私有链只对个别实体或个人开放，去中心化程度不高，但共识速度快，常用于企业内部的数据库管理和审计，政府的预算、执行和行业统计数据等。

（2）公有链。公有链是一种全网公开的区块链，用户无须授权即可随时加入或脱离网络。这种类型的区块链对所有人都是开放的，任何人都可以自由地加入或离开，并获得完整的账本数据。此外，用户还可以参与数据维护和计算竞争。公有链利用密码学确保交易不可篡改，并通过代币机制鼓励参与者竞争记账，从而确保数据的更新和安全。由于其高度的去中心化特性，公有链能够有效解决陌生环境下的任何信任和安全问题。公有链消耗的数字资源最高，效率最低，目前仅能实现每秒 100～200 笔的交易频率，因此更适用于每个人都是一个单独的记账个体，但发起频率并不高的应用场景。

（3）联盟链。联盟链只针对特定群体的成员和有限的第三方，其内部指定多个预选的节点为记账人，每个块的生成都由所有的预选节点共同决定，其他接入节点可参与交易，但不“过问”记账过程，其他第三方可以通过该区块链开放的 API 进行限定查询。为了获得更好的性能，联盟链对于共识或验证节点的配置和网络环境有一定的要求。准入机制使得交易性能更容易提高，能够更好地避免由水平参差不齐的参与者产生的问题。联盟链消耗的数字资源部分取决于联盟成员的投入，其适用于机构间的交易、结算等 B2B 场景，因此在金融行业应用得最为广泛。

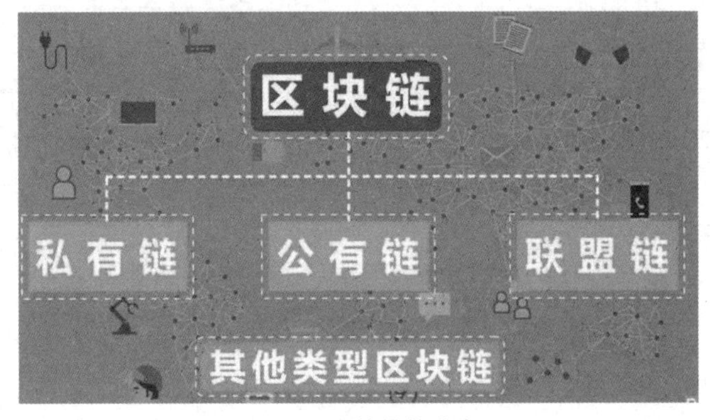

图 7-5　区块链的分类

7.2　区块链的核心技术

1. 数据存储

课件：区块链的核心技术　视频：区块链的核心技术

区块链本质上是一个分布式账本系统，因此区块链平台的数据存储体系设计至关重要。一般来说，区块链的数据存储设计体系主要包含 3 个部分，即区块结构、账本模型和 Merkle 树。

（1）区块结构。区块结构是区块链账本中重要的数据结构，存储着核心交易信息。它是由包含交易信息的区块从后向前有序连接起来的数据结构，可分为区块头和交易列表。

区块头中记录了一些固定大小的区块元数据信息，交易列表中记录了所有被收录的在该区块中的交易信息。对每个区块头进行哈希计算，都可以生成一个对应的哈希值，该值可以在区块链中用作唯一标识区块的数字指纹。同时，在区块头信息中引用上一个区块的哈希值，即在每一个区块中都包含其父区块的哈希值，可以将所有的区块串联成一个垂直的链式结构，通过不断迭代访问父区块，最终追溯至区块链的创世区块（第一个区块）。正是由于这种特殊的链式结构设计，因此在父区块的哈希值发生变化时，会迫使子区块中的“父区块哈希值”字段也发生变化，从而导致子区块的哈希值发生变化。

（2）账本模型。区块链的账本模型可分为 UTXO（Unspent Transaction Output）模型和账户模型。

在 UTXO 模型中，没有记录用户余额的账户，每笔交易都以一个或多个 UTXO 作为输入，在完成交易后，将输入的 UTXO 标记为已花费并生成若干个新的 UTXO，每笔交易的余额就是该笔交易所拥有的 UTXO。采用 UTXO 模型的优势是可以抵御重放攻击，保障用户隐私，可并行签发多笔交易；缺点是难以理解，编程复杂程度高，且存在碎片化问题。

在账户模型中，存在一个记录用户余额的账户，当请求一笔交易时，需要判断账户内记录的余额能否完成该交易，若可以，则执行交易并修改交易双方的账户余额，否则取消交易。采用账户模型的优点是易于理解，有良好的可编程性，且交易执行效率高；缺点是需要采取一定的策略来解决重放攻击和隐私保护的问题。

（3）Merkle 树。将区块中收录的交易依次处理之后，合约账户会从原来的状态被转移至一个新的状态，为了快速生成一个用于标识所有合约账户最新状态的哈希值，区块链系统引入了 Merkle 树进行哈希计算。Merkle 树是一种哈希二叉树，是一种用作快速归纳和校验大规模数据完整性的数据结构。这种二叉树包含加密哈希值，在比特币网络中，Merkle 树被用来归纳一个区块中的所有交易，同时生成整个交易集合的数字指纹，并且提供了一种校验区块是否存在某笔交易的高效途径。但是，传统的 Merkle 树性能较差，在面对高频海量数据时，其计算表现不能达到性能要求。因此，在新一代的区块链平台中，采用了改进版的 Merkle 树来提升账本哈希计算的速率。

2. 区块扩容

区块扩容即扩大每个区块的容量以存储更多的交易数据，通常在每个区块链技术的应用中都限定了区块数据占用存储空间的大小，这可以很好地控制区块账本数据的增长速度。目前，应用的扩容方法有隔离见证和区块直接扩容。

3. 智能合约

智能合约是一套以数字形式定义的承诺，合约参与方可以执行这些承诺的协议。合约就是区块链中的程序代码，参与双方将达成的协议提前安装到区块链系统中，在双方约定好后，开始执行合约，且不可篡改。基于区块链的智能合约包括事务的状态处理和保存机制，以及一台完备的状态机（用于接收和处理各种智能合约），事务的状态处理和保存都在区块链上完成。事务主要包含需要发送的数据，而事件则是对这些数据的描述信息。整个智能合约系统的核心在于智能合约以事务和事件的方式被智能合约模块处理，在处理之后智能合约还是一组事务和事件，它的存在是为了让一组复杂的、带有触发条件的数字化承诺能够按照参与者的意愿被正确执行。

4. 共识算法机制

区块链是由分布式的数据库，通过共识算法机制来保障每个节点间的数据完整性和同步性的，可以说共识算法机制是区块链技术实现的基础。

区块链的共识算法机制是区块链实现去中心化的关键技术，在应用中不再需要依托可信任的中心化机构或组织，而是由所有用户参与制定的共识算法机制来保障每个用户手中数据的完整性、一致性，减少了中间环节，大大提升了数据要素的使用效率。

区块链中常用的共识算法机制主要有工作量证明机制、权益证明机制、股份授权证明机制和验证池机制等。

7.3 区块链技术的典型应用

课件：区块链的典型应用

视频：区块链的典型应用

区块链是一种将数据区块有序连接，并以密码学的方式保证其不可篡改、不可伪造的分布式账本技术。通俗地说，区块链技术可以在无须第三方背书的情况下，实现系统中所有数据信息的公开透明、不可篡改、不可伪造和可追溯。区块链作为一种底层协议或技术方案可以有效解决信任问题，实现价值的自由传递，在数字货币、金融资产的交易结算、数字政务和存证防伪数据服务等领域具有广阔前景。

1. 数字货币

在经历了贵金属、纸币等形态后，数字货币已成为数字经济时代的发展方向。相比实体货币，数字货币具有易于携带、低流通成本、易于使用、易于防伪和管理、打破地域限制、易于整合等特点。

我国早在2014年就开始了央行（中国人民银行）数字货币的研制。我国的数字货币DC/EP采取双层运营体系：央行不直接向社会公众发放数字货币，而是将数字货币兑付给各个商业银行或其他合法运营机构，再由这些机构兑换给社会公众使用。2019年8月，央行召开下半年工作电视会议，会议要求加快推进国家法定数字货币研发步伐。直至2020年初，央行发文表示，已基本完成法定数字货币的顶层设计、标准制定、功能研发、联调测试等工作。截至2023年5月，数字货币的发展态势持续向好。

（1）试点范围不断扩大。数字货币的试点范围从最初的“4+1”（深圳、苏州、雄安、成都和冬奥会场景）扩大到了23个城市和地区，覆盖了东部、中部、西部和沿海内陆各类城市，涵盖了不同的经济社会发展水平、人口规模、消费习惯等方面，为数字货币的推广提供了丰富的经验和数据。

（2）应用场景不断丰富。数字货币的应用场景已超过1000万个，覆盖了生活缴费、餐饮服务、交通出行、购物消费、政务服务等领域，满足了公众的多样化支付需求。数字货币支持与现有支付系统融合互通，如条码互扫、数字货币入驻支付平台等，为公众提供了更多的支付方式和便利。此外，数字货币还在对公领域进行了一些创新，如供应链金融、政府采购等，利用数字货币的智能合约等功能，实现了资金流与信息流的统一。

（3）用户规模不断增长。数字货币的用户规模呈现快速增长态势。截至2023年5月，数字货币的个人钱包已开通超3亿个，对公钱包已开通超1500万个，累计交易笔数超2亿笔，交易金额超1000亿元。数字货币的用户规模庞大，支持100多个国家和地区的手机号注册账号、开通钱包，万事达卡与钱包关联，以便随时进行充值。对于中国香港地区的用户，数字货币还支持通过拉起“转数快”（FPS），使用香港本地的银行账户为钱包充值，且无充值手续费。在北京冬奥会、成都大运会和杭州亚运会等重要体育赛事中，数字货币为境外运动员和赛事相关人员提供了便利的支付服务。

（4）跨境应用不断深化。数字货币在跨境应用方面也取得了一些进展。数字货币始终坚持“无损”“合规”“互通”三项原则，与泰国、阿联酋等多个国家的中央银行和中国香港地区的香港金管局开展了跨境合作研究，相关的产品或方案正在陆续落地。以中国内地与中国香港的数字货币跨境支付项目为例，数字货币跨境应用可实现中国香港与中国内地支付服务的双向互通，提升两地居民跨境支付的便利度，助力粤港澳大湾区一体化发展。未来，数字货币还将在油气等大宗商品贸易和服务贸易项下的跨境支付应用中进行试点，为企业降低跨境支付成本，提升跨境支付效率。

据 Finbold 发布的报告显示，截至 2021 年 1 月 1 日，全球加密货币种类为 8153 个。但到了同年的 12 月 31 日，这一数字增长至 16223 个，增幅约为 98.98%。由于面临诸多反对之声，因此加密货币在发达国家推进速度较慢。

2. 金融资产交易结算

区块链技术天然具有金融属性，它正在对金融业产生颠覆式变革。在支付结算方面，在区块链分布式账本体系下，市场多个参与者共同维护并实时同步一份“总账”，短短几分钟就可以完成之前两三天才能完成的支付、清算和结算任务，大大降低了跨行跨境交易的复杂性和成本。同时，区块链的底层加密技术保证了参与者无法篡改账本内容，确保交易记录透明安全，便于监管部门追踪链上交易，快速定位高风险资金流向。在证券发行交易方面，传统股票发行流程长、成本高、环节复杂，而区块链技术能够弱化承销机构作用，帮助各方快速建立起准确的信息交互共享通道，发行人可以通过智能合约自行办理发行，由监管部门统一审查核对，投资者也可以绕过中介机构直接操作。在数字票据和供应链金融方面，区块链技术可以有效解决中小企业融资难的问题。目前的供应链金融很难惠及产业链上游的中小企业，因为它们与核心企业往往没有直接的贸易往来，金融机构难以评估其信用资质。基于区块链技术，我们可以建立一种联盟链网络，涵盖核心企业、上下游供应商、金融机构等，核心企业为供应商发放应收账款凭证，在票据数字化上链后，可在供应商之间流转，每一级供应商可凭数字票据证明实现对应额度的融资。

3. 数字政务

区块链可以让数据跑起来，大大精简办事流程。区块链的分布式技术可以使政府部门集中到一个链上，将所有办事流程交付智能合约，只需要办事人在一个部门内通过身份认证及电子签章，智能合约就可以自动处理并流转，有序完成后续的所有审批和签章。区块链发票是国内区块链技术最早落地的应用。税务部门推出区块链电子发票“税链”平台，税务部门、开票方、受票方通过独一无二的数字身份加入“税链”网络，真正实现“交易即开票”“开票即报销”——秒级开票、分钟级报销入账，大幅降低了税收征管成本，有效解决了数据篡改、一票多报、偷税漏税等问题。扶贫是区块链技术的另一个落地应用，利用区块链技术的公开透明、可溯源、不可篡改等特性，实现扶贫资金的透明使用、精准投放和高效管理。

4. 存证防伪

区块链可以通过哈希时间戳来证明某个文件或数字内容在特定时间是存在的，加之其公开、不可篡改、可溯源等特性，为司法鉴证、身份证明、产权保护、防伪溯源等问题提供了完美解决方案。在知识产权领域，通过区块链技术的数字签名和链上存证，可以对文字、图片、音频、视频等进行确权，通过智能合约创建执行交易，实时保全数据形成证据链，同时覆盖确权、交易和维权三大内容。在防伪溯源领域，通过供应链跟踪区块链技术，可以被广泛应用于食品医药、农产品、酒类、奢侈品等领域。

5. 数据服务

区块链技术将大大优化现有的大数据应用，在数据流通和共享方面发挥巨大作用。未来，互联网、人工智能、物联网都将产生海量数据，现有中心化数据存储（计算模式）将面临巨大挑战，基于区块链技术的边缘存储（计算）在未来有望成为解决方案。再者，区块链对数据的不可篡改和可追溯机制保证了数据的真实性和高质量，这是大数据、深度学习、人工智能等一切数据应用的基础。最后，区块链可以在保护数据隐私的前提下实现多方协作的数据计算，有望解决“数据垄断”和“数据孤岛”问题，实现数据流通价值。针对当前的区块链发展阶段，为满足一般商业用户区块链开发和应用的需求，众多传统云服务商开始部署自己的 BaaS（区块链即服务）解决方案。区块链与云计算的结合将有效降低企业区块链部署成本，推动区块链应用场景落地。未来区块链技术还会在慈善公益、保险、能源、物流、物联网等诸多领域发挥重要作用。

思政园地

素养目标

✧ 通过对区块链核心技术的学习，学生可以掌握去中心化这一有利于社会公平的本质。
✧ 通过学习我国加快推进区块链技术和产业创新发展方面的知识，培养学生的爱国主义情怀和科技自信。
✧ 通过学习面对区块链应用的技术风险，树立良好的世界观，培养学生用创新、理性的思维处理问题的能力。
✧ 激发学生主动探索前沿科学和技术的兴趣，使学生具备格物致知精神。

思政案例

网购纠纷取证难怎么办？广州互联网法院智慧信用生态系统为市民分忧，请扫描右侧二维码观看视频。

网购纠纷取证难怎么办？广州互联网法院智慧信用生态系统为市民分忧

2019 年 3 月 30 日，广州互联网法院举行了“网通法链”智慧信用生态系统签约暨上线仪式，来自政法系统、运营商、企业、金融机构等 50 余家共建及签约单位，分别与广州互联网法院签署了《司法区块链合作协议书》《可信电子证据平台合作协议书》《司法信用共治合作协议书》。

据广州互联网法院副院长田绘介绍，“网通法链”智慧信用生态系统以区块链底层技术为基础，坚持“生态系统”的理念，通过广泛融合具有专业领先能力和社会服务意识的生态伙伴，构建“一链两平台”新一代智慧信用生态体系。该系统的上线将在更高站位、更大格局、更宽视野上谋划推动网络信用生态系统的整体发展，以响应司法审判和网络空间治理的现实需求，有效保障网络安全，从而推动实现“有网即有法”。

自我检测

一、单选题

1．以下______不是区块链的特征？

A．开放性　　B．中心化

C．独立性　　D．匿名性

2．______是区块链最早的一个应用，也是最成功的一个大规模应用。

A．以太坊　　B．联盟链

C．比特币　　D．Rscoin

3．______能够为金融行业和企业提供技术解决方案。

A．以太坊　　B．联盟链

C．比特币　　D．Rscoin

4．______是区块链最核心的内容。

A．合约层　　B．应用层

C．共识层　　D．网络层

5．区块链在资产证券化发行方面的应用属于______。

A．数字资产类　　B．网络身份服务

C．电子存证类　　D．业务协同类

6．目前我国区块链应用主要集中在金融服务及企业服务，占比超过______。

A．60%　　B．70%

C．80%　　D．90%

7. 只针对某个特定群体的成员和有限的第三方，内部可以指定多个预选的节点为记账人，每个块的生成由所有的预选节点共同决定，其他接入节点可以参与交易，但不“过问”记账过程，其他第三方可以通过该区块链开放的应用程序编程接口（API）进行限定查询，又称“许可区块链”的是______。

A．“公有链”　　B．“联盟链”

C．“私有链”　　D．“侧链”

二、多选题

1．区块链技术包括______关键技术。

A．采用非对称加密来做数据签名　　B．任何人都可以参与

C．共识算法　　D. 以链式区块的方式来存储

2．数字资产类应用案例包括______。

A．数字票据　　B．第三方存证

C．应收款　　D．产品溯源

3．区块链技术带来的价值包括______。

A．提高业务效率　　B．降低拓展成本

C．增强监管能力　　D．创造合作机制

4．区块链技术的主要特征包括______。

A．分布式　　B．去信任

C．难以篡改　　D．匿名性

三、判断题

1．中本聪及比特币的主要贡献:（1）对“数字加密货币”进行了具有创造性的首次理论和实践探索；（2）创建了“区块链”，并整合了人类现阶段最优秀的科技成果。（　　）

2．在比特币中，区块之间前后相连从而形成了区块链。（　　）

3．去中心化是一个全新的概念。（　　）

4．要篡改比特币区块链中的数据，难度非常大。（　　）

5．区块链技术主要是从去中心化、集体维护、系统透明、不可篡改的角度来实现的。（　　）

第 8 章　量子信息技术

学习目标

- ◆ 了解量子信息的概念。
- ◆ 掌握量子信息技术的两大应用领域。

案例导读

【案例 1】我国相继部署一系列量子信息技术项目

2011 年部署“量子科学实验卫星”项目；2013 年部署国家量子保密通信“京沪干线”技术验证及应用示范项目;2018 年部署国家广域量子保密通信骨干网络建设一期工程项目；2021 年 6 月，量子保密通信“济青干线”顺利建成，并于同年 7 月正式开通；2022 年 7 月，我国成功发射了全球首颗微纳量子卫星——“济南一号”，这也是继 2016 年我国研制的世界首颗量子科学实验卫星“墨子号”升空后发射的第 2 颗量子通信卫星；2023 年 10 月中国科研团队宣布成功构建量子计算原型机“九章三号”,再度刷新光量子信息技术世界纪录。

【案例 2】合肥量子城域网建设

2021 年 8 月，依托电子政务外网，合肥量子城域网包含 8 个核心网站点、159 个接入网站点，量子密钥分发网络光纤全长 1147km。该网为合肥市、区两级数百家党政机关提供量子安全接入服务，也是目前规模最大、用户最多、应用最全的量子保密通信城域网。2022 年 8 月底，合肥量子城域网已上线运行统一政务信息处理平台、大数据平台等全市综合性平台，业务系统运行平稳。

8.1　量子信息的概念

课件：量子信息的概念

视频：量子信息的概念

量子信息科学（简称量子信息学）主要是由物理科学与信息科学等多个学科交叉融合在一起所形成的一门新兴的科学技术领域。它以量子光学、量子电动力学、量子信息论、量子电子学及量子生物学和数学等学科为直接的理论基础，以计算机科学与技术、通信科学与技术、激光科学与技术、光电子科学与技术、空间科学与技术（如人造通信卫星）、原子光学与原子制版技术、生物光子学与生物光子技术及固体物理学和半导体物理学为主要的技术基础，以光子（场量子）和电子（实物粒子）为信息和能量的载体，来研究量子信息（光量子信息和量子电子信息）的产生、发送、传递、接收、提取、识别、处理、控制及其在各相关科学技术领域中的最佳应用等。

量子信息科学主要包括量子电子信息科学（简称量子电子信息学）、光量子信息科学（简称光量子信息学）和生物光子信息科学（简称生物光子信息学）。其中，光量子信息科学是量子信息科学的核心和关键。在光量子信息科学中，研究并制备各种单模、双模和多模光场压缩态，以及利用各种双光子乃至多光子纠缠态来实现量子隐形传态等，则是光量子信息科学与技术的核心和关键。同时，这也是实现和开通所谓的“信息高速公路”的开端。因此，研究并制备各种光场压缩态和实现量子隐形传态是光量子信息科学的重中之重。

8.2　量子信息的特点

课件：量子信息的特点

视频：量子信息的特点

（1）不可分割性。量子是构成物质的最基本单元，是能量、动能等物理量的最小单位，具有不可分割性。

（2）量子态叠加性。由于其微观特性，量子状态可以叠加，即一个量子能够同时处于不同状态的叠加，也是指一个量子系统可以同时处于不同量子态的叠加。

（3）不可复制性。复制一个物体首先要测量这个物体的状态，但是量子通常处于极其脆弱的叠加态，一旦被测量，其形状就会改变，不再是原来的状态，因此无法完全复制。

（4）量子纠缠。量子纠缠是一种量子效应，当两个微观粒子处于纠缠态时，无论距离多远，对其中一个粒子的量子态做任何改变，另一个粒子都会立刻感受到，并做出相应的改变。

8.3　量子信息的研究领域

课件：量子信息的研究领域

视频：量子信息的研究领域

当下，量子信息存在众多细分领域，但总体来说，它主要致力于量子通信和量子计算。

（1）量子通信。量子通信是利用量子叠加和量子纠缠进行信息传递的新型通信方式，基于量子力学中的量子测量坍缩、不可分割、不可克隆三大原理，提供无法被窃听和计算破解的绝对安全性保证，它主要分为量子密钥分发和量子隐形传态两种方式。

（2）量子计算。量子计算是一种利用量子力学的基本原理进行计算的新型计算模式，主要研究方向为量子计算机和量子算法。从可计算性的角度来看，量子计算机只能解决传统计算机所能解决的问题，但从计算效率的角度来看，由于借助了量子叠加效应，量子算法的计算效率要远高于传统计算机算法。

作为新一代信息技术，量子信息实现了对现有信息技术软硬件的优化和革新，突破了传统信息技术软硬件系统的极限，开辟了信息技术发展的新方向。量子信息作为一种调控量子信息单元进行计算的新型计算模式，具有强大的并行计算能力，能够突破经典计算极限，对密码破译、人工智能、生物制药、金融工程等领域产生了颠覆性影响。

8.4　量子信息的应用场景

（1）量子计算机。量子计算机是指用量子态表示信息，将量子比特用作信息处理和存储单元，采用量子算法和量子编码实现高速计算的新型计算机。国内量子计算机的典型代表是中国科学技术大学潘建伟等人成功构建的 76 个光子的量子计算原型机“九章”，如图 8-1 所示。

课件：量子信息的应用场景

视频：量子信息的应用场景

图 8-1　“九章”光量子计算原型机

传统的电子计算机以 0 和 1（即比特）为信息处理单元，一个信息处理单元只能同时处理一个单状态比特，而量子计算机的信息处理单元是量子比特，由于量子叠加效应，因此可以同时处理 0 和 1，这使得量子比特能承载的信息量远高于传统的电子比特。例如，4 个电子比特可表示 16 个数字，但在同一时间只能表示 16 个数字中的 1 个，而 4 个量子比特可在同一时间表示 16 个数字。这意味着，量子计算机的计算能力将随着量子比特数的增加呈指数增长，使用量子技术制造的光量子计算机可在几秒内完成传统的电子计算机几十万年才能完成的运算量。

量子计算机超强的计算能力为密码分析、气象预报、城市交通规划、石油探勘、药物设计等需要大规模算力的问题提供了解决方案，并可模拟高温超导、量子霍尔效应等复杂的物理机制，为先进材料制造和新能源开发奠定了科学基础。

（2）量子通信网络。量子通信网络是一种采用量子通信系统的保密通信网络，可在广阔的空间范围内为大量用户提供绝对安全的网络通信。因此，量子通信网络被称为信息安全的“终极武器”，可从根本上解决国防、金融、政务、能源、商业等领域的信息安全问题。当量子通信网络得到大规模推广后，人们将无须担心任何的信息泄露问题，也不用再担心遭受网络恶意攻击的问题。

（3）量子雷达。量子雷达是一种利用量子力学原理，通过收发量子信号来探测目标的新型雷达。由于量子的观测坍缩特性，量子雷达发射的光子一旦探测到物体，其量子特性就会发生变化，即可定位目标的位置。且由于量子不可复制、不可分割的特点，量子雷达发射的量子信号无法被拦截和篡改，这使得量子雷达难以被欺骗和反探测，因此常规雷达难以被探测的隐形飞机也可被量子雷达轻松发现。

量子雷达具有体积小、功耗低、抗干扰能力强、反隐身能力强、不易被敌方电子侦察设备发现和易于成像等优点，在军事和国防领域（如导弹防御和空间探测）具有极其广阔的应用前景和重大现实价值。

（4）量子导航。量子导航是基于各种量子效应和微加工技术的惯性导航系统，它无须依赖外部的 GPS 信号即可得到精确的设备位置信息，并可将传统 GPS 系统数米的导航距离提升至毫米级别，大大提高了导航精度，这使得量子导航在无人机、潜艇、导弹、直升机等领域有广阔的发展前景。

（5）量子成像。量子成像是利用量子纠缠现象发展起来的一种新型成像技术，理论上可在所有光学波段获得成像效果良好的图像，这种技术比目前最先进的激光全息成像技术更加强大。目前的量子成像研究多处于实验室阶段，需要的成像时间普遍较长（一般为数秒），不适合瞬时成像的场景，但随着技术的成熟，日后量子成像将在航空探测、军事侦察、远程成像等领域发挥重要作用。

8.5 量子信息技术的发展趋势

课件：量子信息技术的发展趋势

视频：量子信息技术的发展趋势

自 2019 年 Google 树立业界公认的量子计算发展的第一个里程碑——“量子计算优越性”，有关技术突破就迈入了快车道，“九章号”“祖冲之号”“北极光”相继在量子计算领域取得进展。2023 年，Google 再次发布新进展，其新开发的量子计算机可以在几秒内完成目前最好的超级计算机需要 47 年才能完成的计算，较 2019 年 53 个量子比特的“悬铃木”处理器强 2.41 亿倍。

量子计算的巨大潜力吸引了当前全球的主要国家和地区竞相投入。例如，美国推出了《芯片与科学法案》，超 2000 亿美元预算投入量子计算等关键领域；英国发布了《国家量子战略》，将在已投入 10 亿英镑的基础上继续投入 25 亿英镑，并吸引至少 10 亿英镑的额外私人资本；德国投入 20 亿欧元支持量子计算机及相关技术开发，同时投入 11 亿欧元支持量子计算的研究和开发，以及 8.78 亿欧元支持实际应用。此外，法国、加拿大、日本、韩国、新加坡等国家同样高度重视量子计算，将其作为国家战略进行投入。

我国也在不断强化顶层设计，形成了国家-地方的完整体系，以推动量子计算的发展。例如，“十四五”规划中明确提出，要加快布局量子计算、量子通信等前沿技术。此外，北京、上海、广东、安徽、山东等地也纷纷出台相应政策，支持和培育量子计算产业发展。

当前，量子计算的重要性及广阔前景已成共识。但值得注意的是，作为一项看似遥远的“未来技术”，量子计算的商业价值正在逐渐显现。波士顿咨询公司发布的报告指出，量子计算正在为商业化做好准备，该报告预测量子计算可以在 2025 年前产生商业价值。

亚马逊、Google、微软、霍尼韦尔等全球科技巨头加入了量子计算竞赛，国内则有百度、华为、阿里巴巴等企业。相关初创企业不断涌现，产生了 8 家以量子信息技术为主营业务的上市公司，其中美国的 Rigetti、IonQ、QCI 公司，加拿大的 D-Wave 公司，以及国内唯一一家以量子信息技术为主营业务的 A 股上市公司——国盾量子。

2022 年 8 月 25 日，在“量见未来”量子开发者大会上，百度正式对外发布第一台产业级超导量子计算机——“乾始”，集量子硬件、量子软件、量子应用于一体，提供移动端、PC 端、云端等全平台使用方式。

2022 年 10 月 4 日，欧洲高性能计算联合企业（EuroHPC JU）宣布，将选择捷克、德国、西班牙、法国、意大利、波兰 6 个成员国来部署史上第一个欧洲量子计算机网络，它将整合这 6 个国家现有的超级计算机，形成一个量子计算网络，并于 2023 年下半年投入使用。

2022 年 10 月，首个量子可扩展算法面世。该研究在量子计算机方面揭示了强关联电子系统的重要特性，有望催生更高效的太阳能电池。

2023 年 2 月 12 日，本源量子的 4 台“中国造”量子计算机亮相安徽合肥，并首次向中国公民免费开放参观。

2023 年 3 月 9 日，据日本东京电视台报道，日本理化学研究所开发的第一台日本国产量子计算机将于 3 月 27 日投入使用。

思政园地

素养目标

✧ 培养学生的创新意识和科学精神。

✧ 培养学生的爱国主义情怀。

✧ 培养学生的社会责任感和使命感。

思政案例

中国科学院院士郭光灿：“量超融合”将成未来算力的发展趋势

中国科学院院士郭光灿：“量超融合”将成为未来算力的发展趋势，请扫描右侧二维码观看视频。

2023 年 8 月 18 日—20 日，中国计算机学会(CCF)主办的第二届 CCF 量子计算大会暨量子计算产业峰会在合肥举办。中国科学院院士、中国科学技术大学教授郭光灿在接受采访时表示，量子计算机和超级计算机的“量超融合”可实现量子和经典算力的互补，加快量子行业的生态建设。（视频来源：中国新闻网）

自我检测

一、单选题

1．关于量子计算带来的全新挑战，下列表述错误的是______。

A．1994 年由 P.Shor 证明了量子计算机能够高效解决大数分解和离散对数问题

B．1984 年 BB84 协议的发表，代表量子密码学终于正式诞生了

C．后量子公钥密码学目前正处于发展中，尚未破解

D．量子中继已经发展成熟，不需要依赖可信中继组网

2．墨子号量子科学实验卫星（简称“墨子号”），于______在酒泉卫星发射中心使用长

征二号丁运载火箭成功发射升空。

A．2013 年 6 月 16 日　　B．2016 年 6 月 16 日

C．2013 年 8 月 16 日　　D．2016 年 8 月 16 日

3．我国成功构建的世界上最长的 QKD 骨干网络是______。

A．北京至上海　　B．上海至合肥

C．合肥至济南　　D．济南至北京

4．关于量子计算技术在我国的应用，下列表述错误的是______。

A．2014 年，完成了第一个超导量子比特

B．2015 年，提高了量子比特相关寿命，达到国际水平

C．2016 年，四超导量子比特芯片，演示求解线性方程组

D．2017 年，十超导量子比特芯片，是已公开资料中超导量子比特纠缠数目最多的

5．后量子公钥密码是由 NIST 于____正式启动的 PQC 项目，面向全球征集 PQC 算法，推动标准化。

A．2013 年 12 月　　B．2016 年 12 月

C．2013 年 8 月　　D．2016 年 8 月

6．关于量子计算对密码学的影响，下列表述错误的是______。

A．RSA、D-H、DSA 等非对称密码体系会被 Shor 算法完全破坏

B．对于对称密码体系，量子计算机带来的影响稍小

C．目前已知的 Grover 量子搜索算法使得加密密钥的有效长度减半

D．RSA、ECC、DSA 等公钥密码体制是绝对安全的

7．关于量子的原理特性，下列表述错误的是______。

A．量子态的不可分割　　B．量子态的叠加、不可复制

C．量子态的纠缠　　D．量子态可以克隆

8．____，德国柏林大学教授普朗克首先提出了“量子论”。

A．1895 年　　B．1900 年

C．1945 年　　D．1947 年

二、判断题

1．量子隐形传态是一种传递量子状态的重要通信方式，是可扩展量子网络和分布式量子计算的基础。（　　）

2．将分布各地的量子计算机、量子传感器等量子信息处理单元，通过量子通信网络连接，实现量子信息的采集、传递、计算、处理，有望构成新一代“量子互联网”。（　　）

3．基于可信中继的 QKD 网络是目前“量子互联网”演进所处的第一阶段。（　　）

4．卫星量子传输容易受到地球曲率和障碍物的阻碍，而且在太空中也很容易出现退相干效应。（　　）

5．量子是现代物理的重要概念，即一个物理量如果存在最小的、不可分割的基本单位，则这个物理量是量子化的，并将这个最小单位称为量子。（　　）

6．所谓的“量子互联网”就是通过点对点量子通信、量子中继、量子存储等新技术实现远距离、可扩展、大规模的用于传输量子比特信息的量子通信网络，将分布在各地的量

子计算处理器、量子传感器互联，组成承载量子信息的新型网络。（　　）

7．未来，以量子信息的传递、处理、存储、感知等功能构成的量子互联网将带来全新的应用，如量子安全通信、分布式量子计算、量子传感网、世界时钟网、地球望远镜。（　　）

8．量子并行性理论，就是可以同时对 $2N$ 个数字进行数学运算（相当于传统计算机重复实施 $2N$ 次操作），使得量子计算大幅提高计算能力。（　　）

9．量子测量是指利用量子特殊的效应实现超越经典极限的测量精度。（　　）

10．量子通信是以量子态为信息载体来进行信息交互的通信技术。（　　）

第 9 章　互联网信息检索技术

学习目标

- ◆ 了解信息检索的基本概念和基本流程，以及信息检索给人们带来的便利。
- ◆ 熟悉常用的搜索引擎、社交媒体。
- ◆ 熟悉常用的中文学术信息检索系统。

案例导读

以知识经济为显著特征的信息社会，已成为一种社会发展无法抗拒的趋势。我们今天所处的社会被称为“信息社会”。那么，什么是信息呢？信息是消息，人们在学习、工作和日常生活中，随时随地都在接收和使用信息；信息是资源，它具有使用价值；信息是财富，它是无价之宝。可是，如何才能快速获取和使用信息呢？信息检索是最快的途径。通过完成以下 3 个案例来了解信息检索的方式。

任务 1：小甬想了解网页设计与制作课程的相关信息，以便更好地学习网页制作，请帮助他检索课程相关信息。

任务 2：网络上每天都会有各行各业公开发布招聘信息，小甬想通过搜索引擎等检索工具检索有关宁波市计算机专业的招聘信息，从而了解该专业的就业前景。

任务 3：小甬想了解当代职业教育的工匠精神，以在中国知网上检索以“职业教育工匠精神”为主题的期刊论文为例，介绍检索学术信息资源的方法。

9.1　互联网信息检索的主要方式

9.1.1　信息检索概述

课件：互联网信息检索的主要方式

视频：互联网信息检索的主要方式

1. 信息检索的定义

信息检索是用户进行信息查询和信息获取的主要方式，有广义和狭义之分。

广义的信息检索包括信息存储和信息搜索，是指先将信息按照一定的方式进行加工、整理、组织并存储，再根据信息用户特定的需求将相关信息准确查找出来的过程；狭义的信息检索只包含信息搜索这一过程，是指用户根据需要采用一定的方法，借助检索工具，从信息集合中找出所需信息的过程。本书所介绍的信息检索是狭义的信息检索。

2. 信息检索的发展史

信息检索起源于图书馆的参考咨询和文摘索引工作，从19世纪下半叶开始发展，至20世纪40年代，索引和检索已成为图书馆独立的查找工具和用户服务项目。随着1946年世界上第一台电子计算机问世，计算机技术逐步走进信息检索领域，并与信息检索理论紧密结合。20 世纪 60 年代至 80 年代，脱机批量情报检索系统、联机实时情报检索系统相继研制成功并商业化，在信息处理技术、通信技术、计算机和数据库技术的推动下，信息检索在教育、军事和商业等领域被广泛应用。Dialog 国际联机情报检索系统是这一时期信息检索领域的代表，至今仍是世界上最著名的系统之一。

3. 信息检索的原理

信息检索的原理，是将特定的信息需求与存储在检索系统中的信息标识进行异同比较与匹配，并选取两者相符或部分相符的信息予以输出。也就是说，检索系统对所要存储的信息，按照其外部和内容特征进行描述并赋予特征标识，之后存入检索系统。检索时，将所需信息的特征标识与所存信息的特征标识进行比较，凡是两者标识一致的，就将具有这些标识的信息从检索系统中输出。

4. 信息检索的类型

（1）按检索对象划分，信息检索可分为文献检索、数据检索和事实检索。这 3 种信息检索类型的主要区别在于，数据检索和事实检索是检索出包含在文献中的信息本身，而文献检索则是检索出包含所需信息的文献。

（2）按检索工具和检索方式划分，信息检索可分为手工检索、机械检索和计算机检索。其中发展迅速的计算机检索就是网络信息检索，是指互联网用户在网络终端通过特定的网络搜索工具（搜索引擎）或浏览方式，查找并获取信息的一种检索方式。

（3）按检索组织方式划分，信息检索可分为全文检索、超文本检索和超媒体检索。随着计算机存储容量的增大和运算速度的提高，全文检索已由最初应用的法学、文学领域迅速向其他学科和专业扩展。超文本是一种非线性的信息组织方式，超文本检索能够提供浏览式的查询方式，通过链路的指引，信息用户可在浏览节点内容的过程中选择进一步阅读或查询的方向。超媒体检索是超文本检索的补充和发展。

（4）按检索途径划分，信息检索可分为直接检索和间接检索。直接检索是指直接查询、浏览、阅读文献原文，获取所需信息的检索方式，如直接翻阅报刊或使用数据库获取专业资料。间接检索是指先使用检索工具搜索，在获得所需信息的线索后，以此为向导去索取原文的检索方式。

5. 信息检索的要素

（1）信息检索的前提——信息意识。信息意识是人们利用信息系统获取所需信息的内在动因，具体表现为对信息的敏感性、选择能力和消化、吸收能力，从而判断该信息是否能为自己或他人所用，是否能够解决现实生活中的某一特定问题。信息意识包含信息认知、信息情感和信息行为倾向 3 个层面。

（2）信息检索的基础——信息源。在联合国教科文组织出版的《文献术语》中，将信息源定义为，个人为满足其信息需要而获得信息的来源。

（3）信息检索的核心——信息获取能力。信息获取能力主要包括了解各种信息来源、掌握检索语言、熟练使用检索工具、对检索效果进行判断和评价。判断检索效果的两个指标为查全率和查准率，其中，查全率=被检出相关信息量/相关信息总量（%），查准率=被检出相关信息量/被检出信息总量（%）。

（4）信息检索的关键——信息利用。获取学术信息的最终目的是通过对所得信息的整理、分析、归纳和总结，根据自己学习和研究过程中的思路，将各种信息进行重组，创造新的知识和信息，从而达到信息激活和增值的目的。

9.1.2 信息检索流程

信息检索是一项实践性很强的活动，通过经常性的实践才能逐渐掌握信息检索的规律，快速、准确地获取所需的信息。一般来说，信息检索的基本流程可以分为 4 个步骤。

1. 分析检索内容，明确信息需求

该步骤的主要工作是通过分析检索内容的主题、类型、用途、时间范围和自身对检索结果的评价等，明确自身对信息的要求。很多用户在检索信息时往往直接略过这一步骤，但实际上该步骤十分重要，它能使用户对要获取的信息有充分的了解，从而避免检索结果与预期结果大相径庭。

例如，用户要检索与信息安全相关的信息，可以先思考几个问题：所需信息的主题是科普、讨论还是其他？所需信息的类型是基础理论知识、最新技术成果、相关资讯报道还是其他？所需信息的时间范围是近十年、某个关键时间节点还是其他？检索涉及的领域越多越好吗？……在明白这些问题后，用户就会更加明确自身的信息检索需求，在检索时目的性会更强，检索结果也会更准确。

2. 选择检索工具，了解检索系统

（1）检索工具。检索工具是帮助用户快速、准确地检索所需信息的工具和设备的总称。根据检索范围的不同，检索工具大致可分为综合性检索工具和专业性检索工具。其中，综合性检索工具包括搜索引擎、门户网站、图书馆、百科全书等，而专业性检索工具包括各类垂直网站、专业数据库、专题工具书等。

选择检索工具是用户检索信息前关键的一步。用户所选的检索工具合适与否，将在很大程度上决定其信息检索效率的高低。因此，在选择检索工具时，应遵循高效、灵活的原则。

（2）检索系统。检索系统是指用户在检索信息时用到的由检索工具、数据库、检索语言等组成的系统。例如，图书馆就是一个检索系统，其中的检索工具就是图书查询系统，数据库就是图书馆中的所有图书，检索语言就是图书分类法。

检索系统通常较为庞大，不同检索系统包含的信息种类、数量、类型和检索语言等不尽相同。用户在使用检索系统前，可以先借助相关说明文件对检索系统进行了解，掌握其使用方法，从而提高信息检索的效率。

3. 拟定检索策略，实施检索

用户在明确信息需求，选好检索工具、了解检索系统后，就可以拟定检索策略了。检索策略主要包括：选取检索词和构建检索式。

（1）选取检索词。检索词是用户信息需求的具体表达，它是构成检索式的基本单元。在选取检索词时应注意：提炼的检索词必须能够全面描述要检索的信息；将抽象的检索词具体化；删除意义不大的虚词、低频词等；对检索词进行适当替换和补充。

（2）构建检索式。检索式是用户根据检索系统的检索语言对检索词进行的格式化表述，其呈现形式因检索系统而异。

拟定检索策略后，可使用检索工具进行检索。用户可对检索结果进行初步浏览和筛选，排除一些明显不符合要求的结果。

4. 评价检索结果，获取有效信息

在进行信息检索后，用户还需要对检索结果进行评价，分析检索结果是否与检索式相匹配，是否能够满足信息需求或解决面临的问题。如果满足，则从检索结果中挑选匹配程度最高的信息；如果不满足，则需要对信息检索的基本流程进行复盘，查看是哪个步骤出现了问题，及时调整检索策略，再次进行信息检索，直至结果满足条件。

任务 1 中的小甬想了解网页设计与制作课程的相关信息，具体实施步骤如下。

步骤 1：打开百度首页，如图 9-1 所示。

图 9-1　百度首页

步骤 2：首先在搜索框中输入关键词“网页设计与制作课程”，然后按“Enter”键或单击“百度一下”按钮，打开关键词检索结果页，如图 9-2 所示。

图 9-2　关键词检索结果页

步骤 3：选择搜索框下方的“文库”选项，切换至“文库”板块，对检索到的信息进行筛选，如图 9-3 所示。

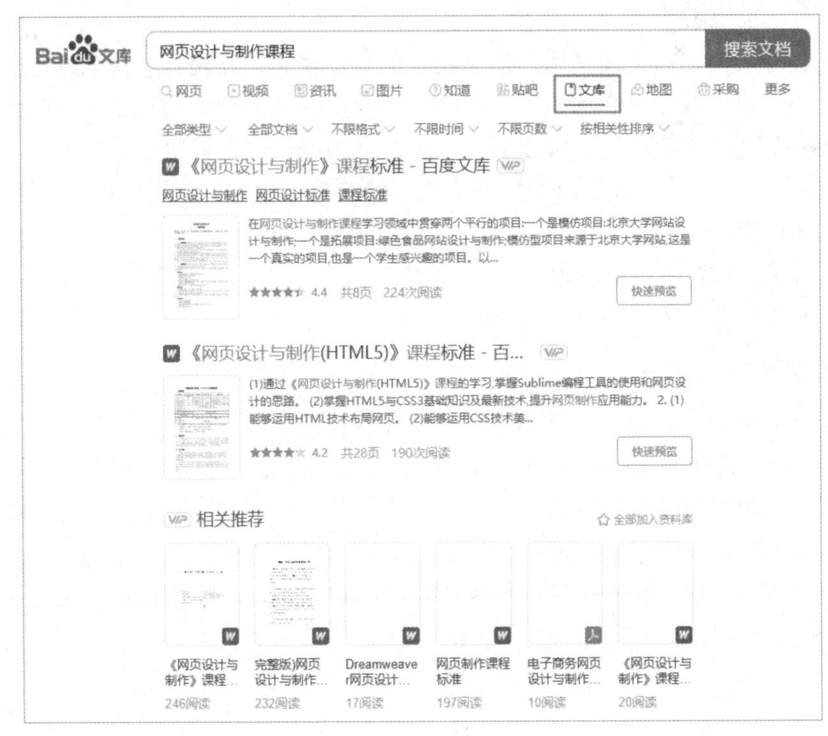

图 9-3 “文库”板块

9.1.3 信息检索方法

信息检索的效率与具体的检索方法有着很大关系，使用有效的信息检索方法能够使用户以最短的时间获得最满意的检索结果。信息检索方法有普通法、追溯法和分段法。

（1）普通法。

普通法是指只利用检索工具及检索系统来查找信息的方法。使用这种方法的关键在于熟悉各种检索工具及检索系统的性质、特点和查找过程，从不同角度查找。普通法又可分为顺检法和倒检法。顺检法是按照从远到近的时间顺序检索的，花费高、效率低；倒检法是按照从近到远的时间顺序检索的，它强调近期资料，重视当前的信息，主动性强，效果较好。

（2）追溯法。

追溯法是指利用已有文献所附的参考文献不断追踪查找所需信息的方法。在没有检索工具或检索工具不全时，使用此方法可获得针对性较强的资料，查准率较高，但查全率较低。

（3）分段法。

分段法是追溯法和普通法的结合，它将两种方法分期、分段交替使用，直至查到所需信息。

9.2　搜索引擎与社交媒体——检索本专业的招聘信息

9.2.1　搜索引擎概述

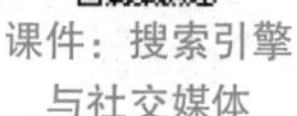

课件：搜索引擎与社交媒体　　视频：搜索引擎与社交媒体

1. 搜索引擎的定义

搜索引擎是信息时代最重要的信息检索工具，是根据一定的策略、运用特定的计算机程序从互联网上采集信息，在对信息进行组织和处理后，为用户提供检索服务，将检索的相关信息展示给用户的系统。

2. 搜索引擎的发展历程

搜索引擎是伴随互联网的发展而产生并发展的，互联网已成为人们学习、工作和生活不可缺少的平台，几乎每个人在上网时都会使用搜索引擎。根据搜索引擎不同时期的研究重点和服务性能，可将其发展历程划分为 3 个阶段。

第一阶段起始于 1994 年，以 Yahoo、AltaVista 和 Infoseek 为代表。在这个阶段，搜索引擎的索引都少于 100 万个网页，一般不能重新搜集网页并刷新索引，而且检索速度非常慢，在实现技术上基本沿用较为成熟的传统检索技术，相当于利用一些已有的技术来实现信息检索。

第二阶段起始于 1998 年，以 Google 为代表。处于这个阶段的搜索引擎大多采用分布式方案来扩大数据库规模，提高响应速度和用户数量，并且只专注于做后台技术的提供者，在服务模式上不断创新。

第三阶段起始于 2000 年，以 Google、百度、Yahoo 等搜索引擎为代表。这个阶段是搜索引擎空前繁荣的阶段，主要特点是索引数据库的规模大、出现了主题检索和地域搜索，能够在一定程度上实现智能化和可视化检索、检索结果的相关度评价。这一阶段为搜索引擎拓宽了生长空间，同时提高了搜索的质量和效率。

3. 搜索引擎的工作原理

搜索引擎主要由搜索器、索引器、检索器和用户接口构成。其工作原理是，首先由搜索器根据一定的搜集策略在互联网上抓取网页信息，然后由索引器对抓取的网页信息进行分析，抽取索引项用于表示文档，以及生成文档库的索引表，形成索引数据库。用户通过检索接口输入相关的查询请求，索引接口对用户的查询请求进行分析、转换，并用检索工具到索引数据库中进行查找、匹配，接着将符合要求的文档按相关程度的高低进行排序，形成结果列表，最后通过用户接口将检索到的结果列表返回给用户。

4. 搜索引擎的分类

搜索方式是使用搜索引擎的关键，大致可分为4种：全文搜索引擎、元搜索引擎、垂直搜索引擎和目录搜索引擎，它们各有特点并适用于不同的搜索环境。所以，灵活选用搜索方式是提高搜索引擎性能的重要途径。

（1）全文搜索引擎。全文搜索引擎是利用爬虫程序抓取互联网上的所有相关文章并予以索引的搜索方式，全文搜索引擎更适合一般网络用户使用。这种搜索方式方便、简捷，容易获得所有相关信息，但搜索到的信息过于庞杂，因此用户需要逐一浏览并甄别所需信息。尤其在用户没有明确检索意图的情况下，这种搜索方式非常有效。全文搜索引擎有国内著名的百度，国外的Google。它们从互联网上提取各个网站的信息（以网页的文字为主），建立数据库，检索与用户查询条件相匹配的记录，并按照一定的排列顺序返回结果。

（2）元搜索引擎。元搜索引擎在接收用户的查询请求后，可以同时在多个搜索引擎上搜索，并将结果返回给用户，它适用于广泛、准确地收集信息，是基于多个搜索结果并对结果进行整合处理的二次搜索方式。元搜索引擎的出现有利于各基本搜索引擎间的优势互补，以及对基本搜索方式的全局控制，引导全文搜索引擎进行持续改善。著名的元搜索引擎有360搜索、InfoSpace、Dogpile、Vivisimo等，在排列搜索结果时，有的搜索引擎直接按照来源排列，如Dogpile；有的则按照自定义的规则将结果重新排列组合，如Vivisimo。

（3）垂直搜索引擎。垂直搜索引擎是对某一特定行业内的数据进行快速检索的一种专业搜索方式，适用于有明确搜索意图的检索。例如，用户购买机票、火车票、汽车票，浏览网络视频资源，学习各类网络课程，都可以直接选用垂直搜索引擎来准确、迅速地获取相关信息。

（4）目录搜索引擎。目录搜索引擎是依赖人工收集、处理数据，并将其置于分类目录链接下的搜索方式，其对网站内的信息进行整合处理并将目录呈现给用户，但缺点是用户需要预先了解本网站的内容，并熟悉其主要模块构成。它虽然有搜索引擎功能，但严格意义上不能称为真正的搜索引擎。用户完全不需要依靠关键词查询，只能按照分类目录找到所需要的信息。总而言之，目录搜索引擎的适应范围非常有限，且需要较高的人工成本来支持和维护。在目录搜索引擎中，具有代表性的是新浪、搜狐、网易分类目录和Yahoo网站，其他还有OpenDirectoryProject（DMOZ）、LookSmart、About等。

5. 常见的搜索引擎

（1）百度搜索。百度搜索是全球最大的中文搜索引擎。“百度”二字源于宋朝词人辛弃疾《青玉案·元夕》中的“众里寻他千百度”，象征着百度对中文信息检索技术的执着追求。百度有一些特色功能，如百度学术、百度文库、百度百科、百度知道、百度经验等，受到很多用户的欢迎。

（2）搜狗搜索。搜狗搜索是中国领先的中文搜索引擎，于2004年推出，2005年收购图行天下并开始增加地图搜索服务，2013年并入腾讯SOSO，2015年与知乎深度合作，2016年推出搜狗明医、英文搜索和学术搜索等垂直搜索频道。搜狗搜索主页如图9-4所示。

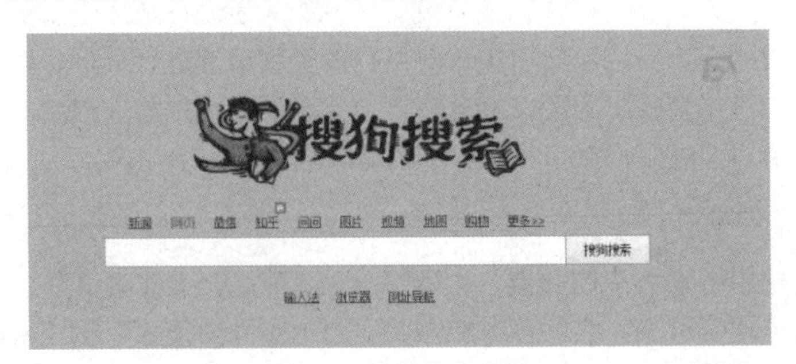

图9-4　搜狗搜索主页

（3）360 搜索。360 搜索属于元搜索引擎，它通过一个统一的用户界面帮助用户在众多搜索引擎中选择和使用合适的搜索引擎来实现检索，对分布于网络的多种检索工具进行全局控制。360 搜索主页如图 9-5 所示。

图 9-5　360 搜索主页

（4）Google 搜索。Google 搜索是 Google 公司的主要产品，也是世界上最大的搜索引擎，由两名斯坦福大学的理学博士生拉里 • 佩奇和谢尔盖 • 布林在 1996 年建立。除了搜索网页，Google 搜索还提供搜索图片、新闻组、新闻网页、地图、影片的服务。Google 搜索主页如图 9-6 所示。

图 9-6　Google 搜索主页

9.2.2　搜索引擎的使用

在互联网时代，搜索引擎是必备的，不管是查找资料、下载软件或是在线学习等，都离不开搜索引擎。在搜索引擎中，最常用的检索方法是使用关键词直接搜索，得到搜索结果后，筛选自己想要的内容。但除此之外，搜索引擎还有很多检索方法，可以帮助用户提高查准率和查全率，下面介绍 4 种常用的检索方法。

1. 布尔逻辑检索

布尔逻辑检索是一种基于布尔逻辑运算符的信息精准检索方法。严格意义上的布尔逻辑检索是指利用布尔运算符连接各个检索词，之后由计算机进行相应的逻辑运算，以找出所需信息的方法。这种检索方法的使用面最广、频率最高。布尔逻辑运算符是一种规定检索词之间逻辑关系的运算符，作用是将检索词连接起来，构成一个逻辑检索式（简称检索式）。目前比较常用的布尔逻辑运算符包括逻辑“与”、逻辑“或”和逻辑“非”。

（1）逻辑“与”（AND），表示各检索词之间的交集，以缩小检索范围，有利于提高查准率。例如，“网页设计与制作 AND MOOC 资源”表示检索结果中既包含“网页设计与制作”，又包含“MOOC 资源”。

（2）逻辑“或”（OR），表示包含任一检索词即可。例如，“网页设计与制作 OR MOOC

资源”表示检索结果中可以只包含“网页设计与制作”，也可以只包含“MOOC资源”，还可以同时包含“网页设计与制作”和“MOOC资源”。

（3）逻辑“非”（NOT），表示必须包含NOT运算符前的检索词，排除NOT运算符后的检索词。例如，“网页设计与制作 NOT MOOC资源”表示检索结果中只能包含“网页设计与制作”，不能包含“MOOC资源”。

目前，几乎所有的搜索引擎都支持布尔逻辑检索，但不同搜索引擎中的布尔逻辑检索符号却不尽相同。在百度搜索引擎中，逻辑“与”的布尔逻辑检索符号为空格、“+”和“&”，逻辑“或”的布尔逻辑检索符号为“|”，逻辑“非”的布尔逻辑检索符号为“—”。

2. 截词检索

截词检索是利用检索词的词干或不完整的词形来进行检索的技术，它是一种预防漏检、提高查全率的信息检索方法，大多数系统都提供截词检索的功能。截词是指在检索词的合适位置进行截断，之后使用“？”“*”“$”等截词符在该位置替换后面的内容，使截断后的检索词具有多种可能的词义，这样既可以减少输入的检索词数目，又可以扩大信息检索范围。尤其是在外文检索系统中，使用截词检索对提高查全率的效果非常显著。

按照截词的位置，截词检索可分为前截断、中截断和后截断。

（1）前截断，又称左截断，截词符放在被截词的左边，即在检索词前面添加截词符，若用户要检索的多个内容存在相同词缀的情况，则可以使用前截断的截词检索。例如，输入“*ology”可以检索出geology、sociology、psychology、archaeology等词。

（2）中截断，又称中间屏蔽，是一种用截词符屏蔽词中不同字符的方法。若用户要检索信息的检索词中存在特殊单复数、英美拼写差异等情况，为提高信息查全率，则可以使用中截断的截词检索。例如，输入“wom?n”可以检索出woman、women。

（3）后截断，又称右截断，截词符放在被截词的右边，即在检索词词干后面添加截词符，表示查找与检索词相同的所有词。从检索性质上讲，后截断检索是前方一致检索。后截断主要应用于词的单复数检索、年代检索、词根检索等。词的单复数检索，如输入“compan?”可以检索出company与companies；年代检索，如输入“201?”，可以检索出2010—2019年的相关信息；词根检索，如输入“socio*”，可以检索出sociobiology、sociolinguistics、sociology等词。

3. 位置检索

位置检索是一种通过检索词之间的邻近关系来进行信息检索的方法，又称邻近检索，它通常以限制检索词的前后位置和所间隔单词数的方式来实现精准检索。一般来说，位置检索可分为词级位置检索、句级位置检索和同字段位置检索等。

（1）词级位置检索。词级位置算符包括“（W）”“（nW）”“（N）”“（nN）”等。

①位置算符“（W）”：W是with的缩写，“（W）”表示两个检索词之间只允许有一个空格或标点符号，且两者的前后位置也必须保持一致。例如，检索式“information（W）retrieval”表示检索结果中只能包含“information retrieval”“information-retrieval”等，“information”在前、“retrieval”在后。

②位置算符“（nW）”：表示两个检索词中间允许间隔0～n个单词，但两者的前后位置必须保持一致。例如，检索式“eletronic（1W）resources”可以检索出eletronicresources、 eletronicinformationresources 等内容。

③位置算符“(N)”：N是near的缩写，“(N)”表示两个检索词之间只允许有一个空格或标点符号，但不对两者的前后位置进行限制。例如，检索式“junior (N) high”可以检索出“junior high”“high junior”等内容。

④位置算符“(nN)”：表示两个检索词之间允许间隔 0～n 个单词，但不对两者的前后位置进行限制。例如，检索式“information (3N) retrieval”可以检索出包括informationretrieval、retrievalinformation、retrievalofinformation、retrievaloflawinformation、retrievalofChineselawinformation 等内容。

(2) 句级位置检索。句级位置算符“(S)”：S是subfield的缩写，“(S)”表示两个检索词必须出现在同一个句子中，但不限制两者的前后位置和间隔的单词数。

(3) 同字段位置检索。同字段位置算符“(F)”：F是field的缩写，“(F)”表示两个检索词必须出现在检索系统记录的同一字段中，但不限制两者的前后位置和间隔的单词数。例如，两个检索词必须同时出现在篇名字段、文摘字段或叙词字段中。

4. 限制检索

限制检索的全称为限制字段检索，它是一种通过限制算符来限制检索范围，以达到优化检索结果、提高检索效率等目的的信息检索方法。

限制检索在各种检索系统中的应用都十分广泛。同样地，不同检索系统中的限制算符也不尽相同。下面以百度搜索引擎为例，介绍3种常见的限制算符及其用法。

(1) 限制算符“intitle:”。该限制算符表示搜索结果标题中必须包含“intitle:”后的检索词。例如，某用户要完成关于“红色文化”的调研报告，他在百度中搜索关键词“红色文化”后，出现了约1亿条搜索结果，该用户需要在信息筛选上耗费大量时间，如图9-7所示。

图 9-7　“红色文化”直接搜索的结果

为了提高检索效率，可以使用限制算符“intitle:”将检索词修改为检索式“红色文化 intitle:四明山”，此时的搜索结果约有4.73 万条，如图9-8 所示。

图 9-8 使用限制算符“intitle:”后的搜索结果

（2）限制算符“filetype:”。该限制算符表示搜索结果只能是“filetype:”后规定的文件格式。例如，某用户需要参考“中国农村电子商务发展报告”中的数据，他在百度中搜索关键词“中国农村电子商务发展报告”后，搜索结果如图9-9 所示。

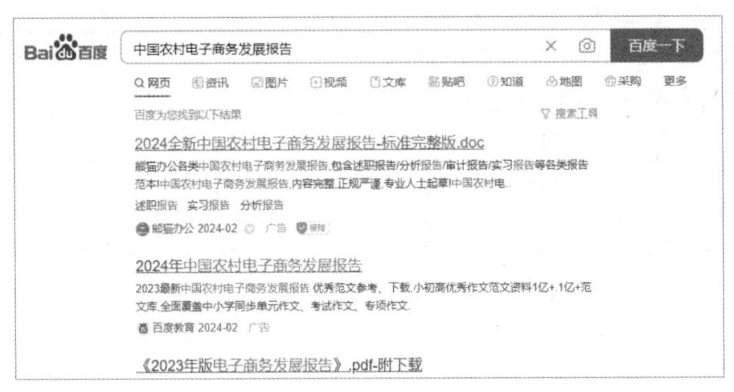

图 9-9 “中国农村电子商务发展报告”直接搜索的结果

由于官方发布的报告为 PDF 文档，于是使用限制算符“filetype:”将检索词修改为检索式“中国农村电子商务发展报告 filetype:PDF”，此时搜索结果均为PDF文档，如图9-10 所示。

图9-10 使用限制算符“filetype:”后的搜索结果

（3）限制算符“site:”。该限制算符表示搜索结果只能来自“site:”后的站点。例如，用户希望了解“电商扶贫”取得的成果，他在百度中输入搜索关键词“电商扶贫”，搜索结果如图 9-11 所示。

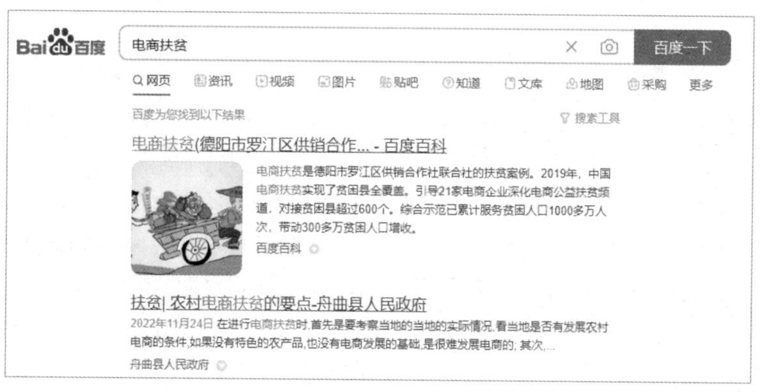

图 9-11　“电商扶贫”直接搜索的结果

为了优化搜索结果，提高信息的权威性和可靠性，使用限制算符“site:”将检索词修改为检索式“电商扶贫 site:cctv.com”，使搜索结果只保留来自央视网的网页，如图 9-12 所示。

图 9-12　使用限制算符“site:”后的搜索结果

9.2.3　社交媒体概述

截至 2022 年 1 月，全球有超过 46.2 亿的社交媒体用户，相当于世界总人口的 58.4%，全球社交媒体用户相较于 2021 年增长了超 10%（2021 年全球有 4.24 亿新用户接入社交媒体），可以说绝大部分使用互联网的人都在使用社交媒体。全球互联网用户每天在所有设备上使用互联网的时间接近 7 个小时，假设普通人每天的睡眠时间为 7～8 小时，那么典型的互联网用户每天有超过 40%的非睡眠时间都是在互联网上度过的。社交媒体在用户使用互联网的时间中占比最大，占总数的 35%，用户投入大量的时间和精力在社交媒体上频繁地互动交流。因此，社交媒体迅速积累了与用户密切相关的海量数据，形成了可观的信息资源，能够为用户定制实时性更强的个性化信息服务。社交媒体成为继搜索引擎之后的又一大信息来源，社交媒体信息检索逐渐成为人们普遍接受和认可的新型信息检索形式。

1. 社交媒体的概念

社交媒体被认为是狭义上的社会化媒体，指互联网上基于用户关系的内容生产与交换平台。社交媒体基于Web2.0技术，允许用户创建个人档案，生成个性化内容，是分享、评价、讨论并传播信息的网络平台和网络应用的统称，它给予用户极大的参与空间，每个用户都是内容的生产者和消费者。由于社交媒体同时具有媒体属性和社交属性，使得人们获取信息及沟通交流的方式都发生了显著变化。社交媒体的媒体属性主要体现在用户生成的内容（User Generated Content，UGC）上，内容由用户原创或复制而来，并且能够通过社交媒体进行分享和传播。社交媒体的社交属性主要体现在用户的连接关系上，即社交媒体以用户为中心，依靠用户与用户建立的连接关系进行在线社会交往、分享和传播UGC。社交媒体的核心竞争力在于允许用户产生内容进行交流。

社交媒体的信息能够以多种不同的形式呈现，包括文本、图形、音乐、视频等。曾经流行的社交媒体包括博客（Blog）、播客（Podcast）、维基百科（Wikipedia）等。目前，国外主要的社交媒体包括Twitter、Facebook、Instagram、YouTube等，国内主要的社交媒体包括微博、微信、QQ、知乎、抖音等。

2. 社交媒体的发展历史

1971年，从ARPA的学者发送了世界上第一封电子邮件开始，互联网就一直以一种社交性的特征呈现在受众面前。1994年，美国斯沃斯莫尔学院的贾斯汀·霍尔发表了第一篇博客*Justin's Links from underground*，成为个人博客元勋。1997年，安德鲁·韦因里希创建的Six Degreen被广泛认为是第一个社交媒体，它率先允许用户创建个人主页、建立好友列表。随着社交网络服务（SNS）、即时通信等社交模式的出现，Web2.0技术迅速发展，社交媒体进入重要发展阶段。2001年，维基百科创立，成为全球首个开源、在线、允许多人协作的百科全书。2002年，Friendster上线，这是首个在上线当年用户规模达到100万的社交媒体。2003年，面向青少年、青年群体的社交媒体MySpace 和面向职场的社交媒体LinkedIn上线。2004年，Facebook和图片分享社交媒体Flickr上线。2005年，YouTube出现。2006年，Twitter诞生，社交媒体迎来了爆发式的发展。

中国社交媒体的发展与外国社交媒体的发展相似，可以追溯到中国接入互联网的1994年，曙光BBS成为国内第一个论坛。1999年，即时通信工具OICQ上线，在2000年更名为QQ。2002年8月，方兴东等人正式将“Blog”译为“博客”，开通了中国博客，发布了《中国博客宣言：一个时代的激情颠覆》，从而开启了网络传播新阶段的大门。2003年，大众点评网成立。2007年，人人网在大学生群体中迅速流传，开启了中国社交媒体井喷式发展的新篇章。2008年，开心网成立，其娱乐性、互动性广受白领阶层喜爱，在白领圈内流行开来。2009年，新浪微博的推出拉开了中国微信息社交媒体时代的大幕。2011年，微信迅速崛起。社交媒体正在从根本上改变人们的沟通方式和日常生活。

谈到全球用户最喜欢的社交媒体时，GWI 的最新数据显示，排名第一的社交媒体平台是 WhatsApp；Instagram 超过 Facebook，在全球排名第二；中国社交媒体中的微信、抖音和抖音海外版 TikTok 分别位列第四、第五和第六名。

3. 社交媒体的分类

（1）按社交媒体主要功能分类。

①即时通信工具。即时通信工具又称聊天软件、聊天工具等，其主要功能是实现用户间以文字、语音或视频的方式进行实时沟通，用户使用率一直处于较高水平。典型的即时通信工具包括微信、QQ 等。

②综合类社交媒体。综合类社交媒体是指以交互性为主，建立人与人之间的社会网络或社会关系连接，且社交内容不局限在特定领域的综合性平台。典型的综合类社交媒体包括微博、QQ 空间等。

③垂直类社交媒体。垂直类社交媒体是指社交内容集中在特定领域，为用户提供社交关系连接的平台。垂直类社交媒体正在快速发展，具体可分为图片社交媒体，如 Instagram 等；视频社交媒体，如抖音、快手等；婚恋社交媒体，如 58 交友、世纪佳缘等；职场社交媒体，如脉脉、领英等；社区社交媒体，如知乎、豆瓣等；商务社交媒体，如淘宝、美团等。

（2）按社交媒体用户关系和内容比重差异分类。

根据各社交媒体平台的核心价值，从内容信息分享和社交关系强化两个方面，将目前国内的社交媒体划分为核心和衍生两大类。

①核心社交媒体。核心社交媒体更注重双向共享的用户关系，用户以加强人际关系为目的，借助核心社交媒体进行交流互动、信息分享，包括即时通信、交友、新鲜事分享等。典型的社交媒体包括 QQ、贴吧、微博、微信等。

②衍生社交媒体。衍生社交媒体更注重优质内容的传播，偏向使用单向交流的关系模式，依托于用户创造的内容信息，以获取流量为目的，使用户在衍生社交媒体上获取个性化的信息以辅助决策，包括电商购物、知识资讯、影音娱乐、网络游戏等方面。典型的衍生社交媒体包括淘宝、知乎、小红书、抖音、今日头条等。

4. 社交媒体的主要模式

（1）平台型。随着互联网和新媒体的发展，社交媒体的组织形态也在发生变化，并逐渐形成了一个强大的媒介平台。媒介平台是通过某一空间或场所的资源聚合和关系转换为传媒经济提供意义服务，从而实现传媒产业价值的一种媒介组织形态。目前，该模式的代表性应用主要有微博、微信等。

（2）社群型。随着互联网的发展，人类的社会关系由血缘关系、地缘关系、业缘关系，发展到了虚拟关系，社交媒体成为了个人构建网络关系的重要手段。社交媒体的出现充分证明了媒介即关系，新媒介即新关系，网络社群即基于社交网络形成的新关系群体。微信是当前最典型的社群型社交媒体，其他诸如豆瓣、知乎等垂直化社交媒体也属于社群型媒体。

（3）工具型。社交媒体的最显著特点是其定义的模糊性和内容的创新性与各种技术的

“融合”，工具型社交媒体将社交工具化，把社交作为互联网产品中的重要元素而不是主导元素，即用社交的思维做工具型产品，如滴滴出行、网易云音乐、虎扑体育等，在此类社交媒体中，社交只是工具，服务才是目的。

（4）泛在型。如今，移动互联网的发展，突破了 PC 互联网的空间限制，移动社交已广泛存在于各类媒体和非媒体中，社交媒体呈现一种泛在化的态势。甚至时下火爆的网络直播也可以归入泛在型社交媒体的范畴，那些互动性很强的娱乐类、游戏类直播实际上都是带有媒介属性的社交行为。

任务 2 中小甬想通过搜索引擎检索宁波计算机专业招聘，具体实施步骤如下所示。

步骤 1：打开百度首页，在搜索框中输入检索式“宁波计算机专业招聘”，之后按Enter键，进入搜索结果页，如图9-13 所示。在约 2300 万条搜索结果中，有很多不是企业发布的，还有很多是过时的。

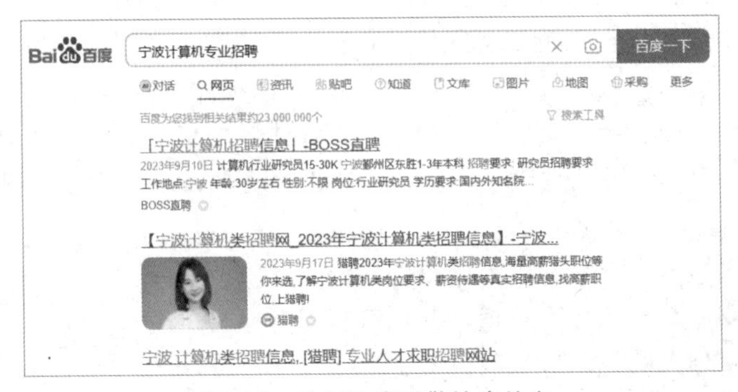

图9-13　使用搜索引擎检索信息

步骤 2：单击搜索框下方的“搜索工具”图标，在出现的“时间不限”筛选条件中选择“一月内”选项，即可看到筛选后的更具时效性的搜索结果，如图 9-14 所示。可以看到，按照时间需求筛选的搜索结果的时效性很强，但是来源不一，可靠性难以保证。

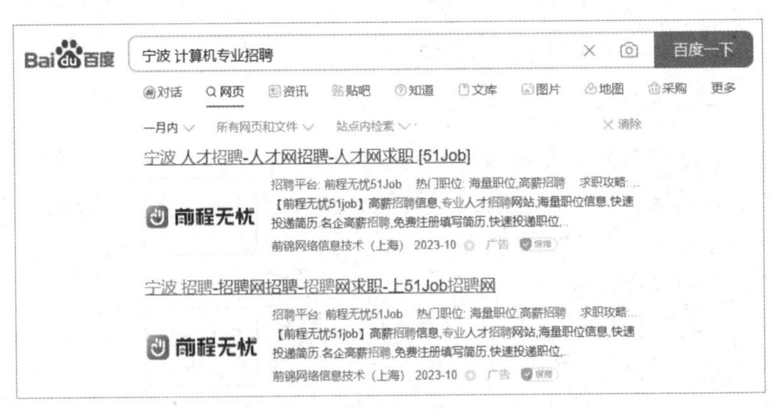

图9-14　按照时间需求筛选信息

步骤 3：在搜索框下方的筛选条件中选择“站点内检索”选项，在出现的文本框中输入招聘网站的域名，并单击“确认”按钮（见图9-15），即可按照站点筛选检索结果。筛选后的检索结果均为一月内宁波市企业在前程无忧网站中发布的计算机专业招聘信息，如图 9-16 所示。

图 9-15　输入站点内检索条件

图 9-16　按照站点内检索条件筛选信息

9.3　中文学术信息检索系统——检索工匠精神文章

课件：中文学术信息检索系统

视频：中文学术信息检索系统

中文学术信息检索系统基于商业性网络数据的集合，汇聚了多种网络数据库。网络数据库也称网络版数据库，是指由数据库生产商在互联网上发行，通过计算机网络提供信息检索服务的数据库，它依托于数据库技术。数据库技术是计算机处理与存储海量数据的最有效、最成功的技术，而网络则是共享资源最方便、最成功的典范。因此，网络数据库既具有一般数据库的特点，同时又有着明显的网络化特征，是目前数据库服务的主流方式。

20 世纪 90 年代，在网络数据库迅速发展的浪潮中，国内的数字化期刊群基本形成。1992 年，中国科技情报研究所重庆分所数据库研究中心自主研发并推出“中文科技期刊篇名数据库”，于 1995 年正式成立重庆维普资讯有限公司。1993 年，北京万方数据公司成立，成为国内第一家专业数据库公司，1998 年，该公司率先形成了万方数据资源系统数字化期刊栏目，目前该栏目包含了期刊 8000 余种，被誉为网上首家中文科技期刊群，成为互联网上展示、传播中国科技期刊的窗口。另外，1995 年，北京清华信息系统工程公司总经理王明亮提出《中国学术期刊（光盘版）》的项目经营方案，该方案被列为清华大学科研和产业化开发项目。1996 年 1 月，《中国学术期刊（光盘版）》推出。1999 年 6 月，在整合《中国学术期刊（光盘版）》数字资源的基础上，“中国期刊网”开通，以全文形式开展网络期刊资源服务，初步实现了全文检索从光盘到网络的转变，文献检索进入全文网络检索时代。

21 世纪初期，国内主要的学术性网络数据库初步发展，成为了综合性信息检索系统，并升级为知识服务平台，以满足科研机构、企业和个人用户对多元信息服务产品的需求。国内主要的中文学术信息检索系统有中国知网、维普资讯和万方数据知识服务平台。

中文学术信息检索系统的检索步骤与一般数据库的检索步骤相似，主要有以下几个步骤。

（1）分析检索课题的主题。

在实施检索前，用户首先需要对所检课题进行深入研究，确定检索的主题。

（2）选择中文学术信息检索系统。

用户应该根据所检课题的学科范围或主题来选择相关的中文学术信息检索系统。每一个中文学术信息检索系统都包括多个网络数据库，应首选与该课题相关的极具权威性和数据容量大的中文学术信息检索系统，并选择其中相关的数据库，在此基础上还可以选择一些与主题密切相关的其他中文学术信息检索系统作为补充。

（3）选择检索策略。

依据用户对检索课题主题的分析结果，抽取检索词，构造检索式，将检索需求转换为中文学术信息检索系统认可的检索式。

（4）实施检索。

输入拟定的检索词或检索式，开始检索。

（5）优化检索策略。

在对检索结果进行分析后，可以根据需要改进或改变检索策略，调整检索词或检索式，不同中文学术信息检索系统的优化技巧各不相同。

（6）辅助性检索。

用户可以依据中文学术信息检索系统所提供的一些辅助检索功能进行相关的检索，或者进一步精确检索。

（7）检索结果的输出。

中文学术信息检索系统的输出形式各不相同，大致有存盘、打印、发送E-mail。

9.3.1 中国知网

1. 中国知网概况

中国知网即中国知识基础设施（China National Knowledge Infrastructure，CNKI）工程。CNKI工程集团经过多年努力，采用自主开发并具有国际领先水平的数字图书馆技术，建造了世界上全文信息规模最大的“CNKI数字图书馆”，并正式启动建设“中国知识资源总库”及CNKI网格资源共享平台，通过产业化运作，为全社会的知识资源高效共享提供了最丰富的知识信息资源和最有效的知识传播与数字化学习平台。

2. 中国知网的使用

（1）一框式检索。进入中国知网首页，首先看到的是中国知网的检索框，其采用的是一框式检索的方式，即选择检索字段+输入检索词。这种检索方式一共分为3类，分别是文献检索、知识元检索和引文检索，大家可以根据自己的需求进行选择。

具体方法：首先选择主题、关键词、全文、作者、单位等（推荐“主题”检索）检索字段，然后在检索框下方进行单个或多个数据库的选择，最后在检索框中直接输入检索词，单击“搜索”按钮。中国知网首页如图 9-17 所示。

检索入口：中国知网首页文献检索框。

图 9-17　中国知网首页

检索结果：检索结果的排列顺序有相关度、发表时间、被引、下载和综合，检索结果界面显示的记录条数可以是 10、20 或 50，检索结果的显示模式可以是列表模式，也可以是详情模式，两种显示模式可以互换。同时，对检索结果可以按照学科、年度、研究层次、作者、机构和基金等进行分组浏览，如图 9-18 所示（以本书编写时的检索结果进行呈现，下同）。检索结果的全文可以 CAJ 格式或 PDF 格式下载，也可以 HTML 格式浏览或使用手机阅读。

图 9-18　中国知网检索结果

这种检索方式的优点是非常便捷，能够获取全面且海量的文献资源，但检索到的结果有很大的冗余。若在检索结果中进行二次检索或配合高级检索，则可以大大提高查准率。

在一次检索后，可能存在很多用户不期望的结果，用户可以在一次检索的基础上进行二次检索。二次检索是在上次检索结果的范围内进行检索的，这样可以逐步缩小检索范围，使检索结果越来越接近预期结果。

（2）高级检索。利用高级检索系统能进行快速、有效的组合查询，这种检索方式的优点是检索结果冗余少、查准率高。对于查准率要求高的查询，建议使用该方式。

高级检索可以同时设定多个检索字段，输入多个检索词，根据布尔运算符（OR、AND、NOT）在检索中对更多检索词进行关系限定——“或含、并含、不含”，就可以得到更精准、范围更小的检索结果。

具体方法：在上方的检索条件输入区中，可以单击检索框后的“+”或“-”按钮来添加或删除检索项，同时可自由选择检索项（主题、全文、作者……）、检索项间的逻辑关系（AND、OR、NOT）、检索词匹配方式（精确、模糊）。在下方的检索控制区中可以通过条件筛选、时间选择等，对检索结果进行范围控制。同时，可以在检索框的左侧和右上方（上方）进行文献分类和检索设置（跨库选择），右侧是引导区（检索推荐），有助于文献的检全、检准，优化检索结果，如图9-19所示。

检索入口：在中国知网新首页的一框式检索框右侧选择“高级检索”选项（以本书编写时的界面信息为准，下同）。

图9-19　中国知网高级检索

要使用高级检索的话，首先需要将关键词进行拆分，对检索词的模糊词、同义词等也进行检索。除了关键词，还可以对作者、发表时间、文献来源与基金等限定条件进行同一层次的筛选，以确保检索结果最后符合预期查找文献的要求。

（3）专业检索。专业检索比高级检索的功能更加强大，主要用于图书情报专业人员的查新、信息分析等工作，允许用户按照自己的需求来组合逻辑表达式，进行更精确的检索，但需要用户根据系统的检索语法使用布尔逻辑运算符和检索词来构造检索式进行检索，这种检索方式适用于熟练掌握检索技术的专业检索人员。

具体方法：在专业检索页面的右侧，提供了可检索字段及示例。另外，在进行专业检索时，只需要按空格键就会弹出检索字段，输入关键词后再按一次空格键，就会弹出逻辑关系词，使用起来十分方便，如图9-20所示。

检索入口：从高级检索页面切换至专业检索页面。

图9-20　中国知网专业检索

此外，除了以上 3 种检索方式，中国知网还提供了作者发文检索、句子检索。作者发文检索通过输入作者的姓名及单位信息，即可检索其发表的文献，操作与高级检索基本相同。句子检索是通过输入两个检索词，在全文范围内查找同时包含这两个词的句子，以便找到有关事实问题的答案，不支持空检，在同句、同段检索时，必须输入两个检索词。

9.3.2 维普资讯

1. 维普资讯概况

维普信息资源系统是重庆维普资讯有限公司（简称维普资讯）研制开发的网络信息资源数据平台。维普资讯是科学技术部西南信息中心下属的一家大型专业化数据公司，是中文期刊数据库建设事业的奠基者之一。维普资讯推出的中文系统数据库主要有中文期刊服务平台、维普考试服务平台等。

2. 中文期刊服务平台

中文期刊服务平台源于1989年创建的中文科技期刊篇名数据库，该数据库为全文数据库，覆盖全学科领域，为教育及科研用户提供了强大的文献检索与资源保障服务。其服务深度从“期刊文献库”到“期刊大数据”，使平台兼具资源保障价值和知识情报价值。平台采用了先进的大数据构架及云端服务模式，依托中文科技期刊篇名数据库的数据支撑，凭借灵活、专业的检索应用，成为我国图书情报、教育机构、科研院所等系统必不可少的基本工具和获取资料的重要来源，是中文学术期刊最重要的传播与服务平台之一。维普资讯的中文期刊服务平台提供简单检索和高级检索两种方式。

（1）简单检索。登录维普资讯中文期刊服务平台，即可使用简单检索方式，检索界面如图 9-21 所示。

图 9-21　中文期刊服务平台检索界面

中文期刊服务平台检索界面默认使用一框式检索，类似于搜索引擎的检索，简洁明了，中间为检索途径选择列表和检索词输入窗口，并显示数据库收录的文献数量及检索热词。检索界面突显了检索工具的特征，只有在向下滑动页面时才会出现热门文章、合作期刊、合作单位等内容。中文期刊服务平台可以选择的检索字段有任意字段、题名或关键词、题名、关键词、文摘、作者、第一作者、作者简介、机构、基金资助、分类号、参考文献、栏目信息等。其中，任意字段是指出现在上述所列字段中的任何一个字段，不包括正文全文。也就是说，中文期刊服务平台可以实现题录的全字段检索，但不提供正文的全文检索功能，因此，该数据库的查准率比较高。

中文期刊服务平台简单检索的结果显示界面左侧是二次检索窗口和分组情况，右侧是检索结果，如图9-22 所示。该平台检索结果的排序方式有相关度、被引量和时效性 3 种，结果显示方式有文摘、详细和列表3种，检索结果界面显示的记录条数可以选择20、50 或100。同时，对于检索结果，可以按照年份、学科、期刊收录、主题、期刊、作者、机构进行分组浏览。检索结果的全文可以通过在线阅读、PDF 格式下载的方式浏览。

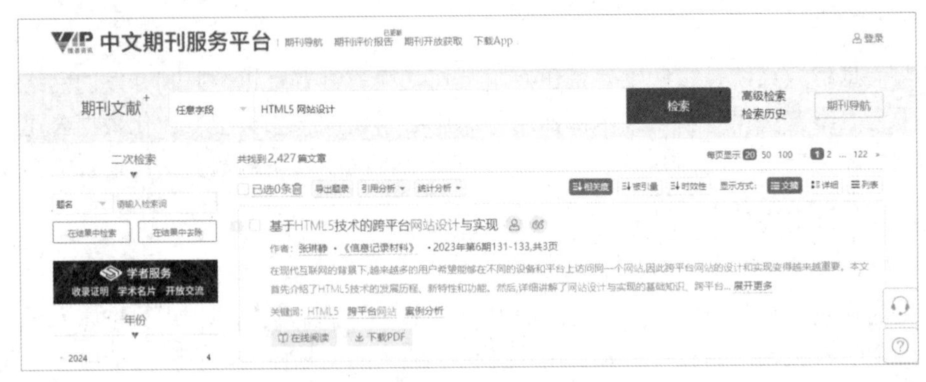

图 9-22　中文期刊服务平台简单检索

（2）高级检索。高级检索具体包括向导式检索（默认进入高级检索后的检索方式为向导式检索）和检索式检索，允许用户采用更加丰富和专业的检索方式，进行更加灵活的多个条件的组合检索。

①向导式检索。向导式检索也称组栏式检索，是指用户可以通过“与”“或”“非”的布尔逻辑关系将多个检索词进行组配检索。用户可以选择多个字段，并通过时间限定、期刊范围、学科限定来添加限制条件。向导式检索可以组合的检索项最多有7个，且可以选择精确或模糊的匹配方式，也可以选择是否进行同义词扩展，通过更多的检索前的条件限定来获得更满意的检索结果。中文期刊服务平台高级检索如图 9-23 所示。

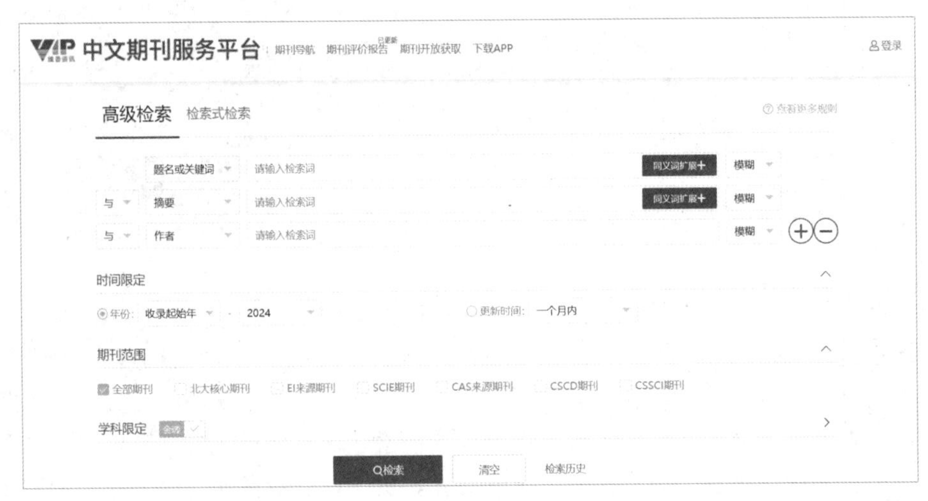

图 9-23　中文期刊服务平台高级检索

其中，同义词扩展功能允许用户选择更多的中、英文同义词和相关词，在极大程度上为用户提供更多的检索选词。例如，输入“网页”后，单击“同义词扩展”按钮，就会出现一系列信息检索的相关词，如图 9-24 所示。

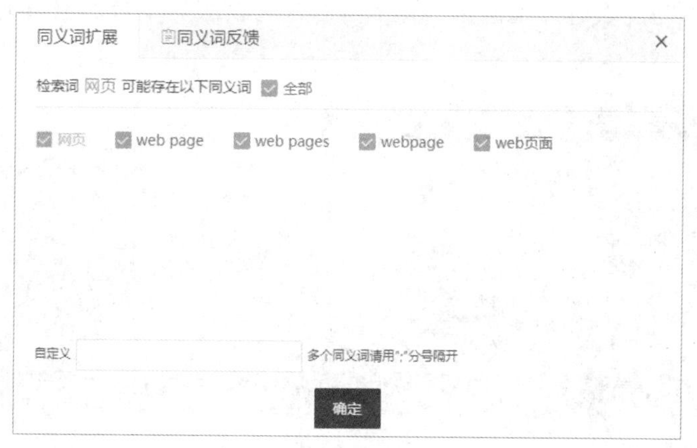

图 9-24　中文期刊服务平台同义词扩展

②检索式检索。检索式检索主要服务于专业用户，允许用户直接在检索窗口中编制并书写完整的检索式，可以进行逻辑组配，也可以进行字段限定，支持用户选择时间限定、期刊范围、学科限定等限定条件。检索式检索可以提供的字段有U=任意字段、M=题名或关键词、K=关键词、A=作者、C=分类号、S=机构、J=刊名、F=第一作者、T=题名、R=摘要。例如，想检索计算机教育刊物中关于大学生信息安全的论文，可以在检索界面的检索框中输入“J=计算机教育 AND M=大学生信息安全”，如图 9-25 所示。

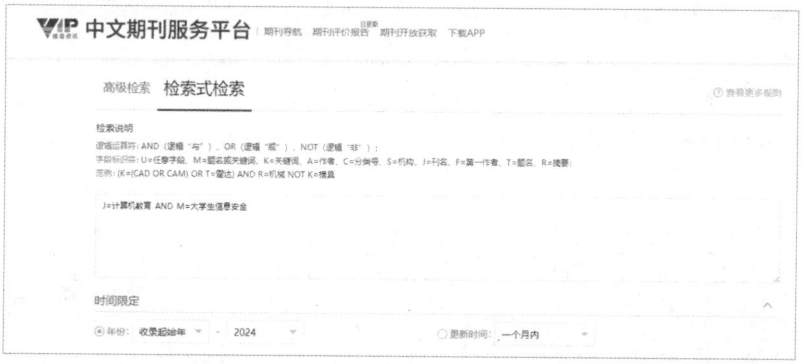

图 9-25　中文期刊服务平台检索式检索

此外，中文期刊服务平台还提供了多维度的期刊导航功能，将其收录的多种期刊分类，分别按照学科、核心期刊来源、数据库收录来源、主办单位、地区、主题进行导航，以满足用户从这些维度分类浏览期刊的需求。同时，在期刊导航中设置了检索窗口，用户可以选择多种途径检索期刊。对于每一种期刊，该平台都从期刊详情、收录汇总、发表作品、发文分析和评价报告等方面进行了全面揭示。

3. 维普考试服务平台

维普考试服务平台是维普资讯推出的一个教育资源库，该平台包含职业资格、高教题库、移动应用 3 个模块（以本书编写时的模块为准，下同），并可以从维普考试服务平台首页（见图 9-26）切换到维普考研资源数据库。用户可以根据自身需求进行有针对的自主学习和复习备考各项资格考试，维普考试服务平台是目前国内比较有影响力的、业内唯一集职业考试题库资源与高教题库资源于一体的综合性考试服务平台，也是国内试题、试卷资源最多的数据库之一。

图 9-26　维普考试服务平台首页

（1）职业资格模块。职业资格模块包括试题库、试卷库、考试日历和考试大纲，如图9-27所示。分类导航模块中包括公务员类、工程类、语言类、金融会计类、计算机类、医学类、研究生类、专业技术资格、职业技能资格、学历类、党建思政类。在分类导航模块中单击任意一个二级分类，均可进入该分类下的题库列表（试题库）、每日一练、章节练习、在线模考（试卷库）、专项练习、随机组卷。考试日历子模块列出了各类考试的名称、时间及与其相关的模拟试卷和历年真题。考试大纲子模块中包含各种考试的大纲及相关的模拟试卷和历年真题。

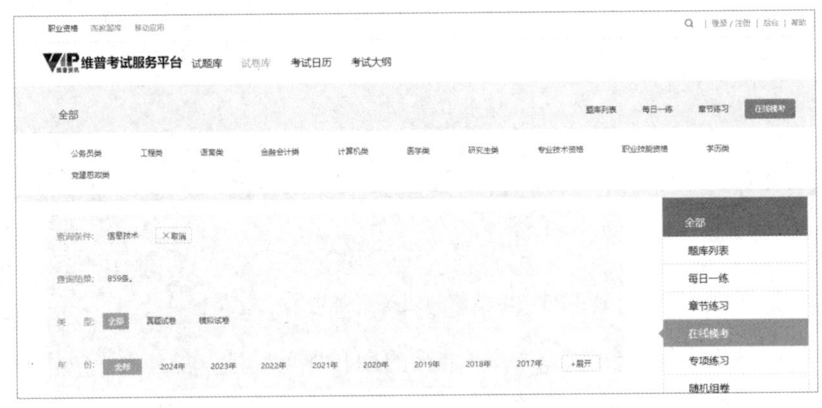

图 9-27　维普考试服务平台职业资格模块

（2）高教题库模块。高教题库模块是以高校课程试题为主要内容的试题资源，目前涉及哲学、经济学、法学、教育学、历史学、理学、工学、农学、医学、管理学、艺术学、文学12个大类及数百个课程小类，如图9-28所示。每个大类中都包含试题、试卷、章节练习和专题练习，每个小类中都包含试题和试卷。它可以为老师组织在线考试提供资源帮助，也可以供学生线上查看试题内容和答案，收藏试题以进行有针对性的练习、复习。

图 9-28　维普考试服务平台高教题库模块

（3）移动应用模块。移动应用模块提供了两种移动服务方式，即维普考试App 和维普掌上题库。前者在应用市场中搜索“维普考典”即可下载并使用。维普考试App支持个人用户注册，注册成功的用户可以绑定有权限的机构，进而使用完整服务。绑定有权限的机构有两种途径：一是在机构的授权IP范围内直接绑定；二是扫描机构在 PC 端登录成功后的二维码进行绑定。

后者可以由用户通过微信扫码直接使用，对比维普考试App，维普掌上题库无须下载、安装，应用更加便捷，同时也为机构公众号及机构 App 应用提供了嵌入式的题库服务。本功能只针对机构用户开放，要想使用每日练题、做题记录和错题库等个性化功能，还需登录个人账号，系统提供机构内个人用户的注册功能，但不支持机构外个人用户的注册登录。

9.3.3　万方数据知识服务平台

1. 万方数据知识服务平台概况

万方数据知识服务平台源自万方数据资源系统（China Info），是北京万方数据股份有限公司[原万方数据（集团）公司]（简称万方数据）在中国科学技术信息研究所经过数十年积累的全部信息服务资源的基础上建立起来的，是以科技信息为主，集经济、金融、社会、人文信息为一体，实现网络化服务的信息资源系统。自 1997 年 8 月对外服务以来，万方数据资源系统以其丰富的信息资源在国内外产生了巨大影响。万方数据资源系统在 2001 年全新改版后，被整合为科技信息子系统、商务信息子系统和数字化期刊子系统3 个部分。科技信息子系统面向广大科技工作者提供全方位的科技信息，共有科技文献、名人与机构、中外标准、科技动态、政策法规、成果专利6个栏目，各栏目中包含大量相关数据库资源；商务信息子系统面向企业用户推出工商资讯、经贸信息、成果专利、商贸活动、咨询服务等栏目；数字化期刊子系统集纳了上百个类目的数千种核心期刊全文内容上网。近年来，万方数据在汇集和整合原有数据的基础上，推出了万方数据知识服务平台，更加强调文献资源的品质和数量、检索技术的智能化及服务的增值等。目前，万方数据知识服务平台的收录范围包括期刊、会议、学位论文、标准、专利和名录等，内容覆盖社会科学和自然科学等各个专业领域。万方数据知识服务平台可以分库进行检索，可以选择搜索全部文献，也可以跨数据库搜索期刊、学位论文、会议文献、专利、科技报告、标准、法规、地方志、视频等各种类型的文献。

2. 万方数据知识服务平台的使用

（1）统一检索。万方数据知识服务平台首页（见图 9-29）的检索框为统一检索的输入框，可实现多种资源类型的、多种来源的一站式检索，同时，它还可对用户输入的检索词进行实体识别，便于引导用户更快捷地获取知识，以及学者、机构等科研实体的信息。

在统一检索的输入框内，用户可以选择想要限定的检索字段，目前有 5 个可检索字段：题名、作者、作者单位、关键词和摘要。

图 9-29 万方数据知识服务平台首页

检索结果显示界面左侧是结果分类分组情况，右侧是二次检索选项和检索结果等。检索结果的排列方式有相关度、出版时间、被引频次 3 种，结果显示方式有文献、列表两种模式，显示的记录条数可以选择 20、30 或 50。同时，检索结果可以按照资源类型、年份、语种、来源数据库、作者、机构进行分组浏览。检索结果的全文可通过在线阅读、PDF 格式下载的方式浏览，可引用、收藏和分享，允许用户添加标签和发表评论，并增设了与用户互动的功能。

（2）高级检索。高级检索支持多个检索类型、检索字段和条件之间的逻辑组配检索，方便用户构建复杂检索式。

在高级检索界面，可以根据需要选择想要检索的资源类型，通过单击检索框后的“+”或“-”按钮添加或删除检索条件，通过“与”“或”“非”布尔逻辑运算符限定检索条件，也可以选择文献的其他字段检索，如会议-主办单位、作者、作者单位等，还可以限定文献的发表时间，如图 9-30 所示。

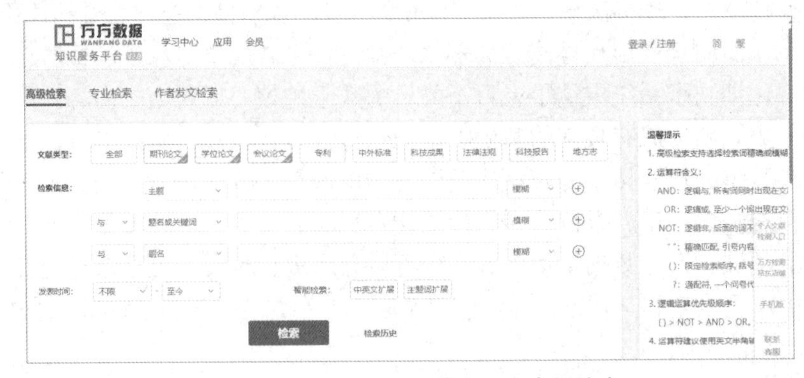

图 9-30 万方数据知识服务平台高级检索

（3）专业检索。专业检索是所有检索方式中比较复杂的一种，适用于熟练掌握检索技术的用户。用户可以在专业检索窗口中，直接采用字段限定和逻辑运算符编制准确表达用户需求的完整检索式来检索，并确保所输入的检索式语法正确，这样才能检索到想要的结果。常用的检索字段有主题、题名或关键词、题名、第一作者、作者单位、作者、关键词、摘要、DOI 等。用户也可以直接单击检索窗口右侧的可检索字段，添加相应的字段和逻辑运算符，如图9-31 所示。

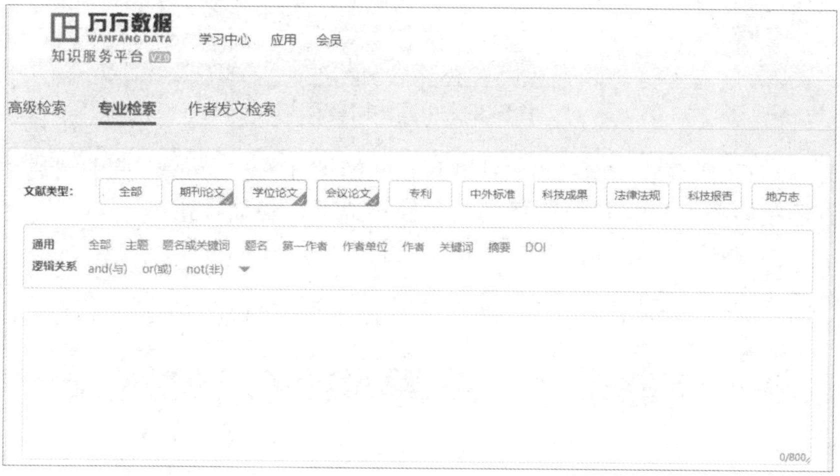

图9-31　万方数据知识服务平台专业检索

（4）作者发文检索。通过单击检索框后的“+”或“–”按钮添加或删除检索条件，通过“与”“或”“非”布尔逻辑运算符限定检索条件，可以根据文献的作者、第一作者及作者单位进行检索，也可以检索同一个作者在不同单位的全部发文情况，还可以检索机构的发文情况，如图9-32 所示。

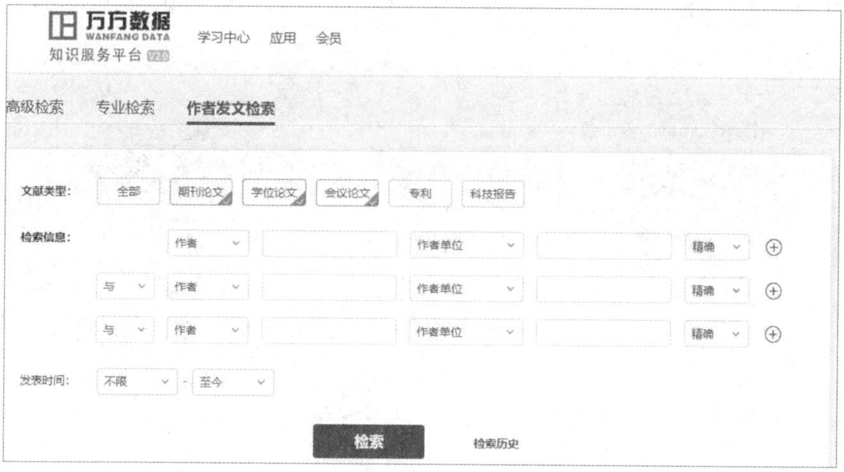

图9-32　万方数据知识服务平台作者发文检索

任务 3 中的小甬想在中国知网检索“职业教育工匠精神”，具体实施步骤如下。

步骤1：访问中国知网首页，如图 9-33 所示。

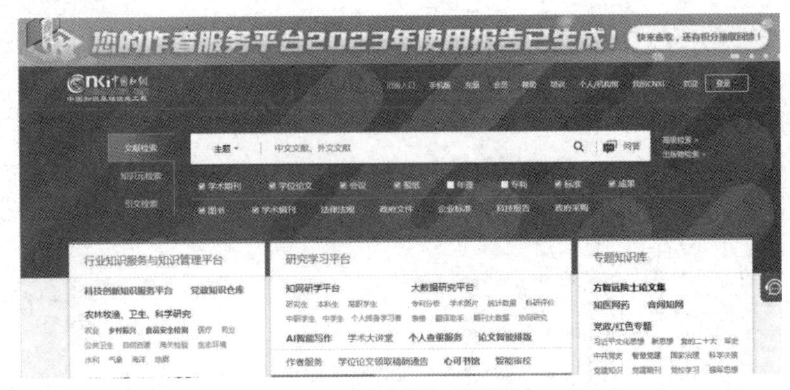

图 9-33　中国知网首页

步骤2：首先在搜索框中输入“职业教育工匠精神”，按“Enter”键打开搜索结果页，然后在搜索框左侧的下拉列表中选择“篇关摘”选项，最后单击搜索按钮，检索结果如图 9-34 所示。

图 9-34　“篇关摘”选项检索结果

步骤3：单击搜索框下方的“学术期刊”选项卡，从检索结果中将学术期刊筛选出来，如图 9-35 所示。

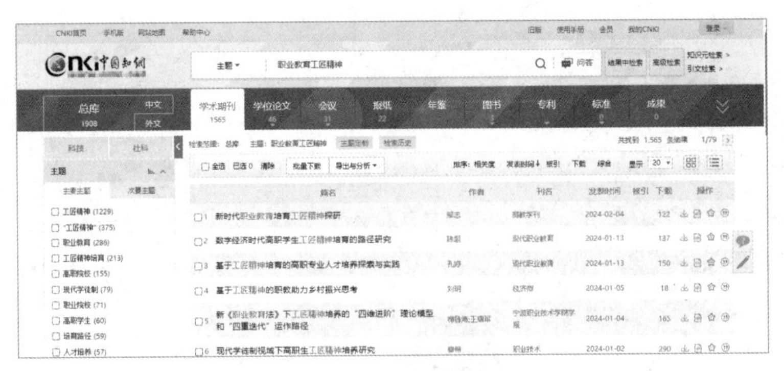

图 9-35　筛选学术期刊

步骤4：在左侧窗格的“主题”组中勾选“高职院校”复选框，之后在“来源类别”组的下拉列表中勾选“北大核心”复选框，添加限定条件，如图 9-36 所示。

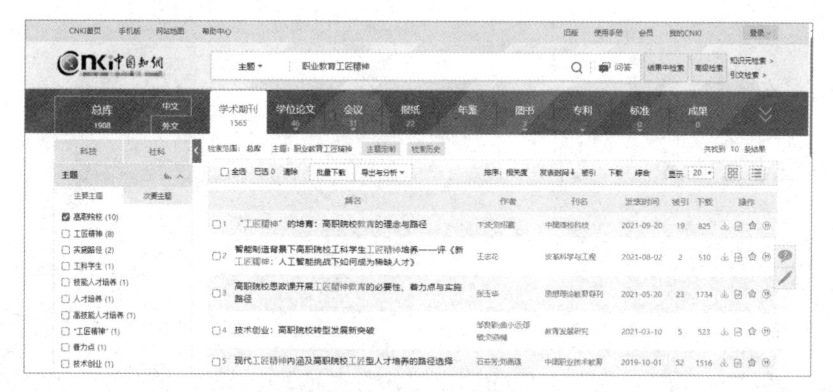

图 9-36　添加限定条件

步骤 5：在检索结果中单击并打开某篇论文的详情页，在详情页中可以查看该论文发表的刊物、摘要、关键词、专辑、专题、分类号等信息，还可以根据需要选择在线阅读或下载该论文，如图 9-37 所示。

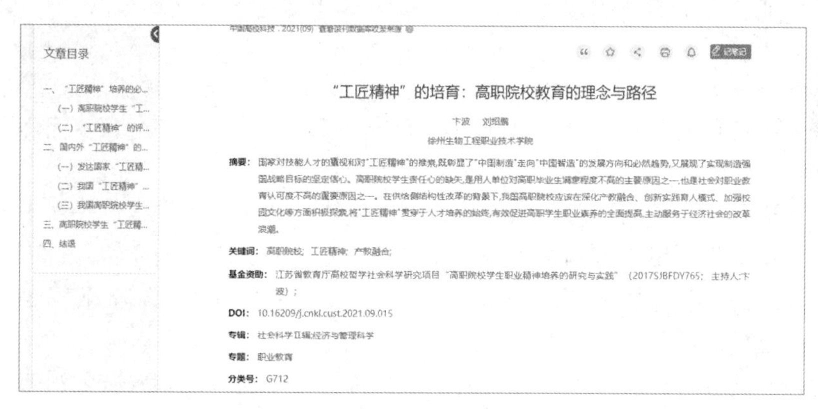

图 9-37　论文详情页

9.3.4　其他学术信息检索系统

除了上述呈现“三足鼎立”之势的三大中文学术信息检索系统，网络上还有很多领域更加细分、资源更加集中的学术信息检索系统，这些系统也能为广大用户的学业、科研提供帮助，下面分别列举几类较为常用的学术信息检索系统。

（1）电子图书检索系统。

目前，国内较为知名的电子图书检索系统包括超星数字图书馆、读秀、全国图书馆参考咨询联盟等。

（2）专利检索系统。

目前，国内较为知名的专利检索系统包括国家知识产权局发布的专利检索及分析系统、SooPAT 专利搜索引擎等。

（3）商标检索系统。

目前，国内较为知名的商标检索系统可见中国商标网、中华商标协会官方网站等。

（4）标准检索系统。

目前，国内较为知名的标准检索系统包括国家标准化管理委员会官方网站、国家标准全文公开系统等。

（5）外文文献检索系统。

目前，国内较为知名的外文文献检索系统包括谷歌学术、Web of Science、美国工程索引、SpringerLink、SDOL等。

思政园地

素养目标

✧ 引导学生充分利用和掌握有效的信息资源，扩大知识视野，学好专业知识和技能。

✧ 学生通过获取新知识，提高学习能力和创新能力，培养自身务实精神。

✧ 学生能够以有效的方法和手段判断信息的可靠性、真实性和准确性。

思政案例

不能让医生发布的科普文章被恶意利用成为“引流”工具，请扫描右侧二维码观看视频。

不能让医生发布的科普文章被恶意利用成为“引流”工具

如今，在一些社交平台及搜索引擎上，医生发布的科普文章经常被用来给一些医疗机构的广告引流。在同一页面上，医生发布的科普文章下面经常会出现包含功效的医疗广告，诱导人们在阅读科普文章时点开。

当下，通过互联网发布和获取知识既方便又快捷。很多医生会通过一些平台向大家科普医疗知识，患者也习惯于上网搜索，以此了解医生对相关疾病的介绍，进而产生科学的认识，做出正确的就医选择。“你科普，我学习”，这本是一场“双向奔赴”，然而，这样良好的氛围正在遭到破坏。

据报道，一些披着科普外衣打广告的医疗机构，常常盗用比较权威的科普文章，利用患者渴望得到权威医生、权威信息指导的心理，在科普文章下插入广告，而这些科普文章的原作者对此并不知情。此前就有医生通过自媒体发文，称自己的科普文章被盗用，相关科普内容在被“搬运”后被进一步“加工”，文章页面下方会出现各类医疗机构的广告。（视频来源：新蓝网）

自我检测

一、选择题

1．广义的信息检索包括____。

A．搜索和利用　　B．存储和搜索

C．存储和利用　　D．搜索和报道

2．布尔逻辑检索中的布尔逻辑运算符“OR”的主要作用在于______。

A．提高查准率　　B．提高查全率

C．排除不必要信息　　D．减少文献输出量

3．在截词检索中，“？”和“*”的主要区别在于______。

A．字符数量不同　　B．字符位置不同

C．字符大小写不同　　D．字符缩写不同

4．要查找王晓勇发表的文章，首选途径为______。

A．题名　　B．关键词

C．作者　　D．摘要

5．二次检索指的是______。

A．第二次检索

B．检索一次之后，结果不满意，再检索一次

C．在上一次检索结果集中进行的检索

D．与上一次检索结果进行对比而得到的检索结果

二、多选题

1．下列______属于按出版类型分类的文献类型。

A．光盘　　B．图书　　C．期刊　　D．学位论文

2．下列______属于文献三要素。

A．知识　　B．载体　　C．记录方式　　D．信息

3．检索语言是描述信息的______。

A．内容特征　　B．表现特征　　C．外表特征　　D．语言特征

4．下列______是常用的检索途径。

A．主题途径　　B．分类途径　　C．著者途径　　D．引文途径

5．中国学术期刊全文数据库中的原文格式有______。

A．PDF　　B．TXT　　C．JPG　　D．CAJ

三、判断题

1．从零次文献、一次文献到二次文献，再到三次文献，这是一个知识内容由分散到集中、由无组织到系统化的过程。(　　)

2．文献检索的本质是用户的文献需求与存储在文献集合中的文献内容进行匹配的过程。(　　)

3．查全率是指检索出的符合课题需求的文献与检索出的相关文献的数量之比。(　　)

4．截词检索相当于使用逻辑“或”扩展检索的范围，可以提高检索的查全率。(　　)

5．一般来说，图书在内容上比期刊新颖。(　　)

6．查准率是指检索出的符合课题需求的文献与系统中含有的相关内容的文献数量之比。(　　)

7．作者途径是指按照文献信息所包含的作者信息进行检索。(　　)

8．关键词是一种自然语言性质的主题语言。(　　)

9．检索效果的评价指标主要有查全率和漏检率。　(　　)

10．CNKI 检索系统可以检索博、硕士论文。(　　)

第 10 章　互联网办公软件的应用

学习目标

- ◆ 掌握文字处理软件的编辑与排版。
- ◆ 掌握文字处理软件中表格的创建与编辑。
- ◆ 掌握文字处理软件的图文混排。
- ◆ 掌握电子表格软件的编辑与格式化。
- ◆ 掌握电子表格软件的公式、函数与图表。
- ◆ 掌握演示文稿的修饰与编辑。

案例导读

【案例 1】小王的求职简历

小王就要大学毕业了，他现在最重要的任务就是精心制作一份求职简历。想要在激烈的人才竞争中占据一席之地，除了有过硬的知识储备和工作能力，还应该让别人尽快了解自己，而一份精美的求职简历无疑是自己留给别人的第一印象。因此，小王不敢懈怠，他急忙找到自己的师兄小张，在小张的帮助下，小王终于制作出了一份令自己满意的个人求职简历。

【案例 2】腾飞公司的员工管理

腾飞公司有员工 150 人，负责人使用员工信息表记录员工的个人资料，同时将新员工的个人情况添加到信息表中，以便查看或处理其他事务。该公司财务处的小王每月负责审查各部门的考勤表及考勤卡，根据公司制度审查员工的加班工时或出差费用，计算、编制员工工资管理报表，并对工资表进行对应的数据统计工作。

【案例 3】腾飞公司新员工培训

腾飞公司有一批新员工入职，王经理打算对新员工进行培训，他让秘书帮他制作一份员工培训演示文稿，要求演示文稿中包含公司概述、组织架构、企业文化、规章制度等内容，在其中插入适量音频，并为不同幻灯片设置动画效果。

10.1　国外典型的办公软件

Microsoft Office 和 Google GSuite 是国外典型的办公软件，其特点和功能对比如表 10-1。

表 10-1　Microsoft Office 和 Google GSuite 的特点和功能对比

办公软件	Microsoft Office	Google GSuite
主要功能	Microsoft Office 包含 Word、Excel、PowerPoint、Outlook 等多个应用程序，可以满足用户在文字处理、表格制作、演示文稿制作、邮件收发等方面的需求	Google 的 GSuite 是一种基于云端的办公套件，它提供了包括电子邮件、日历、文件存储、协作工具等在内的一系列服务，可以帮助企业和个人更高效地进行工作
特点	✧ 兼容性强：Microsoft Office 具有良好的兼容性，可以与其他软件进行无缝集成。用户可以将文档保存为多种文件格式，如.docx、.xlsx、.pptx 等，支持与其他软件进行数据交换和共享。 ✧ 安全性高：Microsoft Office 提供了多种安全功能，如加密存储、数字签名等，可以防止未经授权的访问和修改。此外，Microsoft Office 还提供了恢复功能和自动保存选项，以防止意外情况造成的数据丢失。 ✧ 扩展性强：Microsoft Office 支持插件和宏功能扩展，用户可以通过安装插件或编写宏来自定义功能和操作方式。此外，Microsoft Office 还提供了丰富的 API 接口和开发工具，方便用户进行二次开发和定制。 ✧ 易用性强：Microsoft Office 提供了丰富的预设模板和主题选项，用户可以快速创建符合需求的文档、表格或演示文稿。 ✧ 国际化支持：Microsoft Office 支持多种语言和地区设置，可以满足不同国家和地区用户的需求。 ✧ 云端集成：Microsoft Office 与 Microsoft 云服务进行了深度集成，用户可以通过 Microsoft 云服务实现文档的存储、共享和协作。 ✧ 移动设备支持：Microsoft Office 支持多种移动设备平台（如 iOS、Android、Windows Mobile 等）	✧ 安全性高：GSuite 采取了强大的安全措施来保护用户的数据安全，包括加密存储、访问控制、身份验证等。Google 还通过持续监控和更新服务来及时发现并修复安全漏洞。 ✧ 可靠性高：GSuite 由 Google 公司提供的可靠基础设施支持，保证了服务的稳定性和可用性。Google 在全球范围内分布着多个数据中心，以确保服务的连续性。 ✧ 定制化高：GSuite 提供了高度定制化的服务，用户可以根据自己的需求来自定义服务的功能和设置。 ✧ 易用性强：GSuite 提供了简洁明了的界面和易于使用的操作方式，用户可以快速上手并高效地使用套件的功能。此外，GSuite 还提供了丰富的帮助文档和支持资源，以便用户解决问题和学习使用方法。 ✧ 价格合理：GSuite 提供了不同定价级别的服务方案，用户可以根据自己的需求选择合适的方案。 ✧ 多平台支持：GSuite 支持多种操作系统和设备平台，包括 Windows、MacOS、Linux，以及 Android、iOS 等移动设备平台。 ✧ 良好的生态系统：GSuite 拥有庞大的开发者社区和合作伙伴生态系统，用户可以通过开发者和合作伙伴提供的扩展程序和集成解决方案进一步增强 GSuite 的功能和应用范围

10.2　国产软件 WPS、金山办公等的应用及典型案例

10.2.1　文字处理软件的编辑与排版

视频：文字处理软件的编辑与排版

个人求职简历是求职者呈递给招聘单位的一份个人介绍，包括姓名、

性别等基本信息，以及求职愿望、对工作的理解等。一份精美的个人求职简历对于获得面试机会至关重要。本案例通过 WPS 文字的文本编辑、图文混排及表格功能来制作精美的个人求职简历。它主要包含 3 个页面，求职简历各页面的效果图，如图 10-1 所示。

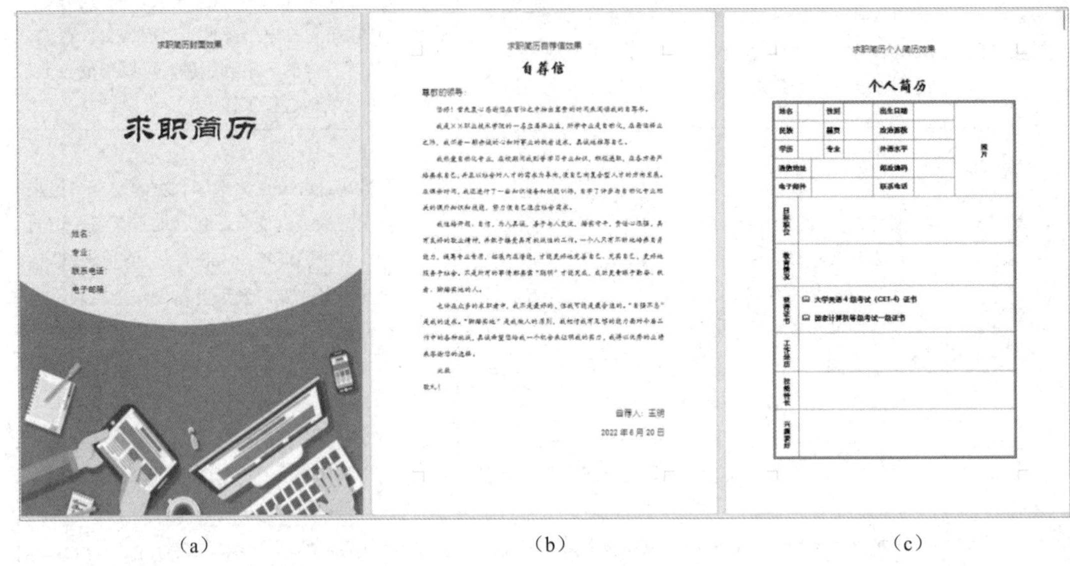

（a）　　　　（b）　　　　（c）

图 10-1　求职简历各页面的效果图

1. 创建“求职简历”文档并保存

（1）启动 WPS，新建一个空白文档，如图 10-2 所示。

图 10-2　新建 WPS 空白文档

单击快速访问工具栏中的“保存”按钮，打开“另存为”对话框，设置“保存位置”为“我的桌面”，“文件名称”为“求职简历”，之后单击“保存”按钮，如图 10-3 所示，这样就在计算机桌面上新建了一个“求职简历”文档，后缀名为“.wps”。

图 10-3　“另存为”对话框

（2）WPS 文字工作窗口主要由标签栏、功能区、编辑区、导航窗格、状态栏、任务窗格等元素组成，如图 10-4 所示。

功能区包括功能区选项卡、文件菜单、快速访问工具栏、快速搜索框和协作状态区等。

状态栏用于显示文档状态，提供视图控制功能。文档状态包括当前页码、当前文档总页数等信息；视图控制功能用于切换文档显示模式，其中的视图按钮包括全屏显示、阅读版式、页面视图、大纲视图和 Web 版式视图。

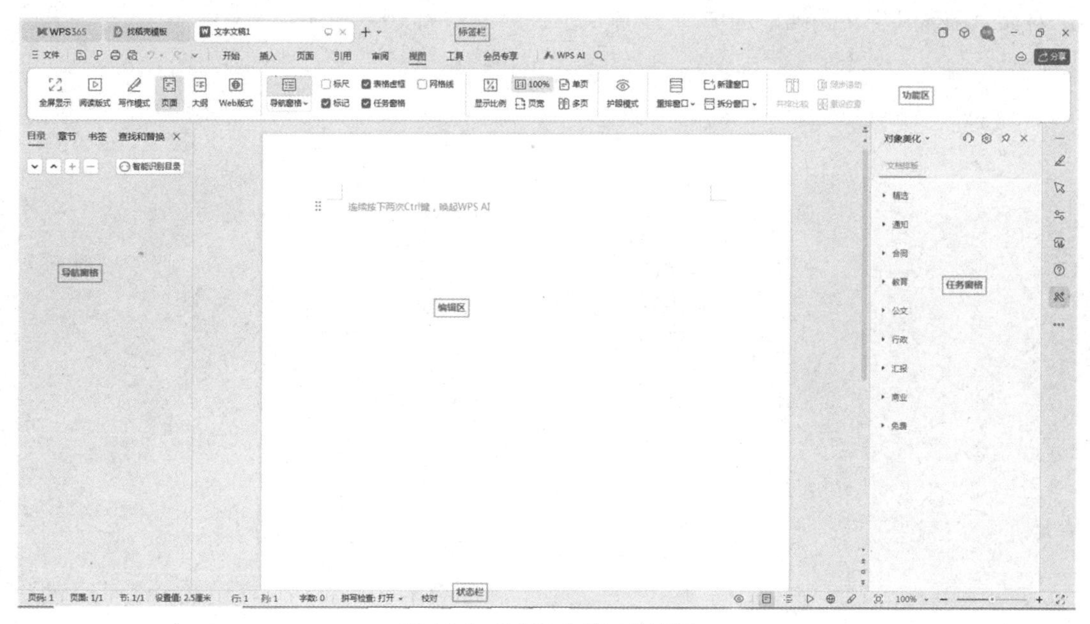

图 10-4　WPS 文字工作窗口

2. 字符格式化

打开配套素材中的“自荐信文字”文档，按“Ctrl+A”组合键全选，按“Ctrl+C”组合键复制，之后返回“求职简历.wps”文档，按“Ctrl+V”组合键粘贴，自荐信编辑页面如图 10-5 所示。

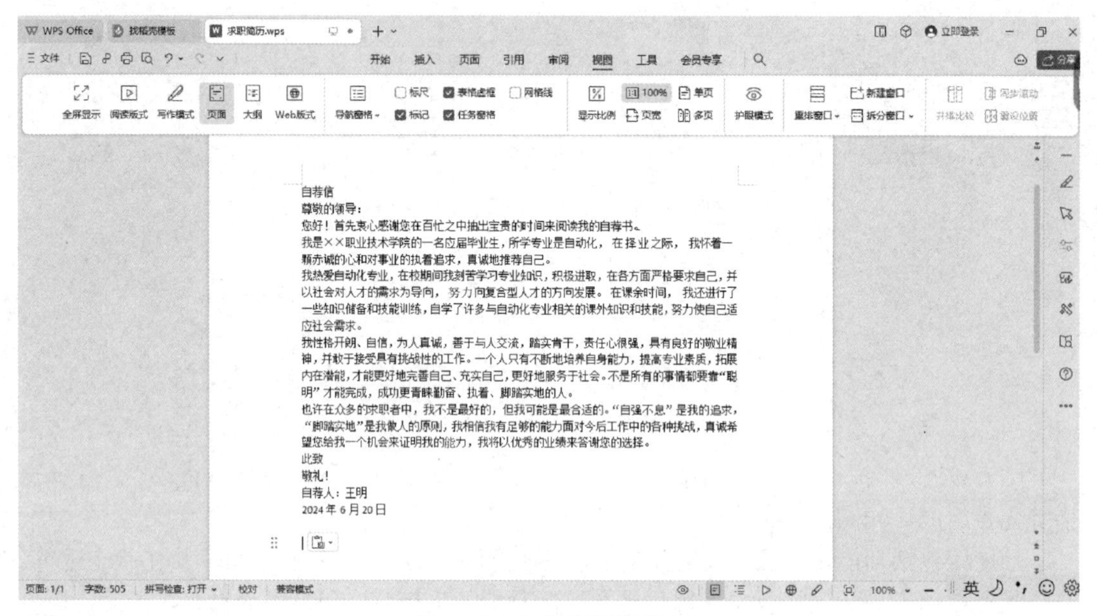

图 10-5　自荐信编辑页面

（1）选定要设置的标题文字“自荐信”，在“开始”选项卡下“字体”组的“字体”下拉列表中选择“华文新魏”选项。“字体”下拉列表如图 10-6 所示。

图 10-6　“字体”下拉列表

选中文本（注意：鼠标指针不能离开被选中的文本）将会弹出一个浮动工具栏，右击（单击鼠标右键）该文本，浮动工具栏下方会弹出传统的快捷菜单，在“字号”下拉列表中选择“一号”选项，之后单击浮动工具栏中的“加粗”按钮。字体设置浮动工具栏如

图 10-7 所示。

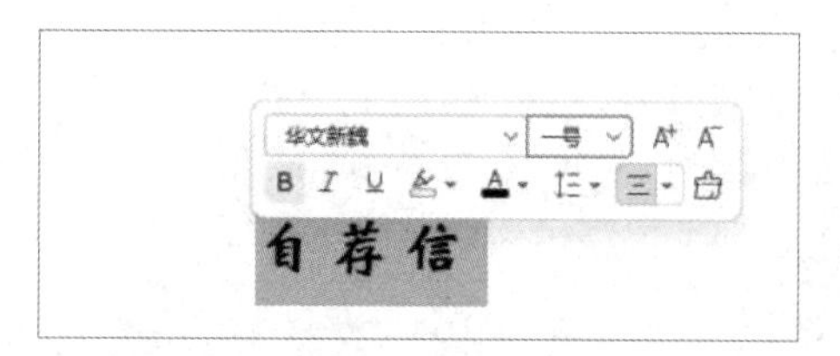

图 10-7　字体设置浮动工具栏

单击“开始”选项卡下“字体”组右下角的对话框启动器按钮，打开“字体”对话框，选择“字符间距”选项卡，在“间距”下拉列表中选择“加宽”选项，在其对应的“值（B）”数值框中输入 0.1，如图 10-8 所示，单击“确定”按钮完成设置。

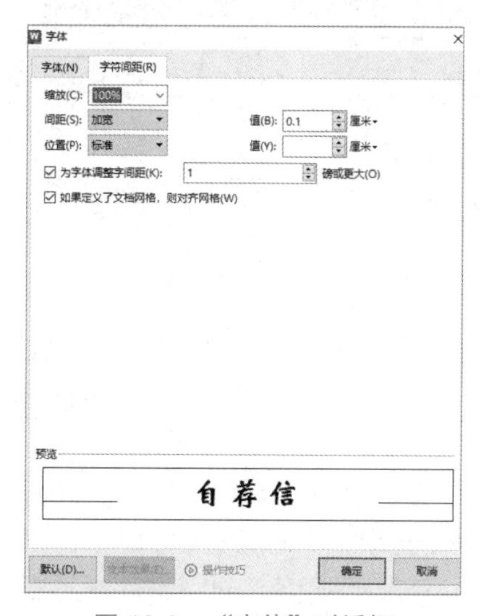

图 10-8　“字体”对话框

（2）选择要设置的文本“尊敬的领导：”并右击，在弹出的快捷菜单中选择“字体”命令，打开“字体”对话框，在“字体”选项卡下的“中文字体”下拉列表中选择“幼圆”选项；在“字号”下拉列表中选择“四号”选项，单击“确定”按钮。单击“开始”选项卡下“剪贴板”组中的“格式刷”按钮，在选择目标文本“自荐人：王明”“2024 年 6 月 20 日”后，“格式刷”按钮自动弹起，格式复制功能自动关闭。

（3）参照以上步骤将正文文字（从“您好”开始，到“敬礼！”结束）的“字体”设置为“楷体”，“字号”设置为“小四”。

3. 段落格式化

WPS 提供了灵活、方便的段落格式设置方法。段落格式包括段落对齐、段落缩进、段落间距、行间距等。

（1）将鼠标指针置于标题“自荐书”段落中，单击“开始”选项卡下“段落”组中的“居中对齐”按钮。

（2）选择正文段落。单击“开始”选项卡下“段落”组右下角的对话框启动器按钮，打开“段落”对话框，在“缩进和间距”选项卡下“常规”组的“对齐方式”下拉列表中选择

“两端对齐”选项；在“缩进”组的“特殊格式”下拉列表中选择“首行缩进”选项，在“度量值”数值框中输入 2；在“间距”组的“行距”下拉列表中选择“多倍行距”选项，在“设置值”数值框中输入 1.75，如图 10-9 所示，单击“确定”按钮完成段落格式的设置。

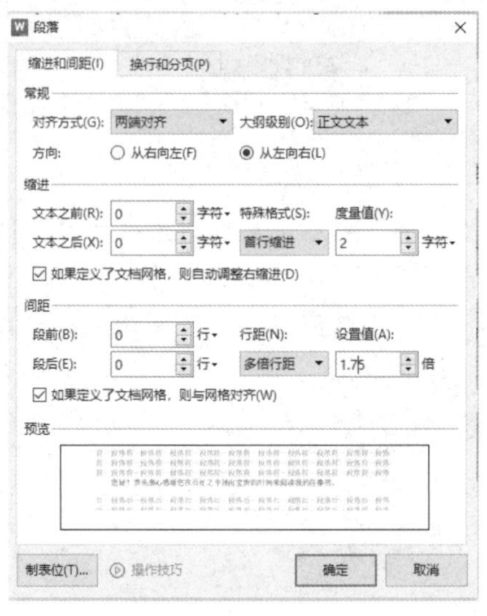

图 10-9 “段落”对话框

（3）勾选“视图”选项卡下“显示”组中的“标尺”复选框，将标尺显示出来。将鼠标指针置于正文“敬礼！”中的任意位置，将水平标尺上的“首行缩进”标记向左拖动至与“左缩进”标记重叠处。

（4）选中最后两段（“自荐人：王明”“2024 年 6 月 20 日”），首先单击“开始”选项卡下“段落”组中的“右对齐”按钮☰，然后在“自荐人：王明”所在行右击，在弹出的快捷菜单中选择“段落”命令，打开“段落”对话框，在“缩进和间距”选项卡下“间距”组的“段前”数值框中输入 1，如图 10-10 所示，最后单击“确定”按钮退出“段落”对话框。“求职简历.wps”文档中“自荐信”部分的设置效果如图 10-1（b）所示。

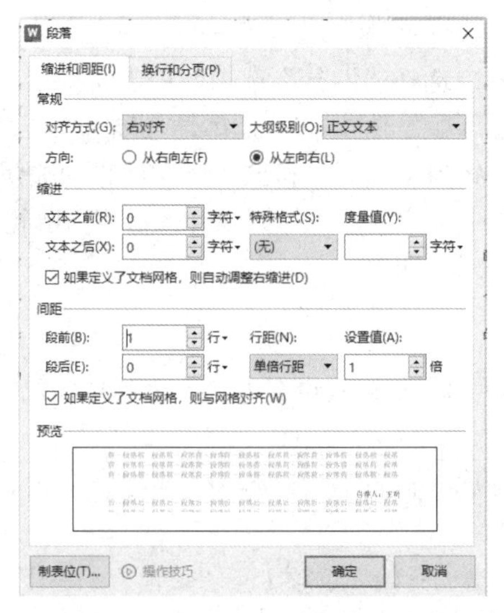

图 10-10 在“缩进和间距”选项卡中改变段前间距

10.2.2 文字处理软件中表格的创建与编辑

视频：文字处理软件中表格的创建与编辑

如果将个人简历用表格的形式呈现，会使人感觉简洁、清晰、有条理。在本案例中，将制作效果如图 10-1（c）所示的个人简历表格。从图 10-1（c）中可以看出，表格中包含一些不规则的单元格，这适合使用自动生成与手动绘制相结合的方式来制作。由于单元格中的文字内容是按照一定的方式对齐的，表格又是由不同的线型和底纹颜色构成的，所以要完成个人简历表格的制作，就必须利用 WPS 中的合并与拆分单元格、单元格对齐方式、设置表格的边框和底纹等功能。

（1）制作表格标题。在打开的“求职简历.wps”文档中，按“Ctrl+End”组合键，将鼠标指针置于文档的末尾，按“Ctrl+Enter”组合键，进入新的一页。在文档中，将鼠标指针置于新的一页（自荐书的下一页），并输入文字“个人简历”。选定文字“自荐书”用作样板文本，使用格式刷复制字符格式到文字“个人简历”。

（2）创建表格。首先在标题“个人简历”段落的结束处按“Enter”键产生一个新的段落，然后选中新段落，单击“开始”选项卡下“字体”组中的“清除格式”按钮，最后单击“插入”选项卡下的“表格”下拉按钮，在弹出的下拉菜单中选择“插入表格”命令，打开“插入表格”对话框，在“列数”数值框中输入 7，在“行数”数值框中输入 11，如图 10-11 所示。

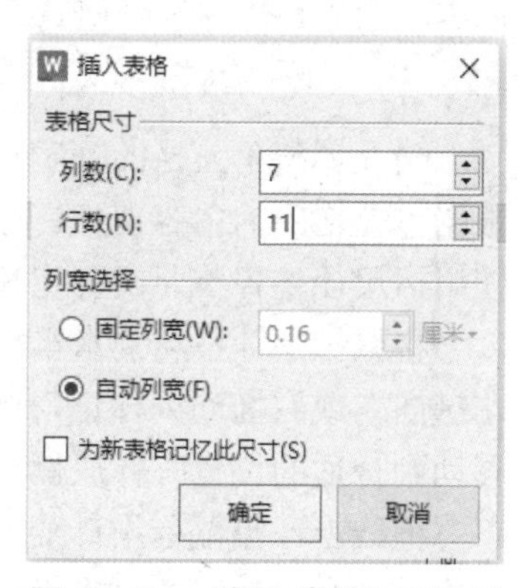

图 10-11　“插入表格”对话框

单击“确定”按钮后，在文字“个人简历”下方会自动生成一个 11 行 7 列的表格，如图 10-12 所示。

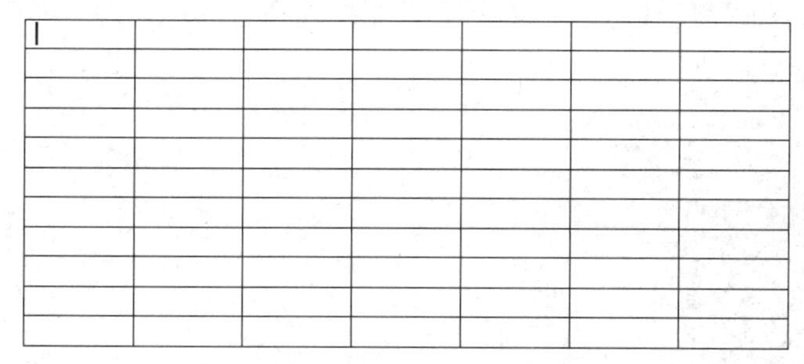

图 10-12　创建表格

（3）合并与拆分单元格。在设计复杂表格的过程中，当需要将表格中的若干单元格合并为一个单元格时，可以使用 WPS 提供的合并单元格功能。当需要把一个单元格拆分为多个单元格时，可使用 WPS 提供的拆分单元格功能。选择表格第 7 列中的第 1～5 行，同时功能区中的“表格工具”选项卡被激活，单击“表格工具”选项卡下的“合并单元格”按钮，完成单元格的合并。使用同样的方法可以完成第 6～11 行中第 2～7 列的单元格合并。另外第 4 行和第 5 行的第 1～4 列，需要先完成单元格的合并，再单击“插入”选项卡下的“表格”下拉按钮，在弹出的下拉菜单中选择“绘制表格”命令，根据需要在第 4 行和第 5 行之间绘制一条线，经过以上操作，个人简历的表格雏形就完成了。合并与拆分单元格，如图 10-13 所示。

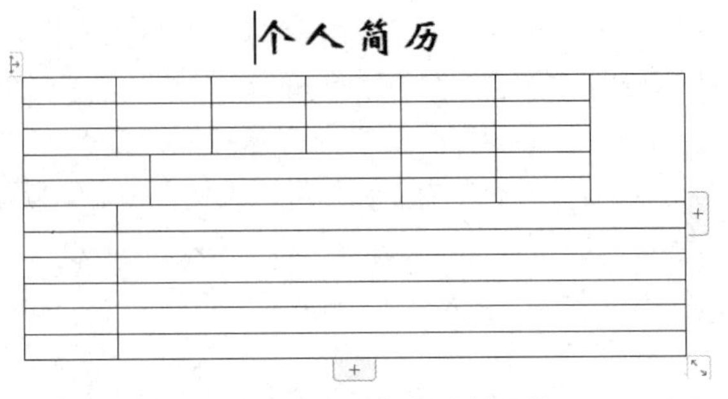

图 10-13　合并与拆分单元格

（4）调整单元格的列宽和行高。表格中的列宽和行高通常是不用设置的，系统会自动根据单元格中的内容调整。但在实际应用中，为了表格的整体效果，需要对其进行调整。使用标尺调整各单元格列宽和行高的操作步骤如下。

将鼠标指针移动到水平标尺的列标记上，当鼠标指针变为左右双箭头时，按住鼠标左键向左或右拖动列标记，此时文档窗口中会出现一条垂直虚线并随着鼠标指针移动，在移动到合适的位置时释放鼠标左键，完成对列宽的调整。将鼠标指针移动到表格第 1 行的下方框线上，当鼠标指针变为上下双箭头时，按住鼠标左键向上或下拖动边框，此时文档窗口中会出现一条水平虚线并随着鼠标指针移动，在移动到合适的位置时释放鼠标左键，完成对行高的调整。

将表格第 1～5 行的行高设置为 1 厘米，操作步骤如下。

将鼠标指针移动到第 1 行的最左侧，当指针变为斜向右上的箭头时，单击选中该行，之后按住鼠标左键向下拖动，选定表格第 1～5 行，并在“表格工具”选项卡下“单元格大小”组的“高度”数值框中输入“1 厘米”。调整单元格行高，如图 10-14 所示。

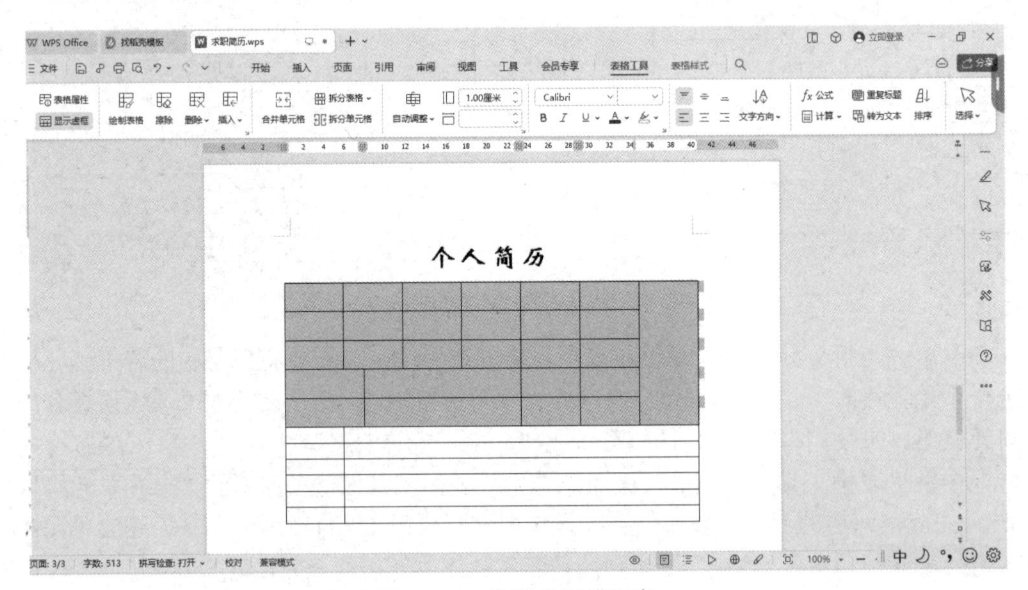

图 10-14　调整单元格行高

（5）平均分布各行。在编辑表格时，使用平均分布行的方法能将行高调整一致；使用平均分布列的方法能将列宽调整一致。使用“平均分布各行”命令分别调整列宽、行高一致的具体操作步骤如下。

首先将鼠标指针移动到表格第 11 行的下方框线上，当鼠标指针变为上下双箭头时，按住鼠标左键向下拖动边框，此时文档窗口中会出现一条水平虚线并随着鼠标指针移动，将虚线拖动到页面最底端的位置时释放鼠标左键，完成对第 11 行行高的调整，选定表格的第 6～11 行，之后单击“表格工具”选项卡下的“自动调整”下拉按钮，在弹出的下拉菜单中选择“平均分布各行”命令，如图 10-15 所示。

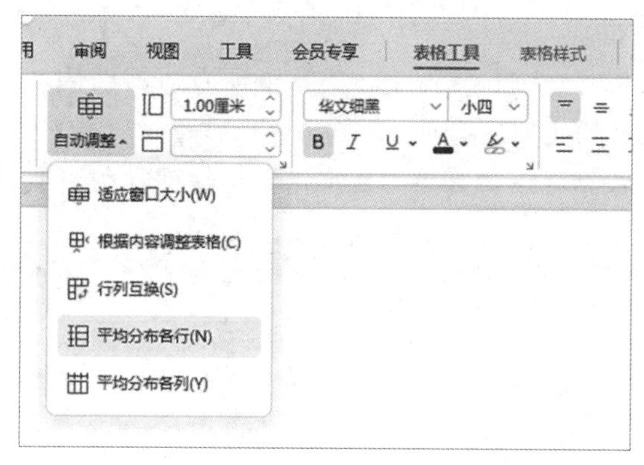

图 10-15　平均分布各行

（6）设置单元格的对齐方式。在表格的单元格中，可以在水平和垂直两个方向上调整对齐方式。选定表格的第 1～5 行，单击“表格工具”选项卡下“对齐方式”组中的“水平居中”按钮和“垂直居中”按钮。选定表格的第 6～11 行，单击“表格工具”选项卡下的“表格属性”按钮，打开“表格属性”对话框，在“单元格”选项卡下的“垂直对齐方式”组中选择“居中”选项，如图 10-16 所示，单击“确定”按钮。选定表格第 6～11 行中第 1 列的单元格，激活浮动工具栏，单击“居中对齐”按钮。选定表格第 6～11 行中的第 2 列单元格，单击“开始”选项卡下“段落”组中的“两端对齐”按钮，设置选定文字为水平方向两端对齐。

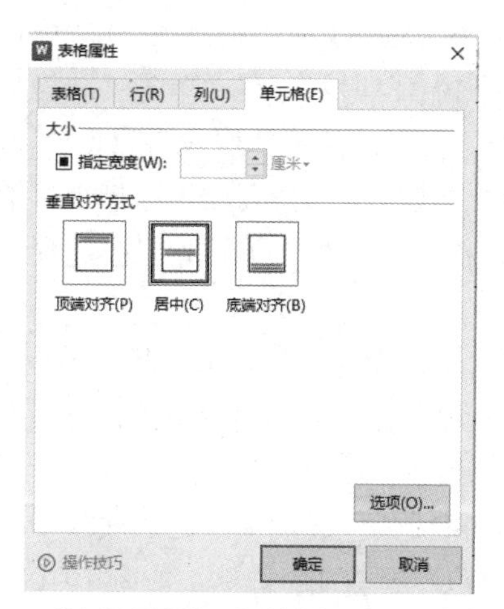

图 10-16　“表格属性”对话框中的“单元格”选项卡

（7）在单元格中输入文字。将鼠标指针悬停在表格上，直到表格的左上角出现“表格移动”控点⊞，右下角出现“表格尺寸”控点↘。单击⊞或↘控点选定整个表格，这时将在鼠标指针右上方出现浮动工具栏。在浮动工具栏的“字体”下拉列表中选择“华文细黑”选项；在“字号”下拉列表中选择“小四”选项，单击“加粗”按钮。随后，在相应的单元格中输入文字。

（8）设置表格的文字方向。在 WPS 中制作复杂表格时，在一些情况下需要设置表中文字的方向。选定表格第 6～11 行第 1 列的单元格，按住“Ctrl”键，当鼠标指针变为斜向右上的箭头时，选定表格第 1 行第 7 列的单元格，单击“表格工具”选项卡下的“文字方向”按钮设置文字方向。

（9）设置表格的边框。在默认情况下，表格的所有边框都是 0.5 磅的黑色实线。有时为了美化表格，会对边框的线型、粗细、颜色等进行修改。首先选定整个表格，然后在“表格样式”选项卡下的“线型”下拉列表中选择第 2 种线型，如图 10-17 所示。

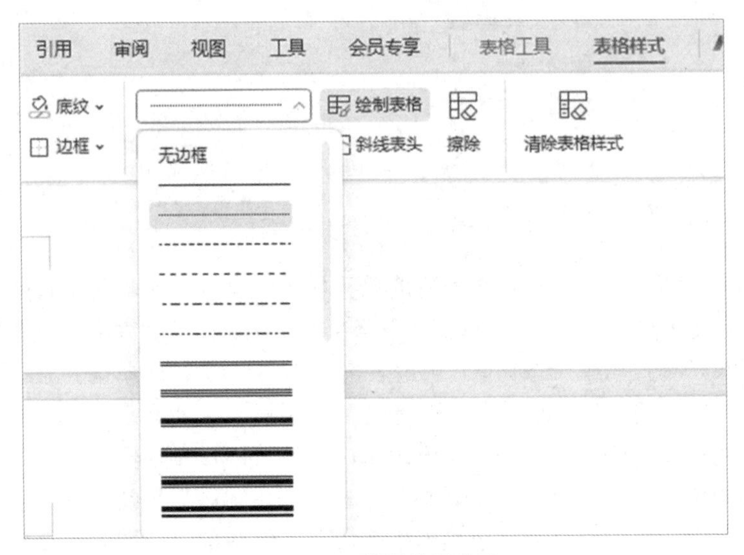

图 10-17　选择边框线型

单击“表格样式”选项卡下“边框”组中的“边框”下拉按钮，在弹出的下拉菜单中选择“内部框线”命令，如图 10-18 所示。再次单击“边框”下拉按钮，在弹出的下拉菜单中选择“边框和底纹”命令，打开“边框和底纹”对话框，在“边框”选项卡的“设置”组中选择“自定义”选项，在“线型”下拉列表中选择“双细线”选项，在“预览”区域中单击上、下、左、右框线，在“应用于”下拉列表中选择“表格”选项，单击“确定”按钮完成设置。

（10）设置表格的底纹。为表格设置底纹，可以起到装饰表格、美化版面的作用。将鼠标指针移动到第 1 行第 1 列单元格的左侧，当鼠标指针变为斜向右上的箭头时，单击选定该单元格，按住“Ctrl”键，当鼠标指针再次变为斜向右上的箭头时，分别单击选定其他相应单元格。之后单击“表格样式”选项卡下的“底纹”下拉按钮，在弹出的下拉菜单的“主题颜色”组中选择“白色，背景 1”选项，如图 10-19 所示。

图 10-18　选择边框类型

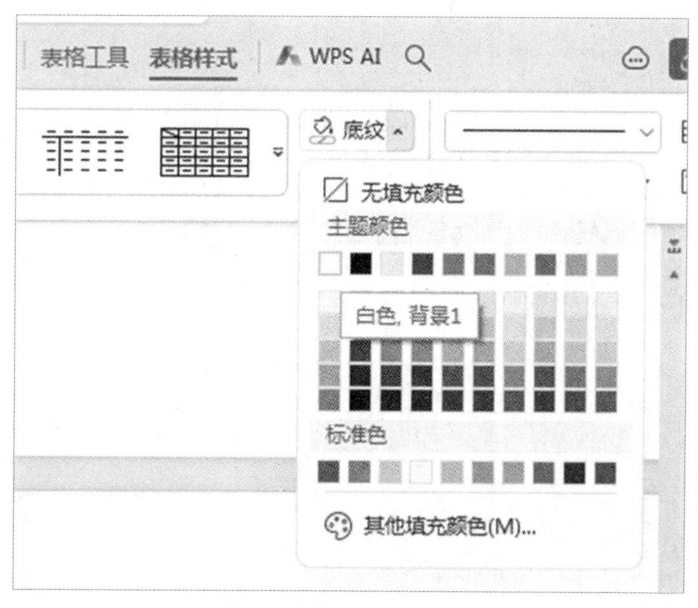

图 10-19　选择底纹颜色

（11）添加项目符号。为了使个人简历中的相关内容层次分明，易于阅读和理解，可以为各区域的段落添加各种形式的项目符号。在“获得证书”区域中，分别输入已获得的各项证书（一项证书为一个段落），选定要添加项目符号的所有段落，单击“开始”选项卡下“段落”组中的“项目符号”下拉按钮，在弹出的下拉菜单中选择“自定义项目符号”命令，打开“项目符号和编号”对话框，在“项目符号”选项卡下选定想要的项目符号后单击“自定义”按钮，打开“自定义项目符号列表”对话框，如图 10-20 所示。

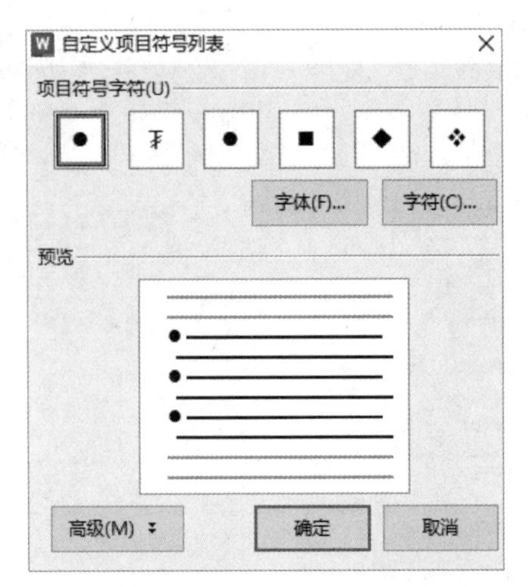

图 10-20 “自定义项目符号列表”对话框

单击“字符”按钮，打开“符号”对话框。在“字体”下拉列表中选择“Wingdings”选项，随后在下方的列表框中选择符号🕮，如图 10-21 所示。单击“插入”按钮，返回“自定义项目符号列表”对话框，符号🕮就会取代当前的项目符号，最后单击“确定”按钮完成设置。

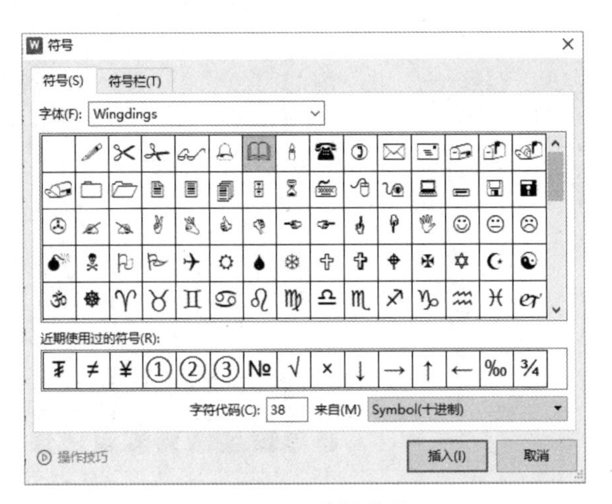

图 10-21 选择符号

10.2.3 文字处理软件的图文混排案例

视频：文字处理软件的图文混排案例

求职简历的封面除了必要的文字，也少不了图片的衬托。

（1）插入“分节符（下一页）”。将鼠标指针移动到文件的开始处（文字“自荐书”之前），并单击“页面”选项卡下的“分隔符”下拉按钮，在弹出的下拉菜单中选择“下一页分节符”命令。

（2）在封面页中输入文字“求职简历”并设置字符格式、段落格式和文字效果的三维格式。设置三维格式的具体操作步骤如下。

将鼠标指针定位在合适的位置，输入文字“求职简历”，选中并清除格式。在“字体”对话框的“字体”选项卡下，分别设置“中文字体”为“华文隶书”，“字形”为“加粗”，“字体颜色”为蓝色，并在上面的“字号”文本框中输入 60，“字体”选项卡如图 10-22 所示。

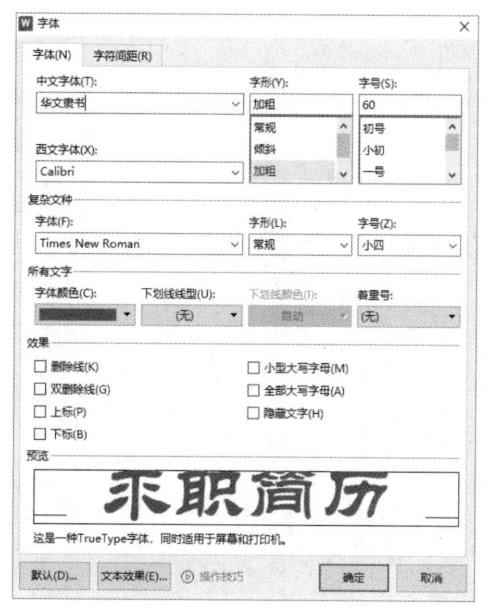

图 10-22　“字体”选项卡

单击“文本效果”按钮，打开“设置文本效果格式”对话框，选择“效果”选项卡下的“三维格式”选项，单击“材料”下拉按钮，在弹出的下拉菜单的“标准”组中选择“金属效果”命令，如图 10-23 所示。最后在“段落”选项卡下将“段前”设置为“5”，“对齐方式”设置为“居中对齐”。

图 10-23　“设置文本效果格式”对话框

（3）输入其他文字。在指定位置输入文字“姓名：”，并将文字格式设置为华文细黑、四号、加粗，按“Enter”键，在新的一行中输入文字“专业：”。重复以上步骤，分别在两行中输入文字“联系电话：”和“电子邮箱：”。将鼠标指针定位到文字“姓名：”后并右击，在浮动工具栏中单击“下画线”按钮，之后输入自己的姓名。使用相同的方法输入其他内容。

（4）插入图片。将鼠标指针移动到文档起始位置，单击“插入”选项卡下的“图片”下拉按钮，根据图片存储位置选择相应的命令，在弹出的“插入图片”对话框中找到要插入的图片，单击“打开”按钮，即可将图片插入文档。首先选中图片，单击“图片工具”选项卡下“排列”组中的“环绕”下拉按钮，在弹出的下拉菜单中选择“衬于文字下方”命令，如图 10-24 所示。

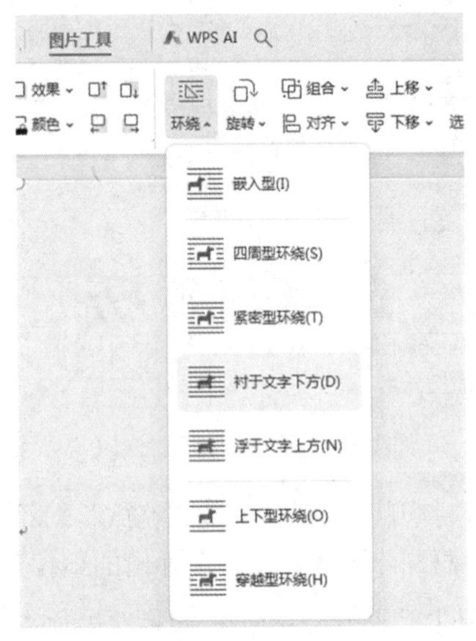

图 10-24　设置环绕方式

然后，单击“页面”选项卡下“方向”组右下角的对话框启动器按钮，打开“页面设置”对话框，将上、下、左、右页边距全部设置为 0，并应用于本节，如图 10-25 所示。最后将鼠标指针移动到图片边框标记处，使用鼠标适当调整图片大小并移动图片，使其覆盖整个页面。至此，整个求职简历就全部完成了，具体效果如图 10-1（a）所示。

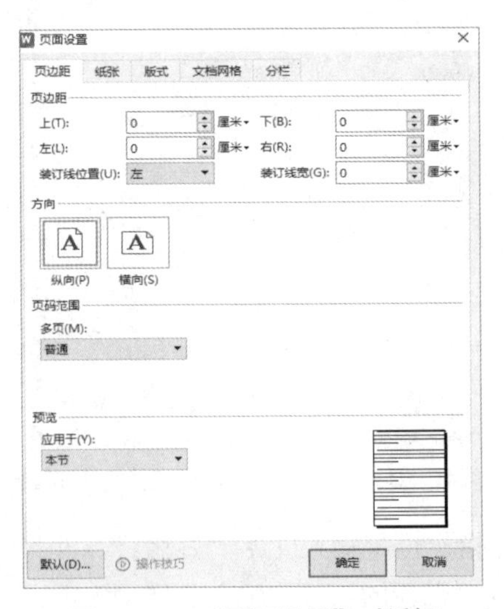

图 10-25　“页面设置”对话框

10.2.4　电子表格软件的编辑与格式化

视频：电子表格软件的编辑与格式化

员工信息表主要用于完成员工的信息采集、浏览、查询、统计分析等任务，对公司的人事管理至关重要。本案例以腾飞公司的员工信息表为例，腾飞公司目前有员工 150 人，需要使用 WPS 表格设计制作员工信息表，记录员工的个人资料，同时将新员工的个人情况添加到信息表中，以便查看或处理其他事务，提高人事管理效率。腾飞公司员工信息表如图 10-26 所示。

名称框

腾飞公司员工信息表

2019年10月统计

工号	姓名	性别	出生日期	学历	身份证号	部门	职务	基本工资	电话号码
TF001	李X	女	1994/5/5	专科	11010819940505XXXX	市场部	职员	4500.00	185XXXX5548
TF002	张X	男	1985/8/5	本科	41570519850805XXXX	市场部	经理	8500.00	186XXXX6858
TF003	许X	女	1996/6/19	专科	41570519960619XXXX	市场部	职员	4500.00	188XXXX7154
TF004	王X	男	1986/3/12	硕士	11055519860312XXXX	研发部	副经理	8000.00	188XXXX7455
TF005	张X媛	女	1992/4/8	本科	41570519920408XXXX	研发部	职员	5000.00	189XXXX0451
TF006	吴X	男	1982/8/6	博士	61010819820806XXXX	研发部	经理	10000.00	180XXXX9158
TF007	赵X涛	男	1989/5/18	硕士	15010519890518XXXX	销售部	职员	5000.00	186XXXX0485
TF008	郑X	女	1988/4/5	专科	41010519880405XXXX	销售部	副经理	7500.00	189XXXX5666
TF009	徐X	男	1992/5/16	本科	11010519920516XXXX	销售部	职员	4500.00	188XXXX4556
TF010	廖X梅	女	1986/11/28	硕士	44010519861128XXXX	销售部	经理	9500.00	158XXXX8456
TF011	钱X	男	1990/10/15	硕士	11010819901015XXXX	销售部	职员	5500.00	188XXXX4155

图 10-26　腾飞公司员工信息表

1. 创建“腾飞公司员工信息表”并保存

（1）启动 WPS，新建一个空白表格，单击快速访问工具栏中的“保存”按钮，打开“另存为”对话框，在其中设置“保存位置”为“我的桌面”，“文件名称”为“腾飞公司员工信息表”，之后单击“保存”按钮，这样就在计算机桌面上新建了一个“腾飞公司员工信息表”文档，后缀名为“.et”。

（2）WPS 表格工作窗口主要由标签栏、功能区、工作表编辑区、工作表列表区和任务窗格等元素组成。WPS 电子表格工作窗口如图 10-27 所示。

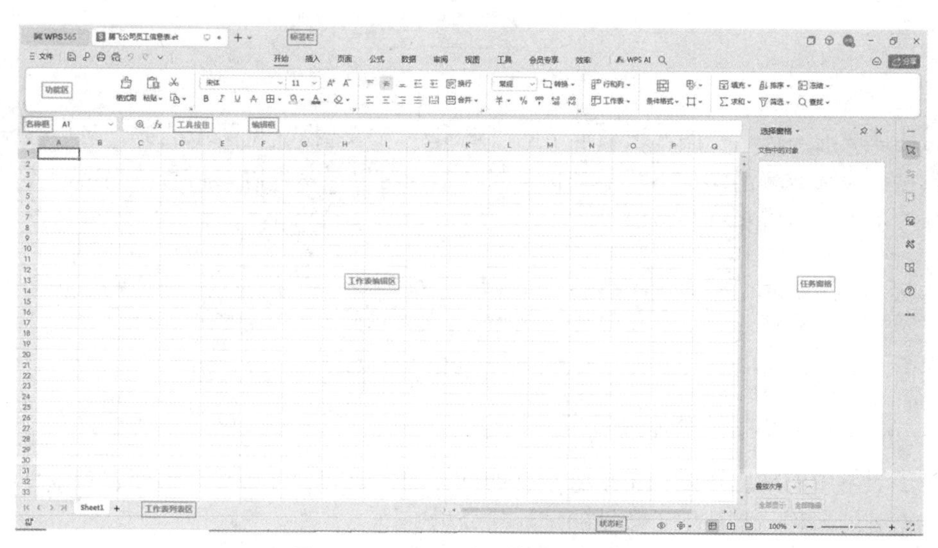

图 10-27　WPS 电子表格工作窗口

编辑栏由3部分组成，自左至右依次为名称框、工具按钮和编辑框。

- 名称框：显示活动单元格地址或定义的名称，在名称框中输入单元格地址或名称，按“Enter”键可选中指定的单元格或名称引用区域，例如，输入“B8”，按“Enter”键可快速定位B8单元格（B列和第8行交叉的单元格）。
- 工具按钮：单击左侧的按钮可在查看公式和公式结果之间进行切换，单击右侧的按钮可以打开“插入函数”对话框，选择要插入的函数。
- 编辑框：显示选中的活动单元格中的数据或公式，并可在其中对所选内容直接编辑。

工作表列表区：单击“切换工作表”按钮 ··· 可将工作表折叠，也可展开显示所有工作表。

状态栏为调整缩放比例区，单击“视图工具”按钮可在普通视图、分页预览、阅读模式和护眼模式之间切换。

- 分页预览：可以看到打印时页面的分割方式。
- 阅读模式：在单击某个单元格时，可以非常方便地查看与它同行同列的数据。
- 护眼模式：在护眼模式下页面会变成绿色。

右击状态栏，在弹出快捷菜单后，可自定义状态栏，如图10-28所示。

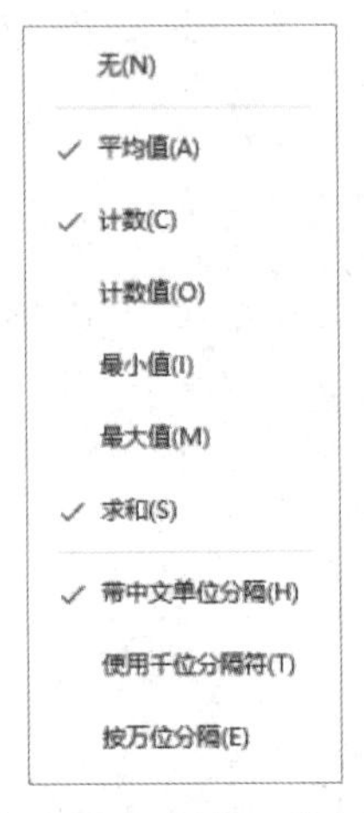

图10-28　自定义状态栏

勾选或取消勾选“视图”选项卡下的“编辑栏”复选框（见图10-29），可以显示或隐藏编辑栏。勾选或取消勾选“行号列标”复选框，可以显示或隐藏行号和列标，还可以在该选项卡下冻结窗格和拆分窗口。

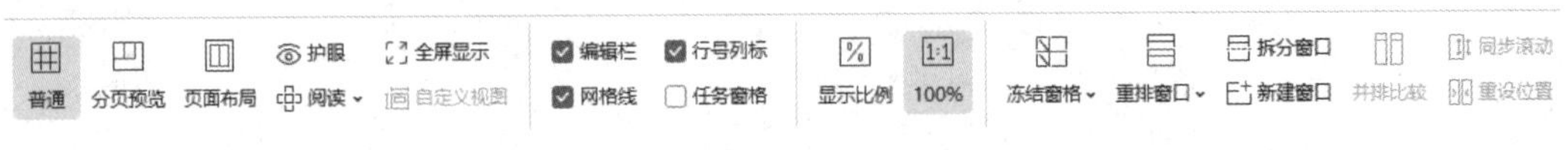

图10-29　“视图”选项卡

2. 输入报表标题及列标题

电子表格中的标题行是指由报表数据的列标题构成的一行信息，也称为表头行。列标题是数据列的名称，常被用于数据的统计与分析工作。

单击A1单元格，直接输入报表的标题内容“腾飞公司员工信息表”，并按“Enter”键。

从 A2 单元格到 J2 单元格依次输入数据的列标题，即“工号”“姓名”“性别”“出生日期”“学历”“身份证号”“部门”“职务”“基本工资”“电话号码”。

3. 在表格中输入数据

（1）输入“工号”列数据。“工号”列数据的输入以数据的自动填充方式实现，具体操作步骤如下。

① 输入起始值。单击 A3 单元格，输入“TF001”，并按“Enter”键，如图 10-30 所示。

	A	B	C	D	E	F	G	H	I	J
1	腾飞公司员工信息表									
2	工号	姓名	性别	出生日期	学历	身份证号	部门	职务	基本工资	电话号码
3	TF001									
4										
5										
6										
7										
8										

图 10-30　输入“工号”列数据

② 拖动填充柄。将鼠标指针移动到该单元格的右下角，指向填充柄（右下角的黑点），当鼠标指针变为黑色十字形状时，按住鼠标左键向下拖动填充柄。

③ 显示自动填充的序列。当拖动填充柄移动到 A13 单元格的位置时释放鼠标左键，则完成了“工号”列数据的填充，如图 10-31 所示。

	A	B	C	D	E	F	G	H	I	J
1	腾飞公司员工信息表									
2	工号	姓名	性别	出生日期	学历	身份证号	部门	职务	基本工资	电话号码
3	TF001									
4	TF002									
5	TF003									
6	TF004									
7	TF005									
8	TF006									
9	TF007									
10	TF008									
11	TF009									
12	TF010									
13	TF011									

图 10-31　自动填充工号

（2）输入“姓名”列数据。“姓名”列数据均为文本数据。单击 B3 单元格，输入“李X”，按“Enter”键确认并跳转至下一单元格，继续输入下一名员工的姓名，如图 10-32 所示。

	A	B	C	D	E	F	G	H	I	J
1	腾飞公司员工信息表									
2	工号	姓名	性别	出生日期	学历	身份证号	部门	职务	基本工资	电话号码
3	TF001	李X								
4	TF002									
5	TF003									
6	TF004									
7	TF005									
8	TF006									
9	TF007									
10	TF008									
11	TF009									
12	TF010									
13	TF011									

图 10-32　输入“姓名”列数据

（3）输入“性别”“学历”“职务”列数据，具体操作步骤如下。

选中C3单元格，按住“Ctrl”键，依次选中C5、C7、C10、C12单元格，在选中的最后一个单元格中输入“女”，按“Ctrl+Enter”组合键确认，即可在所有选中的单元格中输入“女”，如图10-33所示。

	A	B	C	D	E	F	G	H	I	J
1	腾飞公司员工信息表									
2	工号	姓名	性别	出生日期	学历	身份证号	部门	职务	基本工资	电话号码
3	TF001	李X	女							
4	TF002	张X								
5	TF003	许X	女							
6	TF004	王X								
7	TF005	张X媛	女							
8	TF006	吴X								
9	TF007	赵X涛								
10	TF008	郑X	女							
11	TF009	徐X								
12	TF010	廖X梅	女							
13	TF011	钱X								

图10-33　在不连续区域内填充相同的数据

参照以上方法完成“性别”“学历”“职务”列数据的输入，结果如图10-34所示。

	A	B	C	D	E	F	G	H	I	J
1	腾飞公司员工信息表									
2	工号	姓名	性别	出生日期	学历	身份证号	部门	职务	基本工资	电话号码
3	TF001	李X	女		专科			职员		
4	TF002	张X	男		本科			经理		
5	TF003	许X	女		专科			职员		
6	TF004	王X	男		硕士			副经理		
7	TF005	张X媛	女		本科			职员		
8	TF006	吴X	男		博士			经理		
9	TF007	赵X涛	男		硕士			职员		
10	TF008	郑X	女		专科			副经理		
11	TF009	徐X	男		本科			职员		
12	TF010	廖X梅	女		硕士			经理		
13	TF011	钱X	男		硕士			职员		

图10-34　输入“性别”“学历”“职务”列数据

（4）输入“部门”列数据。单击G3单元格，输入“市场部”，向下拖动G3单元格的填充柄到G5单元格，释放鼠标左键，即可对经过的区域完成数据的自动填充，如图10-35所示。参照此方法在“部门”列的其他单元格中填充数据。

	A	B	C	D	E	F	G	H	I	J
1	腾飞公司员工信息表									
2	工号	姓名	性别	出生日期	学历	身份证号	部门	职务	基本工资	电话号码
3	TF001	李X	女		专科		市场部	职员		
4	TF002	张X	男		本科		市场部	经理		
5	TF003	许X	女		专科		市场部	职员		
6	TF004	王X	男		硕士			副经理		
7	TF005	张X媛	女		本科			职员		
8	TF006	吴X	男		博士			经理		
9	TF007	赵X涛	男		硕士			职员		
10	TF008	郑X	女		专科			副经理		
11	TF009	徐X	男		本科			职员		
12	TF010	廖X梅	女		硕士			经理		
13	TF011	钱X	男		硕士			职员		

图10-35　输入“部门”列数据

（5）输入“出生日期”列数据。对于日期型数据的输入，一般用符号或斜杠分隔年月日，即“年-月-日”或“年/月/日”。当单元格内输入了系统可以识别的日期型数据时，单元格的格式会自动转换为相应的日期格式，并采取右对齐的方式。当单元格内输入了系统不能识别的日期型数据时，输入的内容会被自动视为文本，并在单元格中左对齐。

在输入“出生日期”列数据时，可参照图 10-36 采用上述输入格式直接输入。

	A	B	C	D	E	F	G	H	I	J
1	腾飞公司员工信息表									
2	工号	姓名	性别	出生日期	学历	身份证号	部门	职务	基本工资	电话号码
3	TF001	李X	女	1994/5/5	专科		市场部	职员		
4	TF002	张X	男	1985/8/5	本科		市场部	经理		
5	TF003	许X	女	1996/6/19	专科		市场部	职员		
6	TF004	王X	男	1986/3/12	硕士		研发部	副经理		
7	TF005	张X媛	女	1992/4/8	本科		研发部	职员		
8	TF006	吴X	男	1982/8/6	博士		研发部	经理		
9	TF007	赵X涛	男	1989/5/18	硕士		销售部	职员		
10	TF008	郑X	女	1988/4/5	专科		销售部	副经理		
11	TF009	徐X	男	1992/5/16	本科		销售部	职员		
12	TF010	廖X梅	女	1986/11/28	硕士		销售部	经理		
13	TF011	钱X	男	1990/10/15	硕士		销售部	职员		

图 10-36　输入“出生日期”列数据

（6）输入“身份证号”列数据。身份证号由 18 位字符构成，在 WPS 中，输入长度小于或等于 11 位的数字，系统会默认字符序列为数值型，在单元格中右对齐。而超过第 11 位的字符则会被自动视为文本，并在单元格中左对齐，输入结果如图 10-37 所示。

	A	B	C	D	E	F	G	H	I	J
1	腾飞公司员工信息表									
2	工号	姓名	性别	出生日期	学历	身份证号	部门	职务	基本工资	电话号码
3	TF001	李X	女	1994/5/5	专科	11010819940505XXXX	市场部	职员		
4	TF002	张X	男	1985/8/5	本科	41570519850805XXXX	市场部	经理		
5	TF003	许X	女	1996/6/19	专科	41570519960619XXXX	市场部	职员		
6	TF004	王X	男	1986/3/12	硕士	11055519860312XXXX	研发部	副经理		
7	TF005	张X媛	女	1992/4/8	本科	41570519920408XXXX	研发部	职员		
8	TF006	吴X	男	1982/8/6	博士	61010819820806XXXX	研发部	经理		
9	TF007	赵X涛	男	1989/5/18	硕士	15010519890518XXXX	销售部	职员		
10	TF008	郑X	女	1988/4/5	专科	41010519880405XXXX	销售部	副经理		
11	TF009	徐X	男	1992/5/16	本科	11010519920516XXXX	销售部	职员		
12	TF010	廖X梅	女	1986/11/28	硕士	44010519861128XXXX	销售部	经理		
13	TF011	钱X	男	1990/10/15	硕士	11010819901015XXXX	销售部	职员		

图 10-37　输入“身份证号”列数据

（7）输入“电话号码”列数据。“电话号码”列数据也是由数字字符构成的，为了使其以文本格式输入，可以采用以英文单引号“'”为前导符，再输入数字字符的方法完成数据的输入，也可以通过“单元格格式”对话框来设置文本格式，具体操作方法如下。

选中 J3:J13 单元格区域（选中 J3 单元格后，拖动鼠标指针到 J13 单元格），单击“开始”选项卡下“数字”组右下角的对话框启动器按钮，打开“单元格格式”对话框，如图 10-38 所示。在“数字”选项卡下的“分类”列表框中选择“文本”选项，单击“确定”按钮，将所选区域的单元格格式均设置为文本格式，之后依次在 J3:J13 单元格区域内输入电话号码。

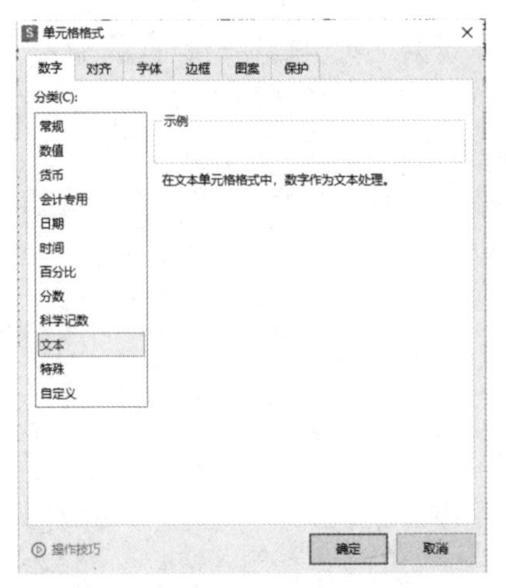

图 10-38 “单元格格式”对话框

（8）输入“基本工资”列数据。“基本工资”列数据以数值格式输入。选中 I3:I13 单元格区域，单击“开始”选项卡下“数字”组中的“数字格式”下拉按钮，在弹出的下拉菜单中选择“数值”命令，如图 10-39 所示。

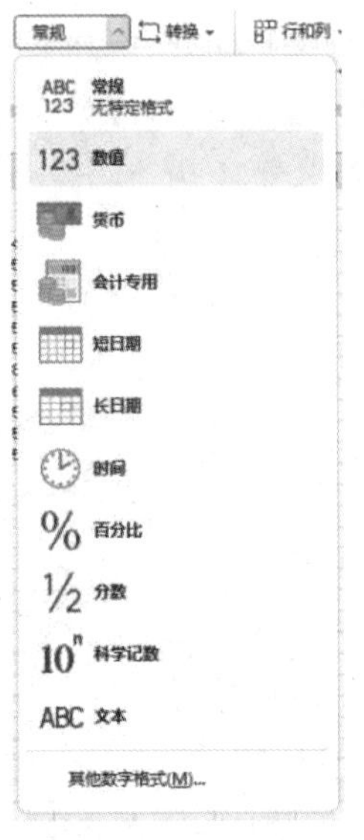

图 10-39 “数字格式”下拉按钮

从 I3 单元格开始依次输入员工的“基本工资”数据，系统默认在小数点后设置两位小数。用户可以通过“开始”选项卡下“数字”组中的“增加小数位数”选项或“减少小数位数”选项来增加或减少小数位数。

4. 插入批注

在单元格中插入批注，可以对单元格中的数据进行简要的说明。选中需要插入批注的单元格 H4，选择“审阅”选项卡下“批注”组中的“新建批注”命令。此时在所选中的单元格右侧出现了批注框，并以箭头形式与所选单元格连接。批注框中显示了审阅者的用户名，在其中输入批注内容“股东”后，单击其他单元格即可完成操作，如图 10-40 所示。

	A	B	C	D	E	F	G	H	I	J
1	腾飞公司员工信息表									
2	工号	姓名	性别	出生日期	学历	身份证号	部门	职务	基本工资	电话号码
3	TF001	李X	女	1994/5/5	专科	11010819940505XXXX	市场部	职员	[illegible]	[illegible]548
4	TF002	张X	男	1985/8/5	本科	41570519850805XXXX	市场部	经理	[illegible]	[illegible]858
5	TF003	许X	女	1996/6/19	专科	41570519960619XXXX	市场部	职员	[illegible]	[illegible]154
6	TF004	王X	男	1986/3/12	硕士	11055519860312XXXX	研发部	副经理	[illegible]	[illegible]455
7	TF005	张X媛	女	1992/4/8	本科	41570519920408XXXX	研发部	职员	[illegible]	[illegible]451
8	TF006	吴X	男	1982/8/6	博士	61010819820806XXXX	研发部	经理	10000.00	180XXXX9158
9	TF007	赵X涛	男	1989/5/18	硕士	15010519890518XXXX	销售部	职员	5000.00	186XXXX0485
10	TF008	郑X	女	1988/4/5	专科	41010519880405XXXX	销售部	副经理	7500.00	189XXXX5666
11	TF009	徐X	男	1992/5/16	本科	11010519920516XXXX	销售部	职员	4500.00	188XXXX4556
12	TF010	廖X梅	女	1986/11/28	硕士	44010519861128XXXX	销售部	经理	9500.00	158XXXX8456
13	TF011	钱X	男	1990/10/15	硕士	11010819901015XXXX	销售部	职员	5500.00	188XXXX4155

lily:
股东

图 10-40　在单元格中插入批注

在单元格中插入标注后，单元格的右上角会出现红色的三角标志。当鼠标指针指向该单元格时，会显示批注；当鼠标指针离开该单元格时，会隐藏批注。

5. 修改工作表标签

右击工作表 Sheet1 的标签，在弹出的快捷菜单中选择“重命名”命令，输入工作表的新名称“腾飞公司员工信息表”。

6. 编辑表格

（1）设置报表标题格式。

设置标题行的行高。选中标题行，单击“开始”选项卡下的“行和列”下拉按钮，在弹出的下拉菜单中选择“行高”命令，打开“行高”对话框，设置“行高”为 40 磅，如图 10-41 所示。

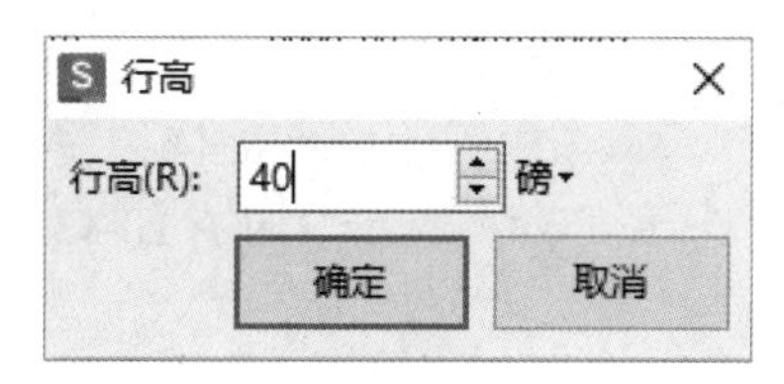

图 10-41　设置标题行的行高

设置标题文字的字符格式。选中 A1 单元格，在“开始”选项卡下的“字体”组中设置字符格式为隶书、24 磅、粗体、蓝色。

合并单元格。选中 A1:J1 单元格区域，单击“开始”选项卡下的“对齐方式”组中的“合并”下拉按钮，在弹出的下拉菜单中选择“合并居中”命令，将选中的单元格区域合并，并使标题文字在新单元格中居中对齐。

设置标题的对齐方式。选中合并后的新单元格 A1，单击“开始”选项卡下“对齐方式”组中的“顶端对齐”按钮，使报表标题在单元格中水平居中并顶端对齐。

（2）编辑表中数据的格式。

设置列标题的格式。选中 A2:J2 单元格区域，单击“开始”选项卡下“单元格”组右下角的对话框启动器按钮，打开“单元格格式”对话框，在该对话框中选择“字体”选项卡，设置字符格式为华文行楷、12 磅；选择“对齐”选项卡，在“文本对齐方式”组中设置水平对齐、垂直对齐方式均为居中，单击“确定”按钮。

为列标题套用单元格样式。选中 A2:J2 单元格区域，单击“开始”选项卡下“样式”组中的“单元格样式”□下拉按钮，在单元格样式库中选择“强调文字颜色 1”样式，如图 10-42 所示。

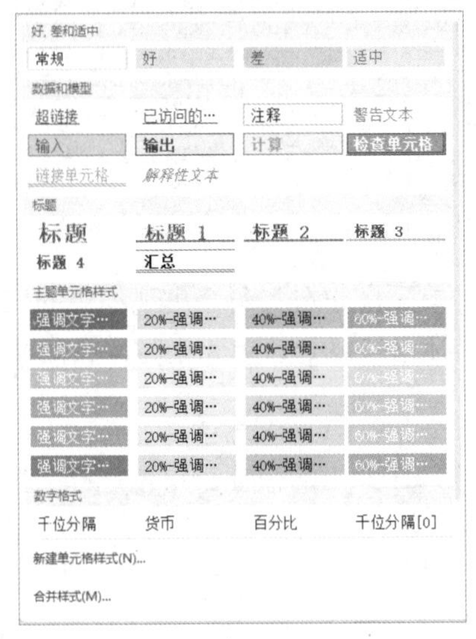

图 10-42　单元格样式库

设置其他数据的格式。选中 A3:J13 单元格区域，单击“开始”选项卡下“单元格”组右下角的对话框启动器按钮，打开“单元格格式”对话框，在该对话框中选择“字体”选项卡，设置字符格式为楷体、12 磅；选择“对齐”选项卡，在“文本对齐方式”组中设置水平对齐、垂直对齐方式均为居中，单击“确定”按钮。

为其他数据行套用表格样式。单击“开始”选项卡下“样式”组中的“套用表格样式”下拉按钮，在表格样式库中选择“表样式 2”，如图 10-43 所示。

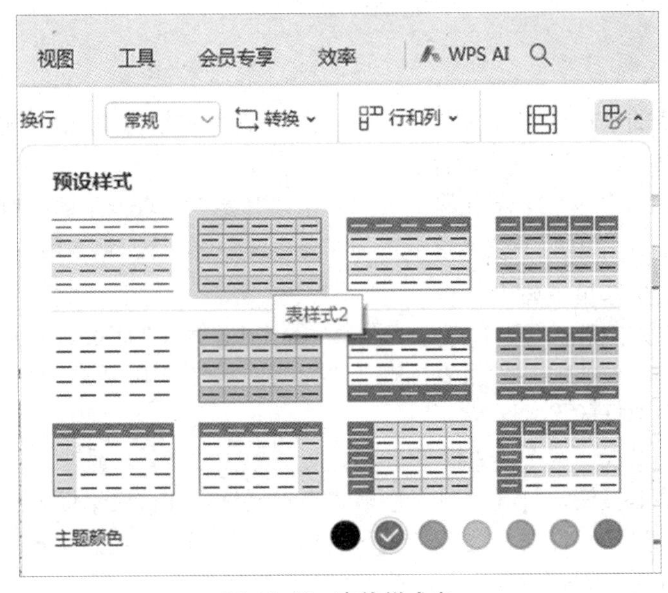

图 10-43　表格样式库

选好要套用的表格样式后，将打开“套用表格样式”对话框，如图 10-44 所示，单击“表数据的来源”文本框右侧的按钮，可以临时隐藏对话框，随后在工作表中选中需要应用表格样式的区域（A2:J13），再次单击按钮可返回“套用表格样式”对话框，同时勾选“表包含标题”复选框和“筛选按钮”复选框，将所选区域的第一行作为表标题，单击“确定”按钮。

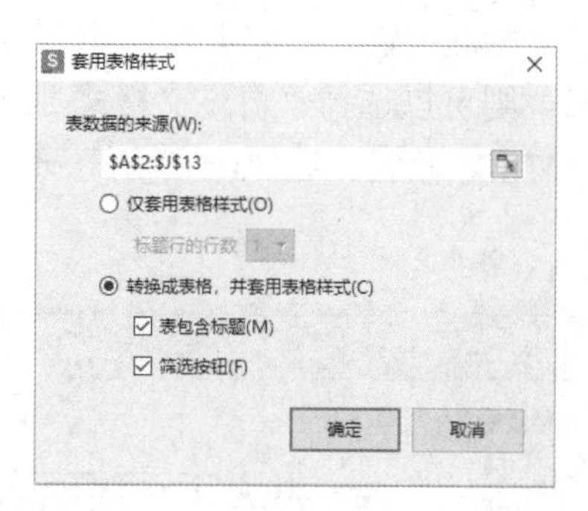

图 10-44　“套用表格样式”对话框

表格样式套用效果如图 10-45 所示。

腾飞公司员工信息表

工号	姓名	性别	出生日期	学历	身份证号	部门	职务	基本工资	电话号码
TF001	李X	女	1994/5/5	专科	11010819940505XXXX	市场部	职员	4500.00	185XXXX5548
TF002	张X	男	1985/8/5	本科	41570519850805XXXX	市场部	经理	8500.00	186XXXX6858
TF003	许X	女	1996/6/19	专科	41570519960619XXXX	市场部	职员	4500.00	188XXXX7154
TF004	王X	男	1986/3/12	硕士	11055519860312XXXX	研发部	副经理	8000.00	188XXXX7455
TF005	张X媛	女	1992/4/8	本科	41570519920408XXXX	研发部	职员	5000.00	189XXXX0451
TF006	吴X	男	1982/8/6	博士	61010819820806XXXX	研发部	经理	10000.00	180XXXX9158
TF007	赵X涛	男	1989/5/18	硕士	15010519890518XXXX	销售部	职员	5000.00	186XXXX0485
TF008	郑X	女	1988/4/5	专科	41010519880405XXXX	销售部	副经理	7500.00	189XXXX5666
TF009	徐X	男	1992/5/16	本科	11010519920516XXXX	销售部	职员	4500.00	188XXXX4556
TF010	廖X梅	女	1986/11/28	硕士	44010519861128XXXX	销售部	经理	9500.00	158XXXX8456
TF011	钱X	男	1990/10/15	硕士	11010819901015XXXX	销售部	职员	5500.00	188XXXX4155

图 10-45　表格样式套用效果

调整表格的行高。选中第 2~13 行并右击，在弹出的快捷菜单中选择“行高”命令，打开“行高”对话框，设置“行高”为 18 磅。

调整表格的列宽。选中 A:J 列区域，单击“开始”选项卡下的“行和列”下拉按钮，在弹出的下拉菜单中选择“最适合的列宽”命令，由计算机根据单元格中字符的数量自动调整列宽，也可以自行设置数据列的列宽，例如，设置“工号”“姓名”“性别”“学历”“部门”“职务”列的列宽一致的操作步骤为，按住“Ctrl”键，依次选中以上 6 列并右击，在弹出的快捷菜单中选择“列宽”命令，打开“列宽”对话框，设置“列宽”为 8 字符，如图 10-46 所示，单击“确定”按钮。

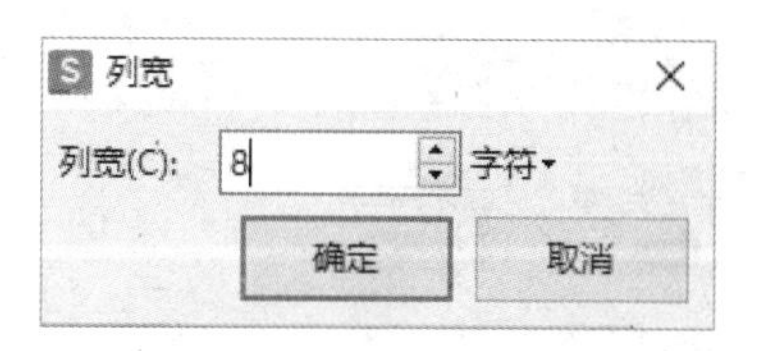

图 10-46　“列宽”对话框

（3）使用条件格式表现数据。

使用突出显示单元格规则设置“学历”列，选择E3:E13单元格区域，单击“开始”选项卡下“样式”组中的“条件格式”下拉按钮，在弹出的下拉菜单中选择“突出显示单元格规则”→“等于”命令，打开“等于”对话框，如图10-47所示。在该对话框的“为等于以下值的单元格设置格式”文本框中输入“博士”，在“设置为”下拉列表中选择所需要的格式，如果没有满意的格式，则可以选择“自定义格式”选项，打开“单元格格式”对话框，设置字符格式为深红、加粗、倾斜。这样，“学历”列中的“博士”单元格就被明显标识出来了。

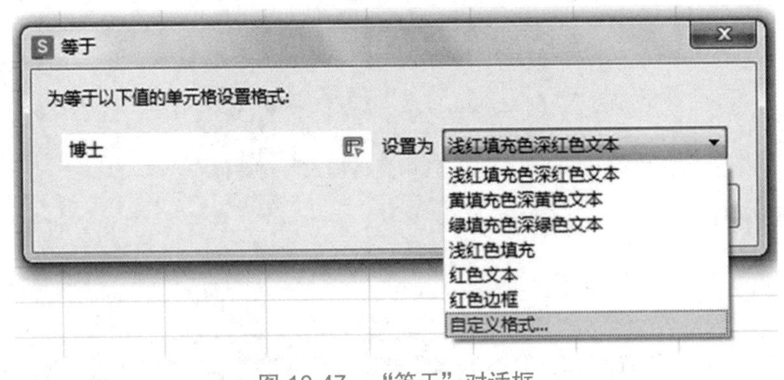

图 10-47　“等于”对话框

使用数据条设置“基本工资”列。选中I3:I13单元格区域，单击“开始”选项卡下“样式”组中的“条件格式”下拉按钮，在弹出的下拉菜单中选择“数据条”→“渐变填充”→“紫色数据条”命令，如图10-48所示。此时，“基本工资”列中的数值大小均可以用数据条的长短清晰地反映出来，基本工资越高，数据条越长。

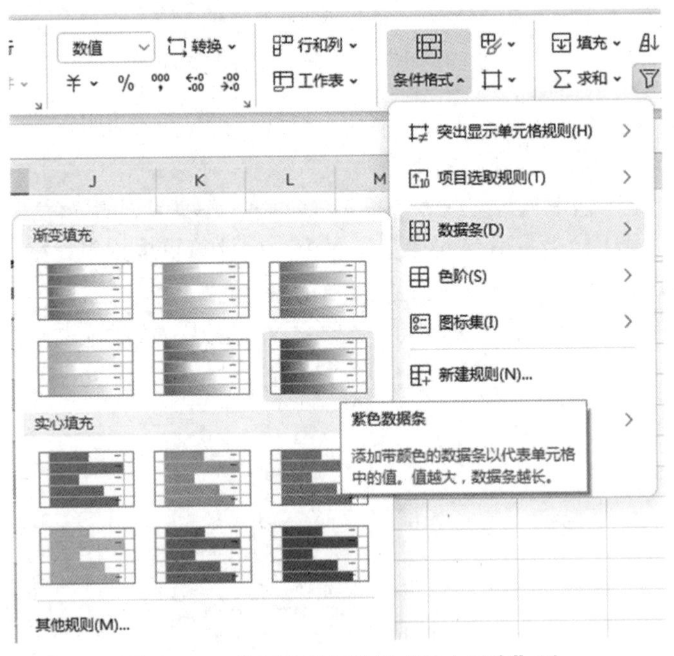

图 10-48　使用数据条设置“基本工资”列

（4）制作分隔线。

在报表标题与列标题之间插入两个空行。选择第 2 行和第 3 行并右击，在弹出的快捷菜单中选择“在上方插入行”命令，对应的行数为 2，则在第 2 行上方插入了两个空行。

添加边框。选中 A2:J2 单元格区域并右击，在弹出的快捷菜单中选择“设置单元格格式”命令，打开“单元格格式”对话框，选择“边框”选项卡，在“线条”组的“样式”列表框中选择“粗直线”选项，在“边框”组中选择“上边框”选项；随后，在“线条”组的“样式”列表框中选择“细虚线”选项，在“边框”组中选择“下边框”选项，如图 10-49 所示，单击“确定”按钮返回工作表，此时，被选中区域的上边框为粗直线，下边框为细虚线。

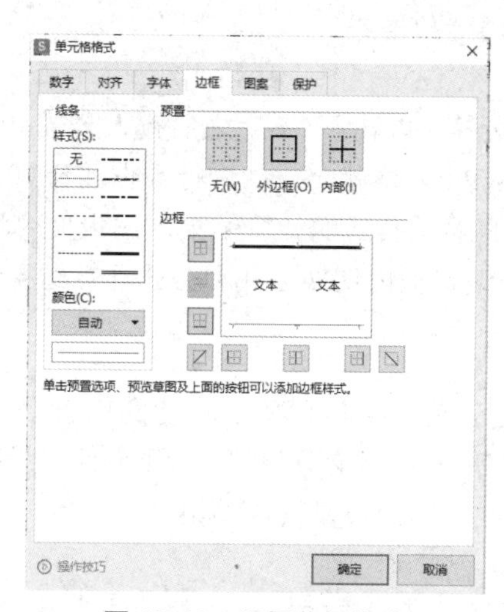

图 10-49　设置边框格式

设置底纹。选中 A2:J2 单元格区域并右击，在弹出的快捷菜单中选择“设置单元格格式”命令，打开“单元格格式”对话框，选择“图案”选项卡，在“单元格底纹”组中选择需要的底纹颜色，单击“确定”按钮。

调整行高。设置第 2 行的行高为 3 磅，第 3 行的行高为 12 磅。

（5）插入文本框。

单击“插入”选项卡下“文本”组中的“文本框”下拉按钮，在弹出的下拉菜单中选择“横向文本框”命令，随后在工作表编辑区中拖动鼠标指针画出一个文本框，并输入文字“2019 年 10 月统计”。

选中该文本框，在“开始”选项卡下的“字体”组中设置文本框的字符格式为华文行楷、16 磅、斜体。

选中该文本框，在标签栏中会出现“文本工具”选项卡，在“形状选项”组中单击“形状轮廓”下拉按钮，在弹出的下拉菜单中选择“无边框颜色”命令，隐藏文本框的边框。

选中该文本框，调整其大小及位置，效果如图 10-50 所示。

图 10-50　设置文本框格式效果

10.2.5 电子表格软件的公式、函数与图表

1. 使用公式计算

（1）公式的组成。

WPS 表格中的公式以“=”开头，由常量数据、单元格引用、函数和运算符组成，例如，“=D4*0.4+E4*0.6”和“=SUM（D4:E4）”。运算符有算术运算符、字符运算符和比较运算符三种。算术运算符包括+（加号）、-（减号）、*（乘号）、/（除号）、%（百分号）、^（乘幂）等，字符运算符为&，比较运算符包括=（等号）、<（小于）、≤（小于或等于）、>（大于）、≥（大于或等于）、<>（不等于）等。公式括号中的内容优先计算，括号和运算符都要用英文半角格式，不能用全角格式。

（2）公式的输入与计算。

先选定要输入公式的单元格，再输入“=”，之后输入公式（如“=B2+B30”），按“Enter”键或单击“确认”按钮后，WPS 表格就会自动进行数据的计算并在单元格中显示结果。在系统默认状态下，单元格内将显示公式的计算结果，编辑框内将显示计算公式。单击“浏览公式结果”按钮，可在编辑框内切换公式和公式计算结果。

2. 使用函数计算

函数是 WPS 表格事先定义好的具有特定功能的内置公式，例如，SUM（求和）、AVERAGE（求平均值）等，所有函数必须以“=”开头且按照语法要求输入。在 WPS 表格中内置了十大类几百种函数，用户可以直接调用。

（1）函数的组成和使用。

函数一般由函数名和用括号括起来的一组参数构成，其一般格式为〈函数名〉(参数1,参数 2,参数 3,…)，函数名用于确定要执行的运算类型，参数用于指定参与运算的数据。当括号中有两个或两个以上参数时，参数之间用半角逗号“,”分隔，有时需要用半角冒号“:”分隔。常见的参数有数值、字符串、逻辑值、名称和单元格引用等。函数可以嵌套使用，即一个函数可以被用作另一个函数的参数。有时函数没有参数，例如，返回系统当前日期的函数 TODAY()，其返回值（运算结果）可以是数值、字符串、逻辑值、错误值等。常见错误信息及错误原因如表 10-2 所示。

表 10-2 常见错误信息及错误原因

错误信息	错误原因
######	结果太长，单元格无法完全显示，增加列宽即可解决
#VALUE!	参数或运算对象的类型不正确
#DIV/0!	除数为 0
#NAME?	拼写错误或使用了不存在的名称
#N/A	在函数或公式中没有可用的数值
#REF!	在公式中引用了无效的单元格
#NUM!	在函数或公式中某个参数存在问题，或者运算结果的数值太大或太小
#NULL!	使用了不正确的区域运算或单元格引用

（2）输入函数。

在编辑框内直接输入函数。首先选定单元格，输入英文半角等号“=”，然后输入函数

名及函数的参数，校对无误后单击“确认”按钮，如图 10-51 所示。

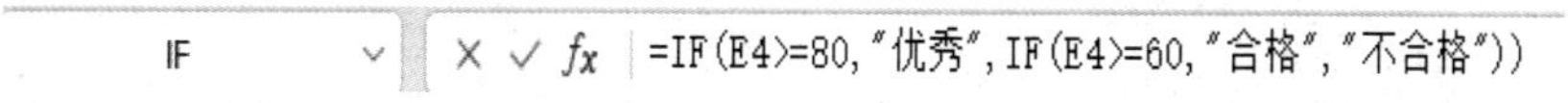
IF
× ✓ fx
=IF(E4>=80,"优秀",IF(E4>=60,"合格","不合格"))

图 10-51　在编辑框内直接输入函数

在常用函数列表中选择函数。选定单元格，输入英文半角等号“=”，在名称框的位置展开常用函数列表，如图 10-52 所示，选择一个函数。

IF
× ✓ fx
=
C
D
IF
AVERAGE
COUNT
MAX
SIN
SUMIF
SUMIFS
SUM
其他函数...

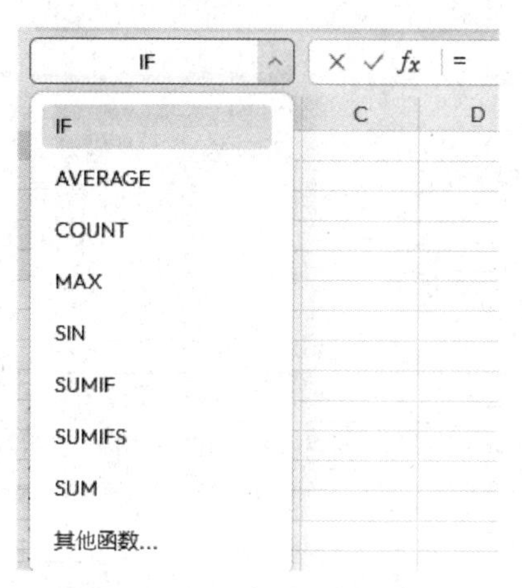

图 10-52　常用函数列表

在“插入函数”对话框中选择函数。选定单元格，单击编辑栏中的“插入函数”按钮，系统将自动在选定的单元格中输入“=”，同时打开“插入函数”对话框，如图 10-53 所示，选择函数后，打开“函数参数”对话框，如图 10-54 所示，确定参数后完成函数计算。

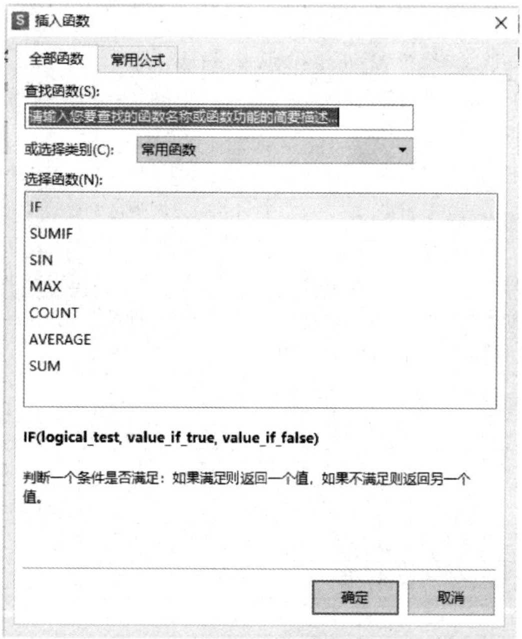
插入函数
全部函数
常用公式
查找函数(S):
请输入您要查找的函数名称或函数功能的简要描述...
或选择类别(C):
常用函数
选择函数(N):
IF
SUMIF
SIN
MAX
COUNT
AVERAGE
SUM
IF(logical_test, value_if_true, value_if_false)
判断一个条件是否满足：如果满足则返回一个值，如果不满足则返回另一个值。
确定
取消

图 10-53　“插入函数”对话框

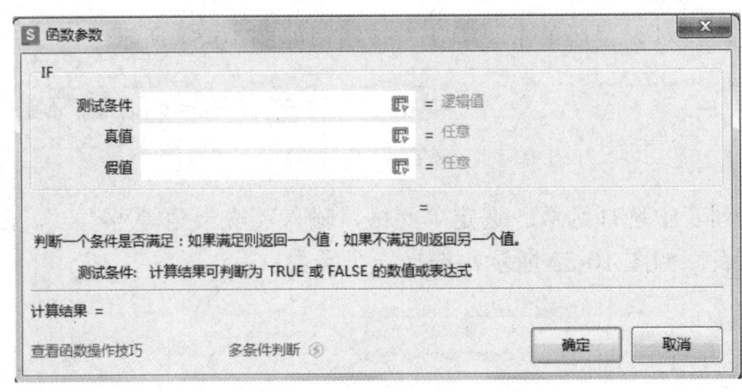

图 10-54　“函数参数”对话框

（3）常用函数。

常用函数及其功能如表 10-3 所示。

表 10-3　常用函数及其功能

函数名称	函数功能
求和函数 SUM	计算其参数或单元格区域内所有数值的和，参数可以是数值或单元格引用（如 E3:E7）
求平均值函数 AVERAGE	计算其参数的算术平均值，参数可以是数值，或者包含的名称、数组或单元格引用（如 F3:F7）
求最大值函数 MAX	求一组数值中的最大值，参数可以是数值或单元格引用，忽略逻辑值和文本字符
求最小值函数 MIN	求一组数值中的最小值，参数可以是数值或单元格引用，忽略逻辑值和文本字符
统计数值型数据个数函数 COUNT	计算包含数字的单元格及参数列表中的数值型数据的个数，参数可以是各种不同类型的数据或单元格引用，但只对数值型数据进行计数
统计满足条件的单元格数目函数 COUNTIF	计算单元格区域内满足给定条件的单元格数目
取整函数 INT	将数字向下取整到最接近的整数
圆整函数 ROUND	返回某个数字按指定位数取整后的数字
判断函数 IF	判断一个条件是否成立，如果成立，则判断条件的值为 TRUE，返回“值 1”，否则返回“值 2”
字符串截取函数 MID	从文本字符串的指定位置开始，返回指定长度的字符串
左截取函数 LEFT	从文本字符串的第一个字符开始，返回指定个数的字符
按列查找函数 VLOOKUP	在表格或数值数组的首列查找指定的数值，并由此返回表格或数组当前行中指定列处的数值（在默认情况下，表是升序排列的）。VLOOKUP 函数与 HLOOKUP 函数属于同一类型的函数，VLOOKUP 函数是按列查找的，而 HLOOKUP 函数是按行查找的
当前日期函数 TODAY	返回日期格式的当前日期
日期时间函数 NOW	返回日期时间格式的当前日期和时间
年函数 YEAR	返回日期的年份值，即一个 1900～9999 范围内的整数
月函数 MONTY	返回月份值，即一个 1～12 范围内的整数
日函数 DAY	返回一个月中某一天的数值，即一个 1～31 范围内的整数
时函数 HOUR	返回小时数值，即一个 0～23 范围内的整数
分函数 MINUTE	返回分钟数值，即一个 0～59 范围内的整数
秒函数 SECOND	返回秒数值，即一个 0～59 范围内的整数
星期函数 WEEKDAY	返回某日期为星期几。在默认情况下，其值为 1（星期天）～7（星期六）范围内的整数

3. 使用公式、函数计算案例

视频：使用公式、函数计算案例

腾飞公司财务处的小王每月负责审查各部门的考勤表及考勤卡，根据公司制度审查员工的加班工时或出差费用，计算、编制员工工资管理报表，并对工资管理报表进行对应的数据统计。员工工资管理报表的具体编制要求如下。

（1）2019 年 10 月工作日总计 21 天，只有满勤的员工才有全勤奖，全勤奖为 200 元。

（2）奖金级别为：经理 150 元/天；副经理 100 元/天；职员 50 元/天。

（3）应发工资=基本工资+奖金×出勤天数+全勤奖。

（4）个人所得税计算原则如下。

- 起征点：5000 元。
- 5001~8000 元征收 3%。
- 8001~17000 元征收 10%。
- 17001~30000 元征收 20%。

（5）实发工资=应发工资-个人所得税+差旅补助。

（6）统计工资排序情况、超出平均工资的人数、最高工资和最低工资。

腾飞公司员工工资管理报表的原始数据如图 10-55 所示，小王最终完成的腾飞员工工资管理报表如图 10-56 所示。

腾飞公司员工工资管理报表

统计时间：2019年11月

工号	姓名	职务	基本工资	出勤天数	奖金（元/天）	全勤奖	差旅补助	应发工资	个人所得税	实发工资	按工资排序
TF001	李X	职员	4500.00	18							
TF002	张X	经理	8500.00	19							
TF003	许X	职员	4500.00	21							
TF004	王X	副经理	8000.00	20			800				
TF005	张X媛	职员	5000.00	19							
TF006	吴X	经理	10000.00	17							
TF007	赵X涛	职员	5000.00	21							
TF008	郑X	副经理	7500.00	18			1000				
TF009	徐X	职员	4500.00	20							
TF010	廖X梅	经理	9500.00	21							
TF011	钱X	职员	5500.00	21							

图 10-55　腾飞公司员工工资管理报表的原始数据

腾飞公司员工工资管理报表

统计时间：2019年11月

工号	姓名	职务	基本工资	出勤天数	奖金（元/天）	全勤奖	差旅补助	应发工资	个人所得税	实发工资	按工资排序
TF001	李X	职员	4500.00	18	50	0		5400.00	12.00	5388.00	11
TF002	张X	经理	8500.00	19	150	0		11350.00	635.00	10715.00	3
TF003	许X	职员	4500.00	21	50	200		5750.00	22.50	5727.50	9
TF004	王X	副经理	8000.00	20	100	0	800	10000.00	500.00	10300.00	4
TF005	张X媛	职员	5000.00	19	50	0		5950.00	28.50	5921.50	8
TF006	吴X	经理	10000.00	17	150	0		12550.00	755.00	11795.00	2
TF007	赵X涛	职员	5000.00	21	50	200		6250.00	37.50	6212.50	7
TF008	郑X	副经理	7500.00	18	100	0	1000	9300.00	430.00	9870.00	5
TF009	徐X	职员	4500.00	20	50	0		5500.00	15.00	5485.00	10
TF010	廖X梅	经理	9500.00	21	150	200		12850.00	785.00	12065.00	1
TF011	钱X	职员	5500.00	21	50	200		6750.00	52.50	6697.50	6

超过平均工资的人数： *5*

最高工资： *12065.00*

最低工资： *5388.00*

图 10-56　腾飞公司员工工资管理报表最终效果

打开“腾飞公司员工工资管理报表.et”工作簿文件，选择名为“工资表”的工作表，进行下列操作。

（1）计算并填充“奖金（元/天）”列数据。

使用 WPS 表格中的 IF 函数可以实现根据员工的职务级别填充“奖金（元/天）”列数据。IF 函数的功能是根据指定的条件计算结果（TRUE 或 FALSE），返回不同的结果，具体操作步骤如下。

选中 F4 单元格，单击编辑栏中的“插入函数”按钮，或者在“公式”选项卡下的“函数库”组中单击“插入函数”按钮，打开“插入函数”对话框，如图 10-57 所示。

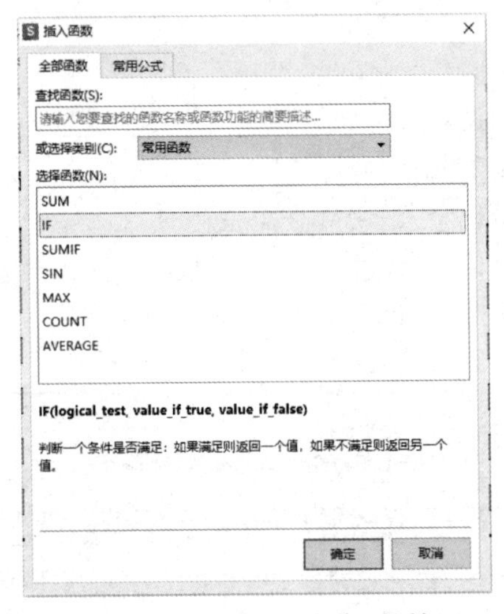

图 10-57 “插入函数”对话框

在“或选择类别”下拉列表中选择“常用函数”选项，在“选择函数”列表框中选择“IF”函数，单击“确定”按钮，打开“函数参数”对话框，如图 10-58 所示。

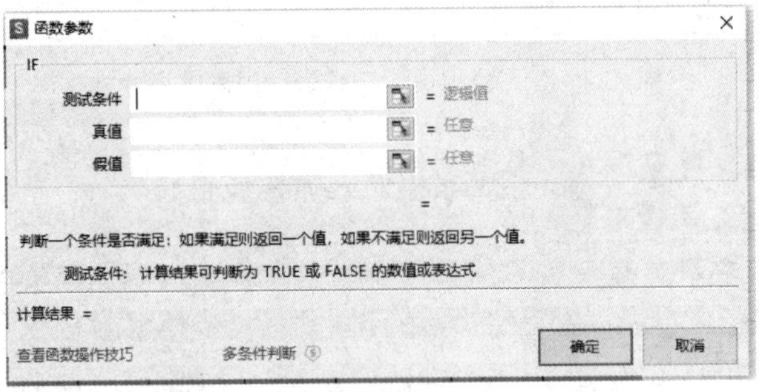

图 10-58 “函数参数”对话框

将鼠标指针定位于“测试条件”文本框，单击文本框右侧的按钮，压缩“函数参数”对话框，如图 10-59 所示。

图 10-59 压缩“函数参数”对话框

在工作表中选中 C4 单元格，单击按钮，重新扩展“函数参数”对话框，在“测试条件”文本框中将条件式“C4="经理"”填写完整。在“真值”文本框中输入 150，表示当条件成立时（当前员工的职务为经理时），函数返回值为 150，如图 10-60 所示。

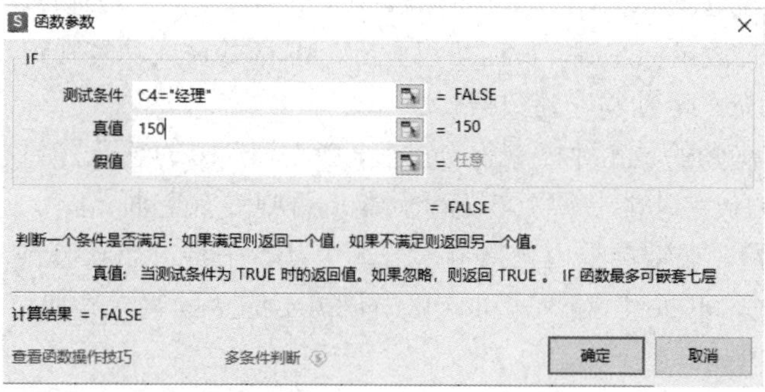

图 10-60　填写条件

当条件不成立时，要继续判断当前员工的职务，因此，在“假值”中需要嵌套 IF 函数进行职务判断，单击“假值”文本框，在“编辑栏”最左侧的函数下拉列表中选择“IF”函数，再次打开“函数参数”对话框，如图 10-61 所示。

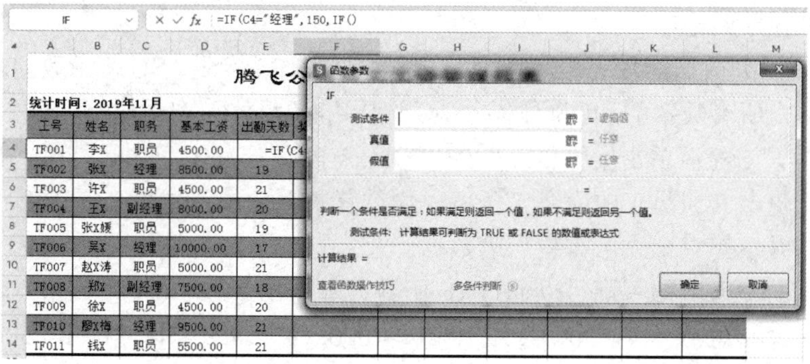

图 10-61　嵌套 IF 函数

将鼠标指针定位于“测试条件”文本框，单击右侧的按钮，选中 C4 单元格，并在“测试条件”文本框中将条件式“C4="副经理"”填写完整，在“真值”文本框中输入 100，在“假值”文本框中输入 50，表示当条件成立时（当前员工的职务是副经理），函数返回值为 100，否则函数返回值为 50，如图 10-62 所示。

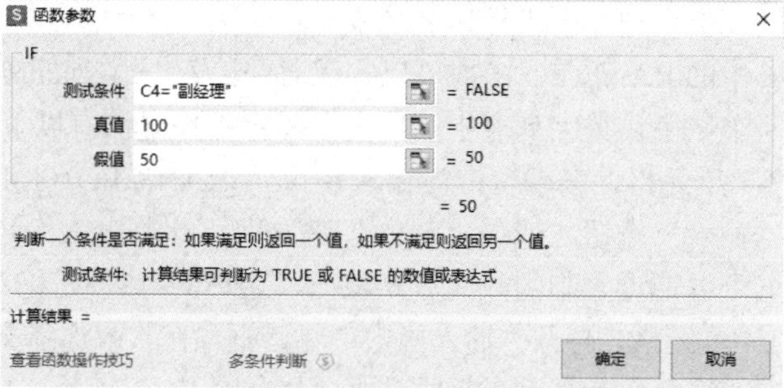

图 10-62　嵌套 IF 函数条件填写

单击“确定”按钮，返回工作表，此时F4单元格中的公式为“=IF（C4="经理",150,IF（C4="副经理",100,50））”，其返回值为50。

其他员工的“奖金（元/天）”列中的数据可以采用复制函数的方式填充。选中F4单元格，将鼠标指针移动到该单元格的右下角，当指针变成十字形状时，按住鼠标左键拖动至目标位置F14单元格后，释放鼠标左键。此时可以看到，IF函数被成功复制到其他单元格中。

（2）计算并填充“全勤奖”列数据。

公司规定只有满勤的员工才能获得全勤奖，2019年10月份工作日总计21天，因此只有出勤天数为21的员工才能获得200元全勤奖，否则没有全勤奖。

选中G4单元格，在编辑框内直接输入公式“=IF（E4=21,200,0）”，单击编辑框左侧的“输入”按钮✓或按“Enter”键，即可计算出该员工的全勤奖，其他员工的全勤奖可以通过复制函数的方式填充。

（3）计算并填充“应发工资”列数据。

“应发工资”列数据的填充可以通过在单元格中输入加法公式实现。选中I4单元格，在编辑框内输入公式“=D4+E4*F4+G4”，单击编辑框左侧的“输入”按钮✓或按“Enter”键，即可计算出第1名员工的应发工资，其他员工的应发工资可以通过复制公式的方法填充，即按住鼠标左键拖动I4单元格右下角的填充柄至I14单元格。此时可以看到，公式被成功复制到其他单元格中。

“应发工资”列数据的填充也可以通过求和函数SUM实现。SUM函数的功能是返回某一单元格区域内所有数字的和。操作方法为：选中L4单元格，在编辑框内输入公式“=SUM（D4,E4*F4,G4）”，随后单击编辑框左侧的“输入”按钮✓或按“Enter”键，计算出第1名员工的应发工资，其他员工的应发工资可以通过复制函数的方式填充。

（4）计算并填充“个人所得税”列数据。

每名员工的个人所得税都可以通过IF函数计算得出。选中J4单元格，在编辑栏内输入公式“=IF（I4>17000,（I4-5000）*0.2,IF（I4>8000,（I4-5000）*0.1,IF（I4>5000,（I4-5000）*0.03,0）））”，单击编辑栏左侧的“输入”按钮✓或按“Enter”键，即可计算出第1名员工的个人所得税。其他员工的个人所得税可以通过复制函数的方式填充。

（5）计算并填充“实发工资”列数据。

选中K4单元格，在编辑框内输入公式“=I4-J4+H4”，单击“编辑栏”左侧的“输入”按钮✓或按“Enter”键，即可计算出第1名员工的实发工资。其他员工的实发工资同样可以通过复制公式的方式填充。

（6）根据“实发工资”列数据进行排名。

使用Excel 2016中的RANK.EQ函数可以实现对“实发工资”列的顺序排列。RANK.EQ函数的功能是返回一个数字在数字列表中的排名，具体操作方法有以下两种。

方法一：选中L4单元格，在编辑框内输入公式“=RANK.EQ（K4,$K$4:$K$14,0）”，单击编辑框左侧的“输入”按钮✓或按“Enter”键，即可计算出第1名员工的工资排名，其他员工的工资排名可以通过复制函数的方式填充，这里的“$”是绝对引用符号。

方法二：选中L4单元格，打开“插入函数”对话框，在“或选择类别”下拉列表中选择“统计”选项，在“选择函数”列表框中选择“RANK.EQ”函数，单击“确定”按钮，打开“函数参数”对话框，如图10-63所示。先将鼠标指针定位于“数值”文本框，选择要排位的 K4 单元格，再将鼠标指针定位于“引用”文本框，在工作表中选中 K4:K14 单元格区域（要排位的数字列表），并进行绝对引用（选中“引用”文本框中的 K4:K14，并按功能键 F4），在“排位方式”文本框中输入 0，表示按升序排位。单击“确定”按钮，函数返回值为 11，说明第 1 名员工的工资排名是 11。其他员工的“按工资排序”列的数据可以通过复制函数的方式填充。

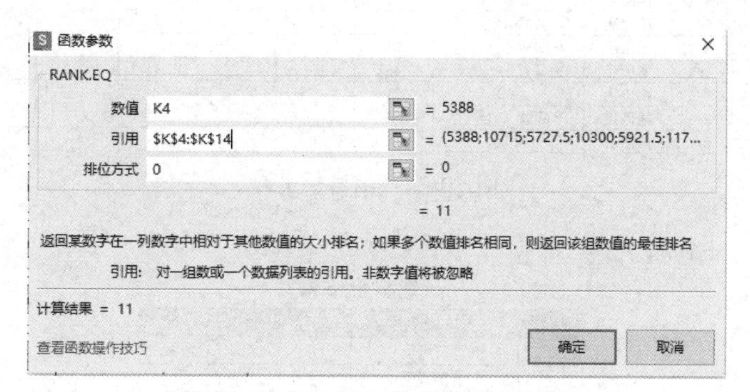

图 10-63　RANK.EQ 函数条件填写

（7）计算统计数据。

计算超过平均工资的人数，并将结果保存到 D16 单元格中。此操作需要使用平均值函数 AVERAGE 和 COUNTIF，AVERAGE 函数的功能是返回参数的平均值（算术平均值），COUNTIF 函数的功能是计算单元格区域内满足给定条件的单元格个数。具体操作步骤如下。

选中要存放结果的单元格 D16，在编辑框内输入公式“=COUNTIF(K4:K14,">="&AVERAGE（K4:K14））”，计算超过平均工资的人数。其中，K4:K14 表示要统计的单元格区域；">="&AVERAGE（K4:K14）表示大于或等于平均实发工资，是统计的条件。

统计最高工资和最低工资，将结果分别保存到 D17 和 D18 单元格中。此操作需要使用最大值函数 MAX 和最小值函数 MIN。MAX 函数的功能是返回一组数值中的最大值，MIN 函数的功能是返回一组数值中的最小值，具体操作步骤如下。

选中 D17 单元格，在编辑框内输入公式“=MAX（K4:K14）”，单击编辑框左侧的“输入”按钮✓或按“Enter”键，计算出最高工资。选中 D18 单元格，在编辑框内输入公式“=MIN（K4:K14）”，再单击编辑框左侧的“输入”按钮✓或按“Enter”键，计算出最低工资。

4. 制作图表案例

视频：制作图表案例

小张在深圳市开了若干家饮料店，为了提高管理水平，他打算用 WPS 表格来管理销售数据。小张制作的各饮料店的销售记录表如图 10-64 所示，记录了 2019 年 8 月 1 日各饮料店的销售情况；“饮料价格表”如图 10-65 所示，给出了每种饮料的单位、进价和售价。

因为“销售记录表”中只记录了饮料的名称和销售数量，为了统计“销售记录表”中“销售额”和“毛利润”列的数据，他必须在“饮料价格表”中查找每种饮料的进价和售价。这个工作量实在太大，而且还容易出错。

小张希望使用函数来统计各连锁店 2019 年 8 月 1 日的销售额和毛利润，并对销售数据进行分析。另外，小张还希望对销售数据进行全面分析，包括统计、查询各种饮料的销售额。

	A	B	C	D	E	F	G	H	I
1		销售记录表							
2	日期	饮料店	饮料名称	数量	单位	进价	售价	销售额	毛利润
3	2019/8/1	南山店	可口可乐	27					
4	2019/8/1	南山店	百事可乐	35					
5	2019/8/1	南山店	可口可乐（1L）	50					
6	2019/8/1	南山店	百事可乐（1L）	48					
7	2019/8/1	南山店	雪碧	21					
8	2019/8/1	南山店	雪碧（1L）	56					
9	2019/8/1	南山店	七喜	19					

图 10-64　销售记录表

	A	B	C	D	E
1		饮料价格表			
2	序号	饮料名称	单位	进价	售价
3	1	可口可乐	听	2.10	2.60
4	2	百事可乐	听	2.00	2.50
5	3	可口可乐（1L）	瓶	2.60	3.30
6	4	百事可乐（1L）	瓶	2.50	3.10
7	5	雪碧	听	2.10	2.80
8	6	雪碧（1L）	瓶	2.50	3.10
9	7	七喜	听	2.10	2.80

图 10-65　饮料价格表

（1）使用 VLOOKUP 函数查找单位、进价和售价。

在“销售记录表”中选择目标单元格 E3，单击“公式”选项卡下“函数库”组中的“查找与引用”下拉按钮，在下拉列表中选择“VLOOKUP”函数，打开“函数参数”对话框。

将鼠标指针定位于“查找值”文本框，由于要根据饮料名称查找单位，所以在该文本框中应输入“C3”（可口可乐），如图 10-66 所示。

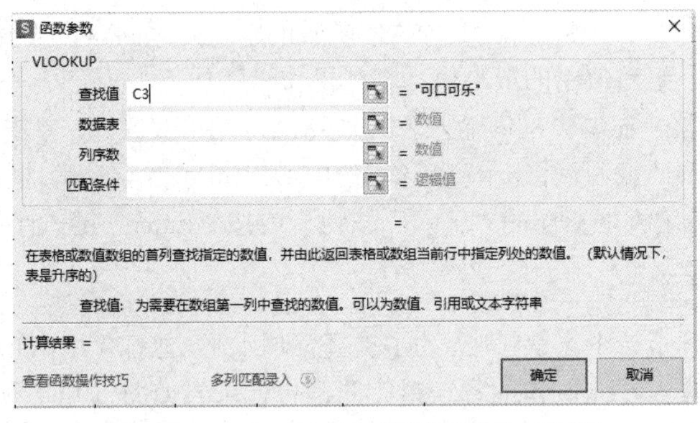

图 10-66　VLOOKUP“函数参数”对话框

将鼠标指针定位于“函数参数”对话框的“数据表”文本框，在打开的“饮料价格表”中选中饮料名称、单位、进价和售价所在的区域（B3:E38）。

“函数参数”对话框中的“列序数”文本框是决定 VLOOKUP 函数在“饮料价格表”中找到匹配的饮料名称所在行后，应返回该行的哪列数据，由于“单位”数据列位于“饮料价格表”的第 3 列，所以在该文本框中应输入 3。

由于饮料名称必须精确匹配，所以需要在“匹配条件”文本框中输入“FALSE”，设置结果如图 10-67 所示。

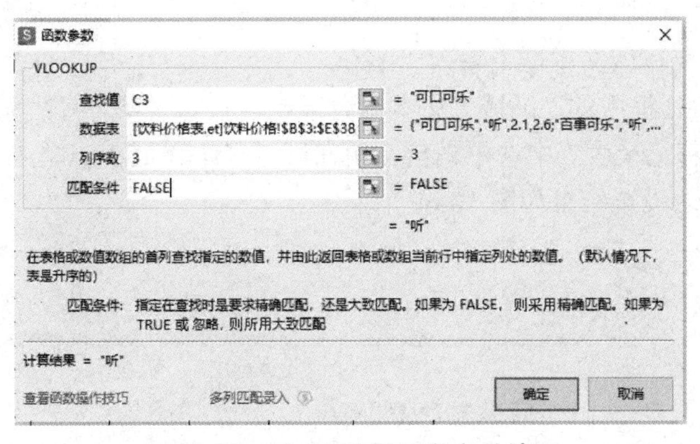

图 10-67　VLOOKUP 函数条件填写

使用相同的方法，在 F3 单元格中使用 VLOOKUP 函数查找“饮料价格表”中饮料的进价和售价。

选中 E3:G3 单元格区域，双击填充柄，复制公式，完成数据的填充。

（2）计算销售额和毛利润，并将该工作表中的所有金额列设置为“货币”格式。

在 H3 单元格中，使用公式计算销售额，其中，销售额 = 售价 × 数量。

在 I3 单元格中，使用公式计算毛利润，其中，毛利润 =（售价-进价）× 数量。

分别选择“销售记录表”中的“进价”“售价”“销售额”“毛利润”列。在“开始”选项卡下“数字”组的“数字格式”下拉列表中选择“货币”选项。“销售记录表”中的计算结果如图 10-68 所示。

	A	B	C	D	E	F	G	H	I
1		销售记录表							
2	日期	饮料店	饮料名称	数量	单位	进价	售价	销售额	毛利润
3	2019/8/1	南山店	可口可乐	27	听	¥2.10	¥2.60	¥70.20	¥13.50
4	2019/8/1	南山店	百事可乐	35	听	¥2.00	¥2.50	¥87.50	¥17.50
5	2019/8/1	南山店	可口可乐（1L）	50	瓶	¥2.60	¥3.30	¥165.00	¥35.00
6	2019/8/1	南山店	百事可乐（1L）	48	瓶	¥2.50	¥3.10	¥148.80	¥28.80
7	2019/8/1	南山店	雪碧	21	听	¥2.10	¥2.80	¥58.80	¥14.70
8	2019/8/1	南山店	雪碧（1L）	56	瓶	¥2.50	¥3.10	¥173.60	¥33.60
9	2019/8/1	南山店	七喜	19	听	¥2.10	¥2.80	¥53.20	¥13.30

图 10-68　计算结果

为了便于浏览数据，下面将“销售记录表”中的第 2 行和第 1 列冻结：选中 B3 单元格，单击“视图”选项卡下“窗口”组中的“冻结窗格”下拉按钮，选择“冻结至第 2 行 A 列”命令。

（3）使用 SUMIF 函数统计各饮料店的销售额和毛利润。

在“销售统计表”（见配套课程资源）中，选中 B4 单元格，单击“公式”选项卡下“函数库”组中的“插入函数”按钮，打开“插入函数”对话框。在该对话框中的“或选择类别”下拉列表中选择“全部”选项，单击“选择函数”列表框中的任意函数，随后按“S”键，这时鼠标指针会停留在“S”开头的函数上，找到 SUMIF 函数，单击“确定”按钮，打开“函数参数”对话框。

“函数参数”对话框中的“区域”文本框用于设置条件区域，将鼠标指针定位于该文本框，并在打开的“销售记录表”中选中饮料店所在区域（B3:B182）。

“函数参数”对话框中的“条件”文本框用于设置条件，此时要满足的条件是 B3 单元格的销售额，所以要在该文本框中输入“B3”。

“函数参数”对话框中的“区域”文本框用于设置求和区域。将鼠标指针定位于该文本框，在打开的“销售记录表”中选中销售额所在区域（H3:H182），单击“确定”按钮，“函数参数”对话框中的设置结果如图 10-69 所示。

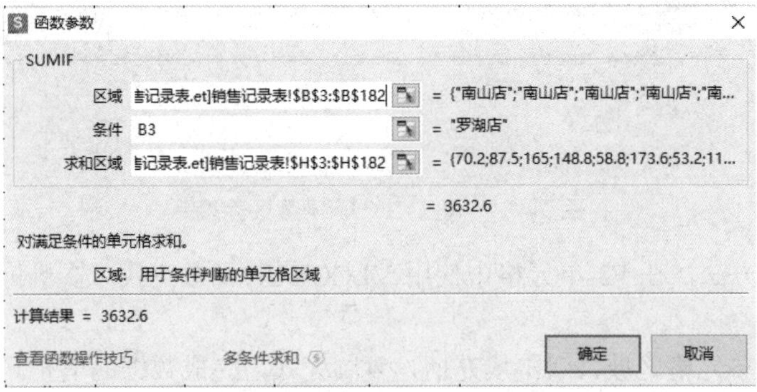

图 10-69 SUMIF 函数条件填写

按住鼠标左键向右拖动 B4 单元格的填充柄至 F4 单元格，复制公式，填充各饮料店的销售额。

选中 B5 单元格，使用相同的方法用 SUMIF 函数计算各饮料店的毛利润，SUMIF 函数条件填写如图 10-70 所示。

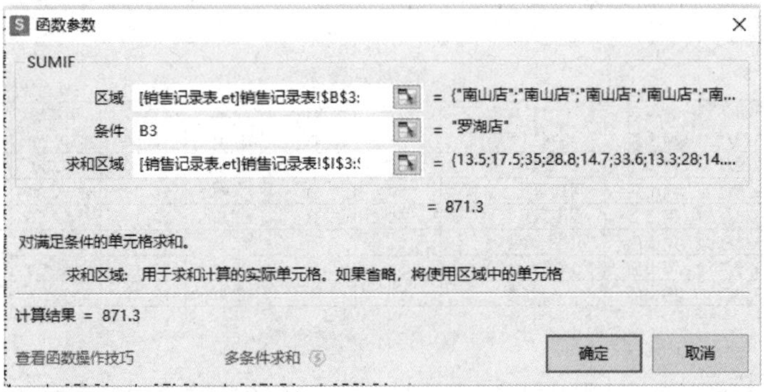

图 10-70 SUMIF 函数条件填写

向右拖动 B5 单元格的填充柄至 F5 单元格，复制公式，填充各饮料店的毛利润，结果如图 10-71 所示。

各饮料店的销售额和毛利润

	罗湖店	福田店	龙岗店	南山店	宝安店
销售额	¥3,632.60	¥3,451.70	¥3,657.70	¥3,364.60	¥3,235.30
毛利润	¥871.30	¥832.30	¥879.00	¥794.90	¥769.90

图 10-71 各饮料店的销售额和毛利润

（4）使用 SUMIFS 函数统计各饮料店中 5 种饮料的销售额。

在“销售统计表”中，选中 B9 单元格，单击“公式”选项卡下“函数库”组中的“数学和三角函数”下拉按钮，在下拉列表中选择“SUMIFS”函数，打开“函数参数”对话框，如图 10-72 所示。

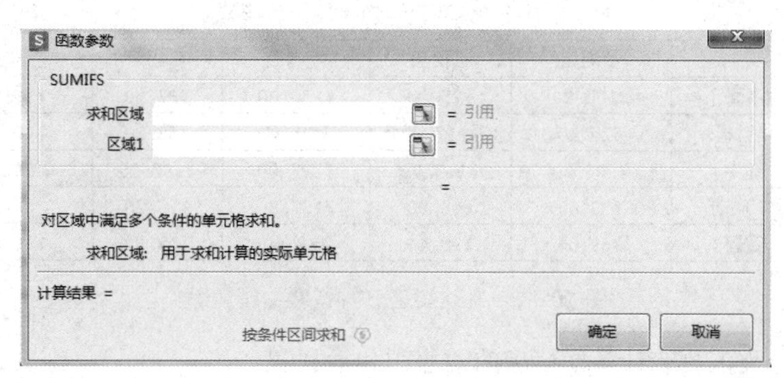

图 10-72　SUMIFS“函数参数”对话框

“函数参数”对话框中的“求和区域”文本框用于设置求和区域。将鼠标指针定位于该文本框，在打开的“销售记录表”中选中销售额所在区域（H3:H182）。

“函数参数”对话框中的“区域 1”文本框用于设置条件区域 1。将鼠标指针定位于该文本框，在打开的“销售记录表”中选中饮料店所在区域（B3:B182）。

“函数参数”对话框中的“条件 1”文本框用于设置条件区域 1 要满足的条件，此时要满足的条件是 B8 单元格的销售额，所以在该文本框中应输入“B8”。

“函数参数”对话框中的“区域 2”文本框用于设置条件区域 2。将鼠标指针定位于该文本框，在打开的“销售记录表”中选中饮料名称所在区域（C3:C182）。

“函数参数”对话框中的“条件 2”文本框用于设置条件区域 2 要满足的条件，此时要满足的条件是 A9 单元格的销售额，所以在该文本框中应输入“A9”，为了方便填充其他店相应饮料的销售额，选中 A9 单元格，随后按“F4”键设置绝对引用，使该文本框中的内容变为“$A$9”。

SUMIFS 函数可以设置多对条件区域和条件。本例只有两对条件区域和条件，设置结果如图 10-73 所示。

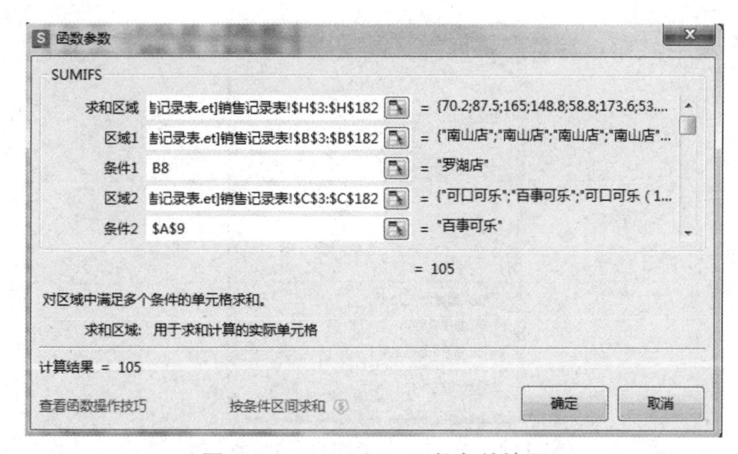

图 10-73　SUMIFS 函数条件填写

按住鼠标左键向右拖动 B9 单元格的填充柄至 F9 单元格，复制公式，完成百事可乐各饮料店销售额的统计，使用同样的方法完成其他饮料在各店的销售额统计，结果如图 10-74 所示。

7	各饮料店5种饮料的销售额					
8		罗湖店	福田店	龙岗店	南山店	宝安店
9	百事可乐	¥105.00	¥75.00	¥120.00	¥87.50	¥77.50
10	果粒橙	¥75.40	¥117.00	¥75.40	¥83.20	¥75.40
11	红牛	¥206.50	¥147.00	¥217.00	¥182.00	¥206.50
12	可口可乐	¥80.60	¥46.80	¥137.80	¥70.20	¥109.20
13	雪碧	¥89.60	¥78.40	¥89.60	¥58.80	¥89.60

图 10-74　各饮料店 5 种饮料的销售额

（5）使用分类汇总统计各饮料店的销售额和毛利润。

前面使用 SUMIF 和 SUMIFS 函数进行的销售额统计实际上是条件求和，在 WPS 表格中也可以使用分类汇总来实现这个功能。

首先，创建“销售记录表”的副本。由于分类汇总会改变源表的结构，所以在对销售额和毛利润进行统计之前，应该先创建一个“销售记录表”的副本。单击“销售记录表”标签，按住“Ctrl”键拖动标签，复制一个“销售记录表”的副本“销售记录表（2）”，将“销售记录表（2）”重命名为“饮料店汇总表”。

然后，在“饮料店汇总表”中，对“饮料店”字段进行排序，方法如下：在“饮料店汇总表”的数据区中，单击“饮料店”列中的任意一个单元格，单击“数据”选项卡下“排序和筛选”组中的“升序”按钮，将“饮料店汇总表”中的记录按照“饮料店”的首字母升序排列。

选中“饮料店汇总表”的数据区，单击“数据”选项卡下的“分类汇总”按钮，打开“分类汇总”对话框。

在“分类字段”下拉列表中选择“饮料店”选项，在“汇总方式”下拉列表中选择“求和”选项，在“选定汇总项”列表框中勾选“销售额”和“毛利润”复选框，如图 10-75 所示，单击“确定”按钮。

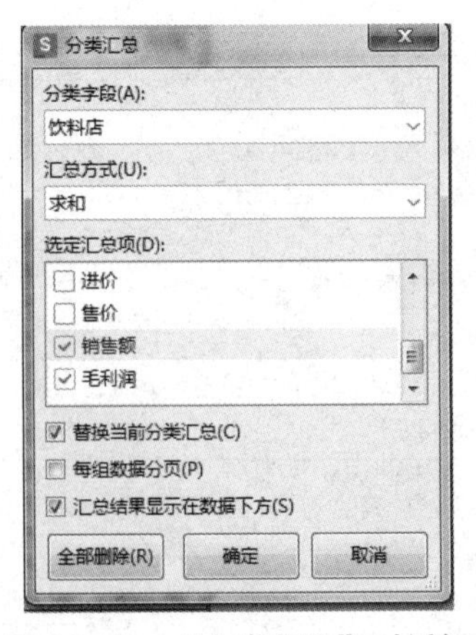

图 10-75　“分类汇总”对话框

在“饮料店汇总表”中单击“数据”选项卡下的“折叠”按钮，隐藏表中的明细数据行，结果如图 10-76 所示。

	A	B	C	D	E	F	G	H	I
1		销售记录表							
2	日期	饮料店	饮料名称	数量	单位	进价	售价	销售额	毛利润
39		宝安店 汇总						¥3,235.30	¥769.90
76		福田店 汇总						¥3,451.70	¥832.30
113		龙岗店 汇总						¥3,657.70	¥879.00
150		罗湖店 汇总						¥3,632.60	¥871.30
187		南山店 汇总						¥3,364.60	¥794.90
188		总计						¥17,341.90	¥4,147.40

图 10-76　分类汇总结果

（6）使用两轴线-柱图比较销售额和毛利润。

两轴线-柱图是一种组合图表，使用两种或多种图表类型，以强调图表中含有不同类型的信息。两轴线-柱图是将一个数据系列（销售额）显示为柱形图，将另一个数据系列（毛利润）显示为折线图而组成的组合图表。下面使用两轴线-柱图来表现南山店、福田店和罗湖店的销售额与毛利润之间的对比关系。

在“饮料店汇总”表中选择数据源，插入“簇状柱形图”图表，操作步骤如下。

选中“饮料店汇总”表中的 B2 单元格，按住“Ctrl”键，分别选择 H2 和 I2 单元格，以及与福田店、罗湖店和南山店对应的“销售额”数据列和“毛利润”数据列，如图 10-77 所示。

	A	B	C	D	E	F	G	H	I
1		销售记录表							
2	日期	饮料店	饮料名称	数量	单位	进价	售价	销售额	毛利润
39		宝安店 汇总						¥3,235.30	¥769.90
76		福田店 汇总						¥3,451.70	¥832.30
113		龙岗店 汇总						¥3,657.70	¥879.00
150		罗湖店 汇总						¥3,632.60	¥871.30
187		南山店 汇总						¥3,364.60	¥794.90
188		总计						¥17,341.90	¥4,147.40

图 10-77　数据源的选择

单击“插入”选项卡下“图表”组中的“插入柱形图”下拉按钮，在“簇状柱形图”组中选择需要的图表样式，插入簇状柱形图，如图 10-78 所示。

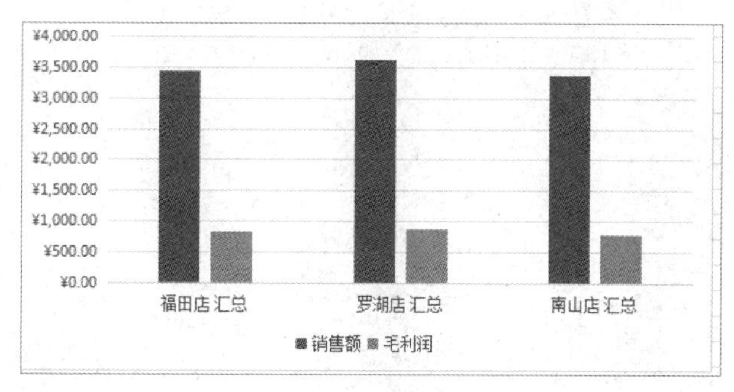

图 10-78　插入簇状柱形图

单击图表中的空白区域，选中图表，单击“图表工具”选项卡下的“移动图表”按钮，在打开的“移动图表”对话框中选中“新工作表”单选按钮，并在对应的文本框中输入工作表名称“销售额与毛利润统计图”，如图 10-79 所示。

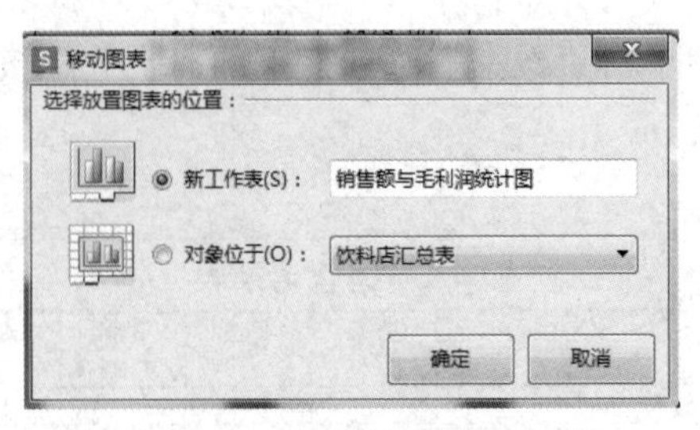

图 10-79 “移动图表”对话框

将二维簇状柱形图改为两轴线-柱图，操作步骤如下。

选中“簇状柱形图”中的“毛利润”数据系列（橙色柱体），单击“图表工具”选项卡下的“设置格式”按钮，打开“设置数据系列格式”任务窗格，在“系列选项”组的“系列绘制在”单选按钮组中选中“次坐标轴”单选按钮，如图 10-80 所示。

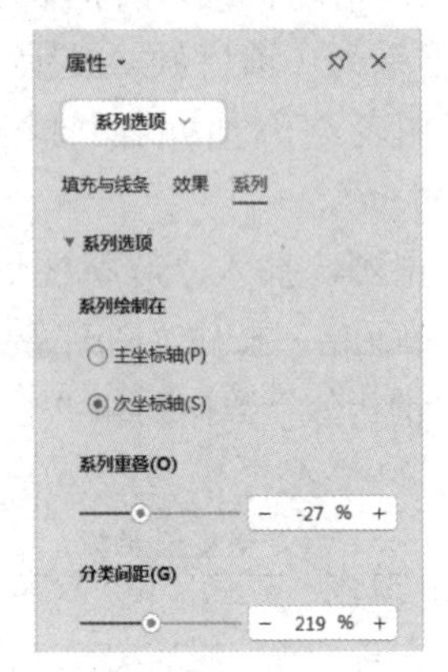

图 10-80 “设置数据系列格式”任务窗格

将“毛利润”数据系列设置为次坐标轴，单击“关闭”按钮，关闭“设置数据系列格式”任务窗格，图表结果如图 10-81 所示。

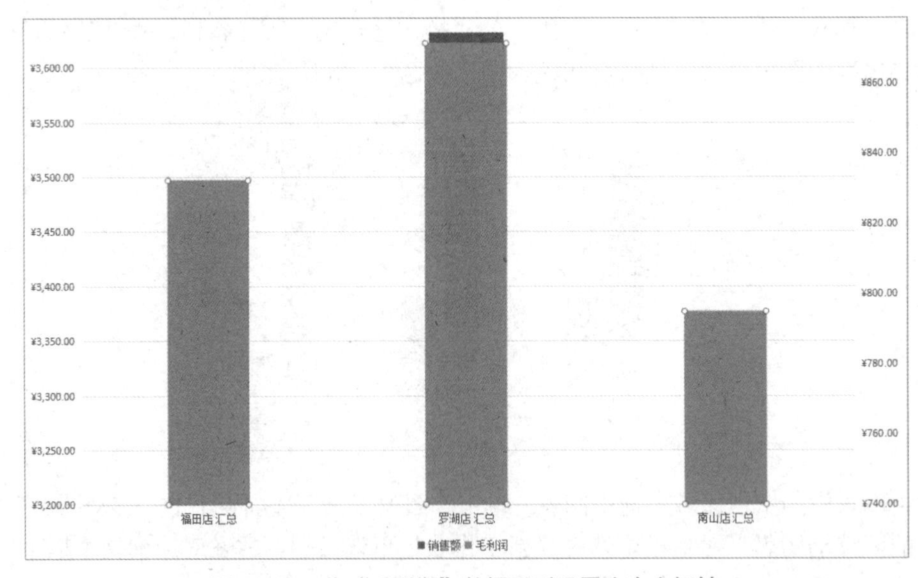

图 10-81 将“毛利润”数据系列设置为次坐标轴

单击“图表工具”选项卡下的“更改类型”按钮，打开“更改图表类型”对话框，在该对话框中选择“组合图”选项，在“毛利润”下拉列表中选择“折线图”选项，如图 10-82 所示。

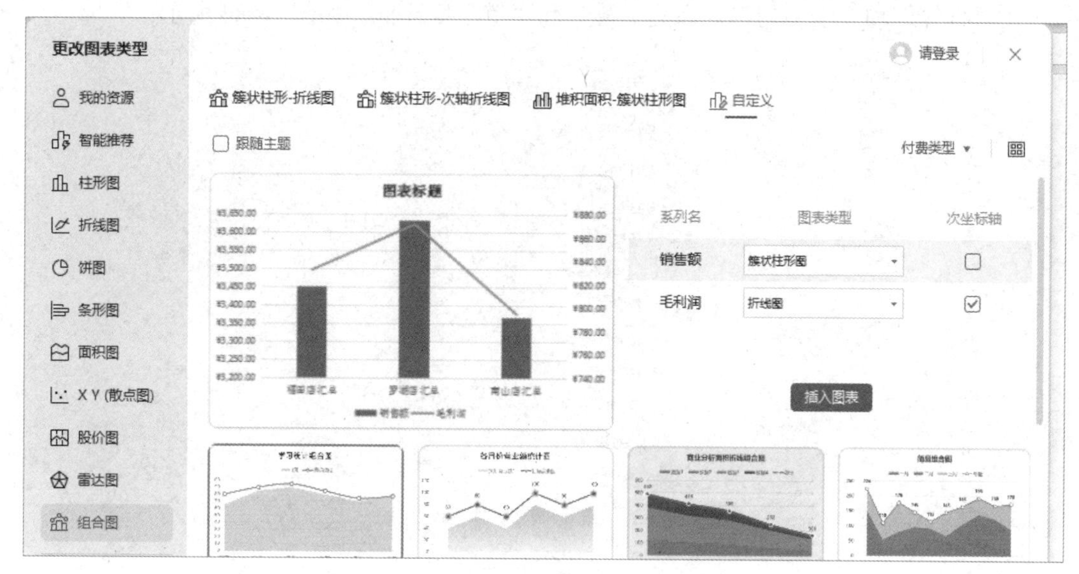

图 10-82　“更改图表类型”对话框

单击“插入图表”按钮，将“销售额”数据系列显示为柱形图、“毛利润”数据系列显示为折线图，两轴线-柱图如图 10-83 所示。

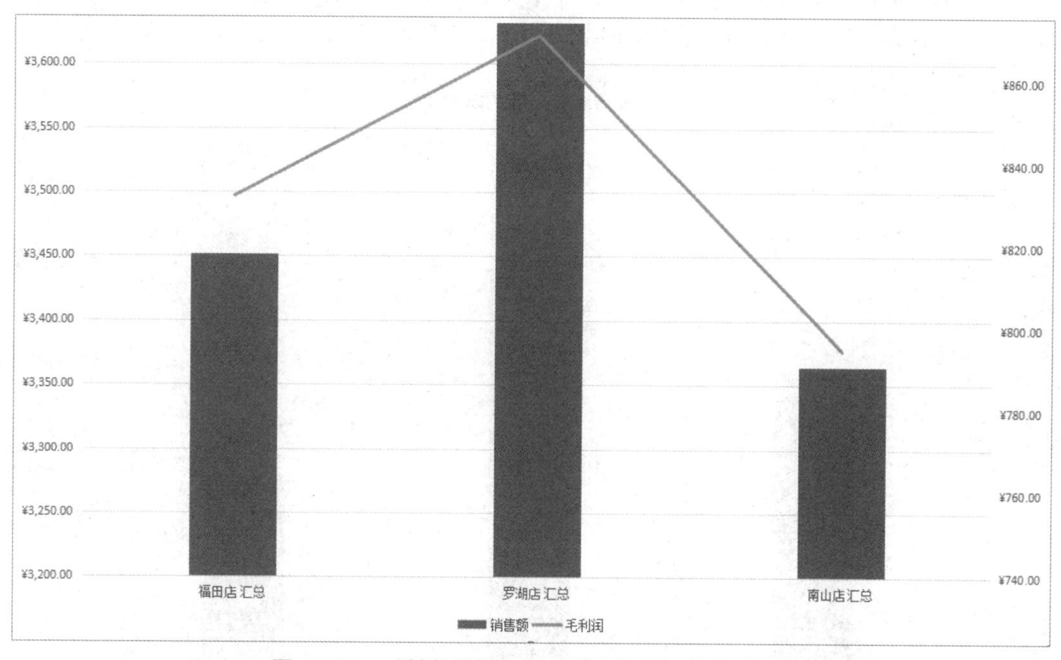

图 10-83　“销售量”和“毛利率”的两轴线-柱图

将图表标题修改为“销售额与毛利润统计图”，并为“毛利润”数据系列添加系列名称和值标签，操作步骤如下。

在图表中选中“毛利润”数据系列，单击“图表工具”选项卡下的“添加元素”下拉按钮，在弹出的下拉菜单中选择“数据标签”→“更多选项”命令，打开“设置数据标签格式”任务窗格。

在“标签选项”组中勾选“系列名称”和“值”复选框，如图 10-84 所示。

图 10-84 “设置数据标签格式”任务窗格

为“毛利润”数据系列添加系列名称和值标签，单击“关闭”按钮，关闭“设置数据标签格式”任务窗格，图表结果如图 10-85 所示。

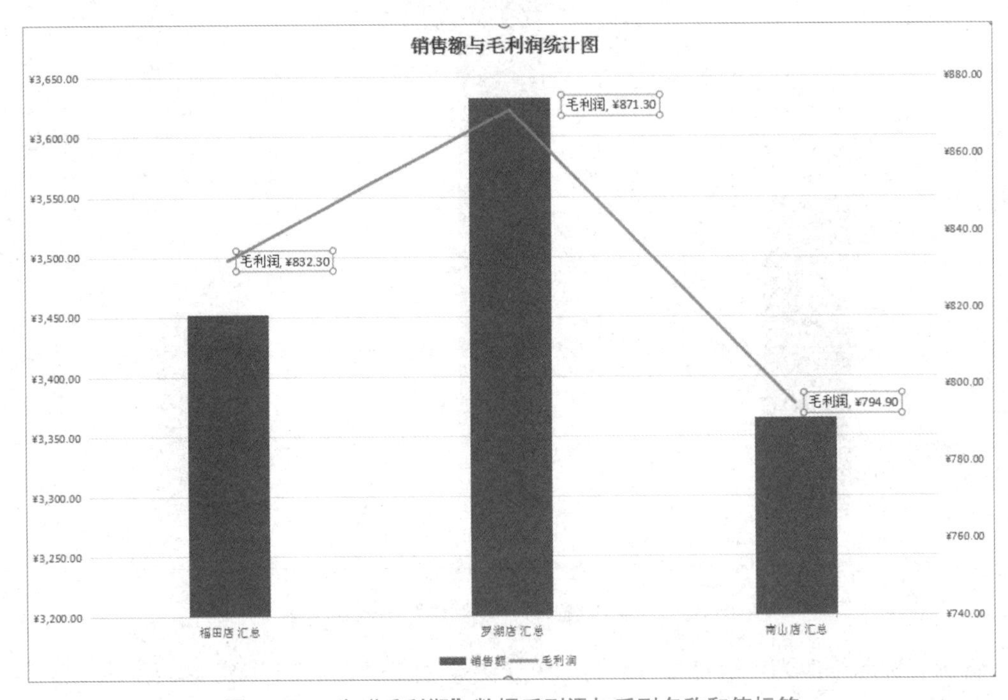

图 10-85 为“毛利润”数据系列添加系列名称和值标签

（7）用数据透视表分析销售数据。

在“销售记录表”中，用数据透视表统计各种饮料在各饮料店的销售额，操作步骤如下。

选中“销售记录表”中的任意一个单元格，单击“插入”选项卡下“表格”组中的“数据透视表”按钮，打开“创建数据透视表”对话框。

在该对话框中，系统会自动选择数据区，在“请选择放置数据透视表的位置”单选按钮组中选中“现有工作表”单选按钮，并将鼠标指针定位于下方的文本框，如图 10-86 所示，随后单击 Sheet1 标签中的 A1 单元格，单击“确定”按钮，创建数据透视表。

在“数据透视表”任务窗格中进行布局设置：将“饮料店”字段拖动到“列”区域中，将“饮料名称”字段拖动到“行”区域中，将“求和项：销售额”字段拖动到“值”区域中。至此，数据透视表创建完成，如图 10-87 所示。

将数据透视表的标签“Sheet1”重命名为“销售数据查询”。

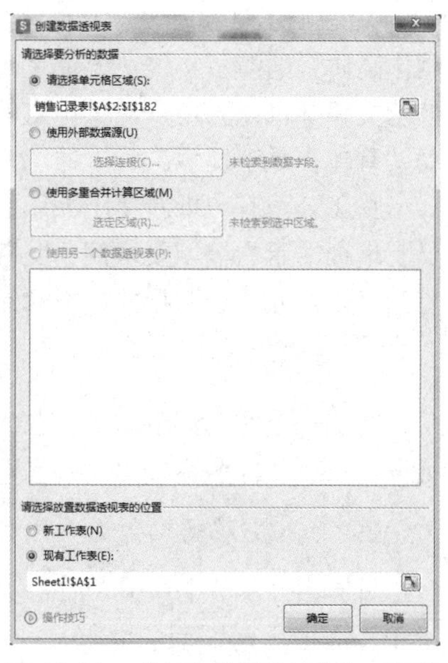

图 10-86　“创建数据透视表”对话框

A1　求和项:销售额

求和项:销售额	饮料店					
饮料名称	宝安店	福田店	龙岗店	罗湖店	南山店	总计
百事可乐	77.5	75	120	105	87.5	465
百事可乐（1L）	130.2	207.7	108.5	164.3	148.8	759.5
冰糖雪梨	107.5	117.5	102.5	92.5	112.5	532.5
菠萝啤	106.6	145.6	83.2	109.2	135.2	579.8
芬达	53.2	100.8	89.6	53.2	58.8	355.6
芬达（1L）	115.5	148.5	135.3	115.5	122.1	636.9
光明纯牛奶	80	60	115	52.5	65	372.5
光明酸奶	61.5	57	48	52.5	51	270
果缤纷	30	47.5	62.5	65	35	240
果粒橙	75.4	117	75.4	75.4	83.2	426.4
果粒橙（1L）	182.4	129.6	148.8	172.8	201.6	835.2
红茶	124.2	87.4	80.5	80.5	110.4	483
红牛	206.5	147	217	206.5	182	959
汇源果汁	66.7	94.3	59.8	64.4	85.1	370.3
加多宝	106.4	84	95.2	173.6	131.6	590.8
可口可乐	109.2	46.8	137.8	80.6	70.2	444.6
可口可乐（1L）	118.8	158.4	237.6	158.4	165	838.2
绿茶	62.1	80.5	46	82.8	64.4	335.8
脉动	138.6	115.5	191.4	224.4	151.8	821.7
美年达	52	62	72	64	52	302
美年达（1L）	108.8	144	89.6	92.8	118.4	553.6
蒙牛纯牛奶	95	102.5	105	107.5	112.5	522.5
蒙牛酸奶	65.6	40	41.6	46.4	60.8	254.4
奶茶	70.2	32.4	91.8	102.6	54	351
农夫山泉	103.5	147	157.5	153	117	678
苹果汁	61.2	57.6	66.6	57.6	43.2	286.2
葡萄汁	36	43.2	43.2	37.8	32.4	192.6
七喜	78.4	58.8	100.8	98	53.2	389.2
七喜（1L）	79.2	132	135.3	132	115.5	594

数据透视表
字段列表
将字段拖动至数据透视表区域
饮料名称　数量　单位　进价　售价　销售额
数据透视表区域
在下面区域中拖动字段
筛选器　列：饮料店
行：饮料名称　值：求和项:销售额
销售记录表　销售额与毛利润统

图 10-87　数据透视表

10.2.6 演示文稿的修饰与编辑

视频：演示文稿的修饰与编辑

WPS 演示文稿是一款功能强大的演示制作软件，它可以帮助用户快速制作高质量的演示文稿，无论是商务汇报、学术讲座还是个人展示，WPS 演示文稿都可以为用户提供丰富的设计模板、动画效果和多媒体素材，让演示文稿更加生动、有趣、易于理解。

腾飞公司有一批新员工入职，王经理打算对新员工进行培训，他让秘书帮他制作一份员工培训演示文稿，要求演示文稿中包含公司概述、组织架构、企业文化、规章制度等内容，可以插入适量音频并为不同幻灯片设置动画效果。

1. 创建演示文稿

新建一个空白演示文稿。在“文件”选项卡下选择“保存”命令，打开“另存为”对话框，在“文件名称”中输入“新员工培训”，单击“保存”按钮，后缀名为“.dps”。

2. 插入、编辑幻灯片

（1）在“新员工培训”演示文稿中插入 10 张幻灯片，用于制作和编辑摘要、目录、表格和 SmartArt 等方面的内容。

在“幻灯片”窗格中的目标位置右击，在弹出的快捷菜单中选择“新建幻灯片”命令，添加一张新的幻灯片，单击“开始”选项卡下的“版式”下拉按钮，选择新建幻灯片的版式，如图 10-88 所示。

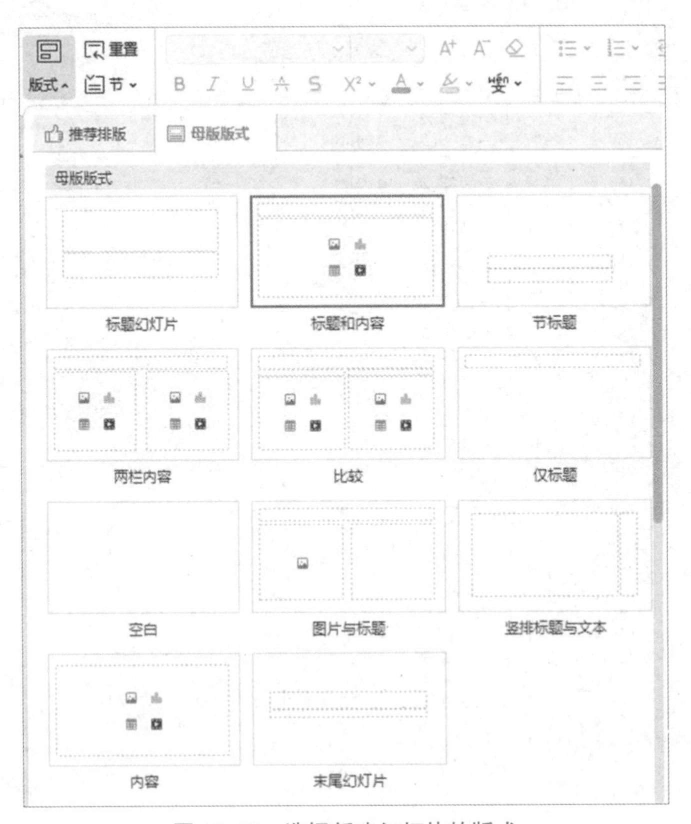

图 10-88 选择新建幻灯片的版式

（2）为第 1 张幻灯片添加“标题幻灯片”版式，并输入演示文稿的题目“新员工培训”，格式为隶书、66 磅、红色；输入副标题为“欢迎加盟”，格式为隶书、48 磅、蓝色。

单击“设计”选项卡下的“背景”下拉按钮▨，在弹出的下拉菜单中选择“背景填充”命令，打开“对象属性”任务窗格，在“填充”单选按钮组中选中“图片或纹理填充”单选按钮，在“图片填充”下拉列表中选择本地文件，找到图片所在文件夹，选择图片“新员工培训”，单击“全部应用”按钮，如图 10-89 所示。

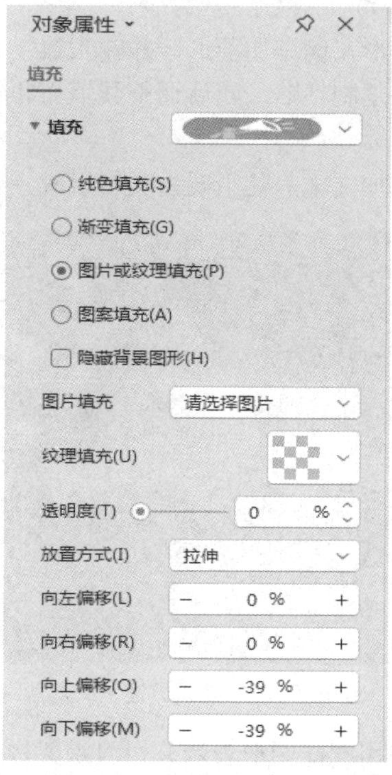

图 10-89　设置图片填充背景

（3）在第 2 张幻灯片中添加形状并填写文字，效果如图 10-90 所示。

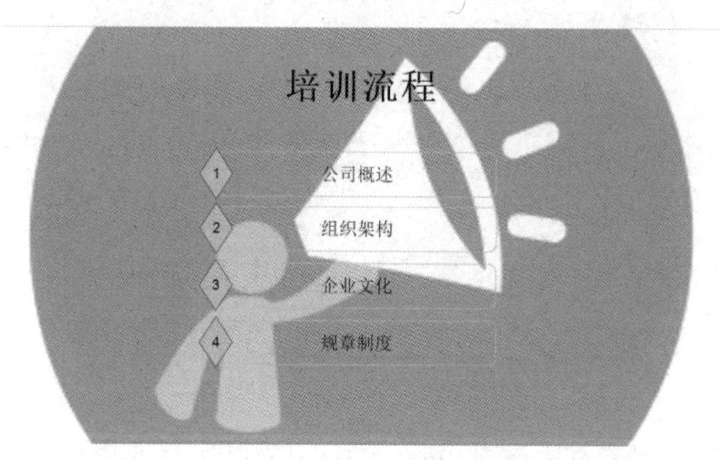

图 10-90　“培训流程”幻灯片

在标题栏中输入标题“培训流程”，格式为宋体、48 磅、黑色。

选择“开始”选项卡下“形状”组中的“圆角矩形”选项，之后在幻灯片上拖动，添加一个圆角矩形。

单击“绘图工具”选项卡下的“填充”下拉按钮，在弹出的下拉菜单中设置圆角矩形的形状填充为“无填充颜色”，单击“轮廓”下拉按钮，在弹出的下拉菜单中设置形状轮廓为“橙色”。

右击圆角矩形，在弹出的快捷菜单中选择“编辑文字”命令，在圆角矩形中输入文字“公司概述”，格式为宋体、24 磅、黑色。

按照以上步骤，在圆角矩形左侧添加菱形，并输入数字“1”。

将两个形状进行组合，并复制粘贴，随后调整其填充和轮廓，完成余下 3 个图形的制作和文字的输入。

（4）在第 3 张幻灯片中添加文本，其主要由文字组成，效果如图 10-91 所示。

图 10-91　“公司概述”幻灯片

（5）在第 4 张幻灯片中使用智能图形表示公司组织架构，效果如图 10-92 所示。

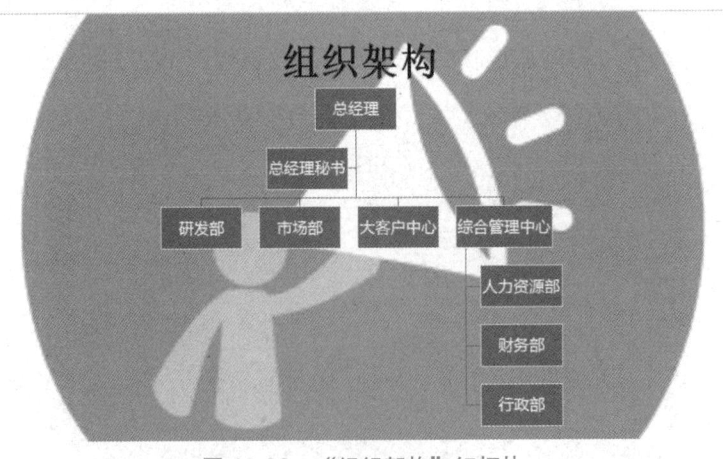

图 10-92　“组织架构”幻灯片

单击“插入”选项卡下的“智能图形”按钮，在弹出的“智能图形”对话框中选择“组织架构”选项卡下的架构，如图 10-93 所示。

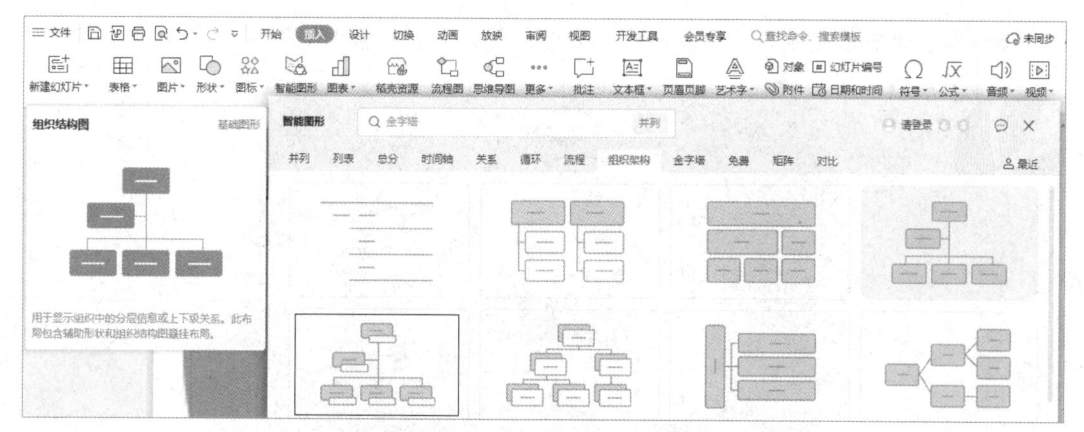

图 10-93　“智能图形”对话框

在默认生成的组织架构图中输入文字，如图 10-94 所示。

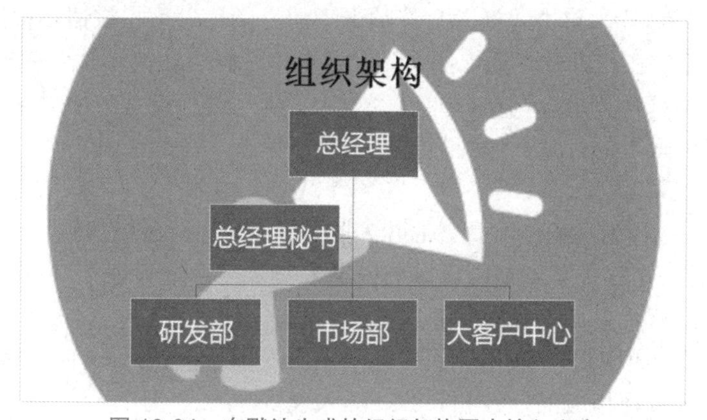

图 10-94　在默认生成的组织架构图中输入文字

随后，将鼠标指针定位到“大客户中心”中，单击右侧的“添加项目”按钮，选择“在后面添加项目”命令，如图 10-95 所示，插入与“大客户中心”平级的分支，在其中输入文字“综合管理中心”。

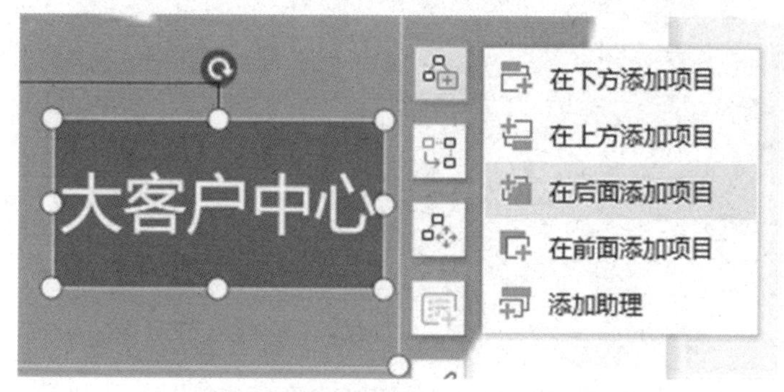

图 10-95　智能图形添加项目

选中“综合管理中心”的文本框，单击右侧的“添加项目”按钮，选择“在下方添加项目”命令，为其添加子分支。添加 3 次，分别输入文字“人力资源部”“财务部”“行政部”。

（6）为了让演示文稿丰富多彩，在第 5 张幻灯片中插入图片，效果如图 10-96 所示。

图 10-96 “企业文化”幻灯片

选中第 5 张幻灯片，单击“插入”选项卡下的“图片”下拉按钮。根据图片的存储位置选择相应的命令，在打开的“插入图片”对话框中选择合适的图片，单击“打开”按钮。如果插入的图片不符合要求，则可以通过“图片工具”进行设置。如果插入的图片有背景颜色，为了更好地融入幻灯片，则可以选中图片，单击“图片工具”选项卡下的“设置透明色”按钮进行调整。

（7）第 6 张幻灯片为空白幻灯片。在第 7 张幻灯片的标题区域内输入文字“管理制度”，格式为宋体、加粗、43 号字。在内容区域内输入文字“考勤管理”，格式为华文新魏、18 号字。在第 8 张幻灯片中插入表格，介绍考勤办法。

单击“插入”选项卡下“表格”组中的“表格”下拉按钮，在弹出的“插入表格”窗口中拖动鼠标指针选择相应的行数和列数，插入表格。

插入表格后，输入相应的内容。可以通过“表格工具”和“表格样式”选项卡下的相应按钮对表格结构、样式和大小等进行编辑。“考勤办法”幻灯片如图 10-97 所示。

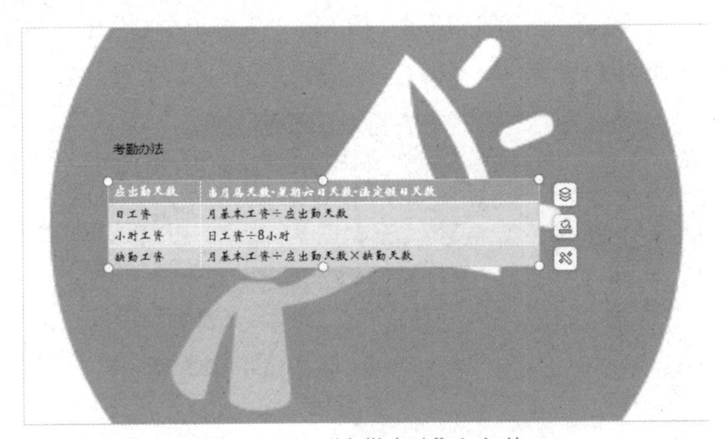

图 10-97 “考勤办法”幻灯片

在第 7 张和第 8 张幻灯片制作完成后，就完成了演示文稿的初步制作。

3. 设计幻灯片母版

添加“创意无止境”的字样，并使该字样同时出现在模板的每张幻灯片中，具体操作步骤如下。

任选一张基于当前模板的幻灯片。单击“视图”选项卡下的“幻灯片母版”按钮，进入幻灯片母版编辑状态，如图 10-98 所示。

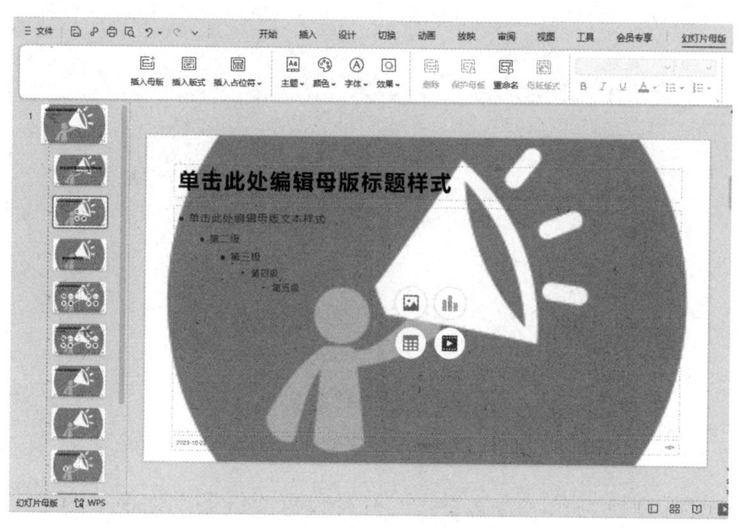

图 10-98　幻灯片母版编辑状态

在母版编辑状态下，单击“插入”选项卡下的“页眉页脚”按钮，在弹出的“页眉和页脚”对话框中，勾选“幻灯片”选项卡下的“页脚”复选框，并在下方的文本框中输入文字“创意无止境”，如图 10-99 所示，单击“全部应用”按钮，关闭“页眉和页脚”对话框。在幻灯片母版中，幻灯片底端中部的页脚位置将出现相应文字。

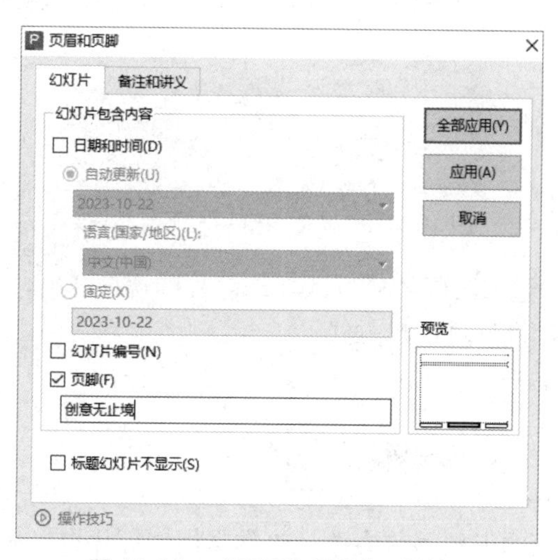

图 10-99　“页眉和页脚”对话框

单击“视图”选项卡下的“普通”按钮，返回普通视图，可以看到每张幻灯片的底端中部都出现了“创意无止境”字样。

4. 设置幻灯片动画方案

（1）使用动画方案为“培训流程”幻灯片添加“出现”动画效果。

选中“培训流程”幻灯片中要添加动画的标题框，单击“动画”选项卡，打开“动画”下拉列表，在“进入”组中选择“出现”命令。单击“动画”组右下角的对话框启动器按钮，打开“出现”对话框，在“效果”选项卡下将“声音”设置为“风铃”，如图 10-100 所示。

图 10-100 “出现”对话框

（2）设置幻灯片切换方式，为第 2 张幻灯片设置“线条”切换。

选中第 2 张幻灯片，在“切换”选项卡下选择“线条”选项。

单击“切换”选项卡下的“效果选项”下拉按钮，在弹出的下拉菜单中选择“垂直”命令，如图 10-101 所示。

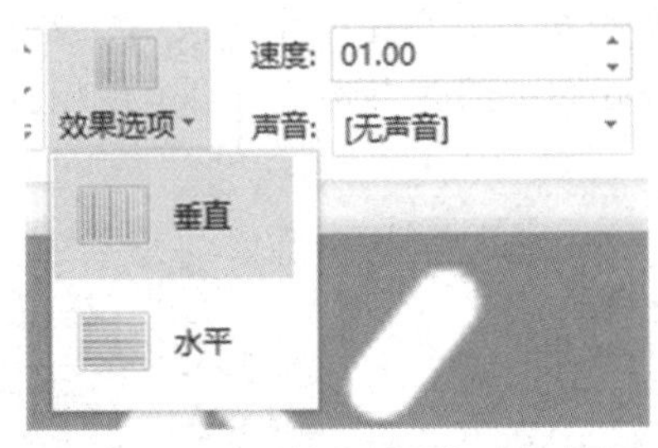

图 10-101 “效果选项”下拉按钮

在“速度”数值框中输入时间值可以改变幻灯片的切换速度，勾选“单击鼠标时换片”或“自动换片”复选框可以设置换片方式。

5. 添加超链接

（1）为第 7 张幻灯片添加超链接，具体操作步骤如下。

在第 7 张“管理制度”幻灯片中选中文本“考勤管理”，单击“插入”选项卡下的“超链接”下拉按钮，在弹出的下拉菜单中选择“本文档幻灯片页”命令。

在打开的“插入超链接”对话框中，默认选择左侧“链接到”列表框中的“本文档中的位置”选项，在“请选择文档中的位置”列表框中选择“8.幻灯片 8”，如图 10-102 所示。

图 10-102　“插入超链接”对话框

播放幻灯片，当鼠标指针经过带有超链接的文本时，会变为手的形状，单击文本，转跳到标题为“幻灯片 8”的幻灯片。

使用同样的方式为其他文本创建超链接，以便在放映的过程中跳转到相应标题的幻灯片。

（2）为了在当前幻灯片内容讲解结束后继续演示其他内容，需要在幻灯片上添加“返回”的功能，具体操作步骤如下。

选择幻灯片 8，单击“插入”选项卡下的“形状”下拉按钮，在弹出的下拉列表底部选择“动作按钮”组中的选项，按钮样式很多，可以根据需要选择相应的样式，此处可以选择“自定义”选项。

在幻灯片中，当鼠标指针变为十字形时，按住鼠标左键拖动，在适当的位置添加按钮，松开鼠标左键将打开“动作设置”对话框。在“单击鼠标”选项卡下选中“超链接到”单选按钮，同时在下方的下拉列表中选择“幻灯片”选项，打开“超链接到幻灯片”对话框，在“幻灯片标题”列表框中选择“7.管理制度”选项，单击“确定”按钮，如图 10-103 所示。

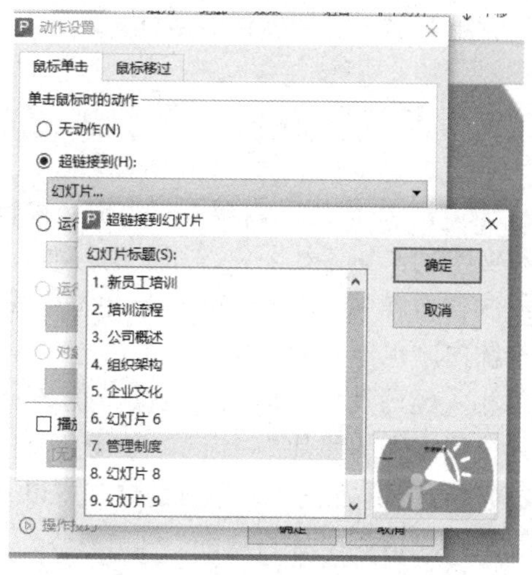

图 10-103　“超链接到幻灯片”对话框

为了说明按钮的功能，可以在按钮图标上添加文字。

右击按钮图标，在弹出的快捷菜单中选择“编辑文字”命令，并输入文字“返回”。字符格式和按钮大小可以根据需要进行调整。

依次设置其他幻灯片的“返回”按钮。

思政园地

素养目标

✧ 培养学生自主学习、协作学习、分析问题、解决问题的能力。
✧ 培养学生在编辑、排版方面的审美。
✧ 培养学生的计算机思维。
✧ 提升学生在日常生活中处理数据的规范意识。
✧ 使学生了解基本的财务常识和金融法律常识。

思政案例

中兴通讯董事长：自主研发操作系统将成核心竞争力，请扫描右侧二维码观看视频。

中兴通讯董事长：自主研发操作系统将成核心竞争力

2019 年 9 月 10 日至 11 日，2019 世界计算机大会在湖南长沙召开。中兴通讯股份有限公司董事长李自学在大会上发表主旨演讲时表示，网络信息技术创新是应对越来越严峻的国际挑战的必由之路。

李自学认为，在当今内外形势下，加快推进国产自主可控替代计划，构建安全可控的信息技术体系，关乎国家、企业能否在技术创新领域中占领制高点，因此，网络信息技术创新已迫在眉睫。

在终端产品中，自主研发的操作系统将成为竞争力核心。操作系统应当具备良好的封装能力，它向上能够提供主流的编程接口库，支持国产办公软件及行业应用软件，向下能够适配国产的主流芯片，支持多种硬件终端，包括独立的安全芯片。只有这样才能够保障多形态终端产业链的发展，保证终端的安全可信。在云平台建设中，操作系统同样也是核心之一，需要兼容各类芯片、服务器，支持硬件的多样化。

自我检测

一、操作题

1．制作一份应聘学校社团的个人简历，内容不限，但必须包括以下知识点。

（1）使用适当的图片和文字制作与该社团主题相关的封面。

（2）根据自身实际情况制作自荐书，并对内容进行字符格式化及段落格式化。要求：内容分布合理，不要有大量留白，也不要太拥挤。

（3）利用表格将自己的相关经历及个人信息（班级、姓名、学号、性别、兴趣爱好）等直观地分类列出，并插入一张本人的照片。

2．王老师要对学生成绩进行分析处理，请你帮助他完成以下工作。

（1）根据“学生成绩”工作表得到“各科成绩”工作表。

根据“学生成绩”工作表生成数据透视表，具体要求为，将“学号”字段拖动到“行”

区域，“课程”字段拖动到“列”区域，“分数”字段拖动到“Σ值”区域，并将生成的数据透视表命名为“学生成绩数据透视表”。

根据“学生成绩数据透视表”中的数据，使用 VLOOKUP 函数填写“各科成绩”工作表中各门课程的分数。

使用 IF 函数在分数为 0 的单元格中填入“缺考”。

（2）建立“各科成绩”工作表的副本“各科成绩（2）”工作表，并将“各科成绩（2）”工作表的标签重命名为“成绩汇总”。在“成绩汇总”工作表中使用分类汇总功能统计各班每门课程的平均分。具体要求为，按照“班级”进行分类，汇总方式为平均值，汇总项为各门课程的分数，并隐藏分类明细，平均值结果保留两位小数。

（3）在“成绩汇总”工作表中，使用图表制作各班“大学英语”和“计算机应用”课程的平均分统计图，具体要求如下。

- 图表类型为“簇状柱形图”。
- 图表标题为“各班英语和计算机统计图”。
- 将图表作为新工作表插入当前工作表后面，新工作表名称为“英语和计算机统计图”。
- 图表区域格式和绘图区域格式可自由选择。

（4）在“成绩查询”工作表中，根据“各科成绩”工作表中的数据，使用 COUNTIFS 函数统计各班大学英语成绩大于或等于 90 分的人数。

（5）在“成绩查询”工作表中实现成绩查询功能（在选择学号和课程后，即可查询相应的分数），具体要求如下。

- 先找出“各科成绩”工作表中各门课程与其所在的列的关系（可使用 VLOOKUP 函数或 IF 函数完成）。
- 再使用 VLOOKUP 函数的嵌套在“各科成绩”工作表中实现成绩查询功能。其中，VLOOKUP 函数的第 3 个参数为上一步骤中找到的列数关系。

3．制作一份关于“中日动画片比较研究”研讨会的演示文稿。演示文稿的内容及设置要求如下。

（1）演示文稿中至少包含 8 张幻灯片。

（2）幻灯片布局合理、色彩搭配协调、整体效果良好、创意独特。

（3）在幻灯片中插入和编辑各种对象：文本、图片、表格、图表、智能图形等。

（4）对幻灯片中的对象设置动画效果并设置幻灯片之间的切换效果。

（5）通过各种方式（幻灯片版式的更改、主题的选用、背景的设置等）美化演示文稿。

（6）使用幻灯片母版统一演示文稿的风格。

（7）为幻灯片设置页眉、页脚，并在页脚中输入个人信息（如姓名等）。

（8）设置超链接并制作“返回”按钮。

第 11 章　大学生的信息素养与社会责任

学习目标

- ◆ 了解信息素养的基本概念及其相关特征和内容。
- ◆ 了解信息安全的基本概念、特征和威胁。
- ◆ 了解信息素养的构成要素和信息活动相关的法律法规、伦理道德准则。

案例导读

【案例 1】广元某企业因不履行个人信息保护义务被处罚

2021 年 7 月，广元公安机关在工作中发现，某企业未按约加强对签约代理商的安全培训和日常监管，未采取必要的监管和技术措施保护公民的个人信息，致使签约代理商员工利用职务之便，在为客户办理手机号开卡及其他通信业务时，违规向他人提供客户的手机号码和短信验证码，恶意注册、出售网络账号，并非法获利，造成公民个人信息严重受损，该企业涉嫌不履行个人信息保护义务。广元公安机关根据《中华人民共和国网络安全法》第二十二条、第四十一条和第四十六条之规定，对该企业处行政警告处罚，对该企业签约代理商员工李某某、违法行为人赵某某、罗某某、舒某某分别立为刑事案件和行政案件进行查处。截至目前，全市共开展行政查处 24 人，刑事查处 4 人，收缴涉案号卡 3100 个，涉案码数 3000 条，涉及金额 20 余万元。

【案例 2】一学生非法入侵网络系统

江西省的一名高中生出于好奇，在家中使用自己的计算机登录到某网站多媒体通信网中的两台服务器上，并非法下载用户密码口令文件，破译了部分用户口令，使自己获得了服务器中的超级用户管理权限，进行非法操作，删除了部分系统命令，造成一主机硬盘中的用户数据丢失。该生被法院判处有期徒刑一年。

11.1　信息素养认知

11.1.1　信息素养的基本概念

课件：信息素养认知

视频：信息素养认知

素养在《汉语大辞典》中的解释是“修习涵养，平素所供养”，如文学素养。这种解释偏重素养的获得过程，指明素养非一朝一夕所能形成，而是长期“修习”的结果。英语中对素养（Literacy）的解释更偏重结果，有两层含义：一层是指有学识、有教养，多用于学者；另一层是指能够阅读、书写，且有一定的文化基础，对象则是普通大众。无论是从过程还是从结果来看，二者都认为素养是动态发展的，可以引申为素养是由训练和实践获得的技巧或能力。

信息素养（Information Literacy，IL）的概念最早是由美国信息产业协会（Information Industries Association，IIA）主席保罗·泽考斯基（Paul Zurkowski）于 1974 年在向美国国家图书馆与信息科学委员会（National Commissionon Librariesand Information Science，NCLIS）提交的一份报告中提出的。这份报告将信息素养解释为，使用大量的信息工具及原始信息源使问题得到解答的技术和技能。

1989 年，美国图书馆协会（American Library Association，ALA）将信息素养定义为：具有较高信息素养的人，必须能够充分认识到何时需要信息，并能够检索、评价和有效地利用所需信息。从根本上讲，具有信息素养的人知道如何学习，能够掌握知识的组织机理，知晓如何发现信息，利用信息，是有能力终身学习的人，且有能力为任何任务或决策找到所需信息。目前，该定义已得到广泛认同。

2015 年，《美国高等教育信息素养框架》指出：信息素养是指包括对信息的反思性发现，对信息如何产生和评价的理解，以及利用信息创造新知识并合理参与学习团体的一组综合能力。这将信息素养的内涵提升到了更高的层次。

美国提出的信息素养的概念包括 3 个层面，即文化层面（知识方面）、信息意识（意识方面）和信息技能（技术方面）。在经过一段时期后，将信息素养正式定义为：“要成为一个有信息素养的人，他必须能够确定何时需要信息，并已具有检索、评价和有效使用所需信息的能力。”

而《信息素养全美论坛的终结报告》再次对信息素养的概念做了详尽表述：“一个有信息素养的人，能够认识到精确和完整的信息是做出合理决策的基础，确定信息需求，从而形成基于信息需求的问题，确定潜在的信息源，从而制定成功的检索方案。从包括基于计算机的和其他的信息源中获取信息、评价信息、组织信息，以用于实际的应用，将新信息与原有的知识体系进行融合，以及在批判思考和问题解决的过程中使用信息。”

11.1.2　信息素养的特征

信息技术的发展已经使经济非物质化，世界经济正转向信息化、非物质化，并加速向信息化迈进。21 世纪正处于高科技时代、航天时代、基因生物工程时代、纳米时代、经济全球化时代等，但不管怎么称呼，21 世纪的一切都离不开信息，从这方面来看，称 21 世纪为信息时代更为贴切。

在信息社会中，各类信息充斥着人类的生活，影响着人类的日常生活方式。虽然信息素养在不同的人身上体现的侧重点不同，但总体来说，它体现了五大特征：捕捉信息的敏锐性、筛选信息的果断性、评估信息的准确性、交流信息的自如性和应用信息的独创性。

11.1.3　信息素养的内容

信息素养是一种基本能力，也是一种涉及各方面知识的综合能力，体现了个人对信息社会的适应能力。美国教育技术 CEO 论坛在 2001 年第 4 季度的报告中提出：21 世纪的能力素质包括基本学习技能（指读、写、算）、信息素养、创新思维能力、人际交往与合作精神、实践能力。

信息素养包括关于一个人是否掌握信息和信息技术的基本知识与技能，是否能够运用信息技术进行学习、合作、交流和解决问题，以及是否具有正确的信息意识和社会伦理道德。具体而言，信息素养包含以下 5 个方面的内容。

（1）热爱生活，有获取新信息的意愿，能够主动地从生活中不断地查找、探究新信息。

（2）具有基本的科学和文化常识，能够较为自如地对获得的信息进行辨别和分析，并正确地加以评估。

（3）能够灵活地支配信息，较好地掌握选择信息、筛选信息的技能。

（4）能够有效地利用信息来表达个人的思想和观念，并乐意与他人分享不同的见解或资讯。

（5）无论面对何种情境都能够充满自信地运用各类信息解决问题，有较强的创新意识和进取精神。

11.1.4 信息素养的标准

1998 年，美国图书馆协会和教育传播协会制定了学生学习的九大信息素养标准，其中概括了信息素养的具体内容。

标准一：具有信息素养的学生能够有效地、高效地获取信息。

标准二：具有信息素养的学生能够熟练地、批判性地评价信息。

标准三：具有信息素养的学生能够精确地、创造性地使用信息。

标准四：作为一个独立学习的学生应具有信息素养，并能够探求与个人兴趣有关的信息。

标准五：作为一个独立学习的学生应具有信息素养，并能够欣赏作品和其他对信息进行创造性表达的内容。

标准六：作为一个独立学习的学生应具有信息素养，并力争在信息查询和知识创新中做得更好。

标准七：对学习社区和社会有积极贡献的学生应具有信息素养，并认识信息对民主化社会的重要性。

标准八：对学习社区和社会有积极贡献的学生应具有信息素养，并实行与信息和信息技术相关的符合伦理道德的行为。

标准九：对学习社区和社会有积极贡献的学生应具有信息素养，并积极参与小组的活动探求，创建新的信息。

11.2 信息安全

11.2.1 信息安全概述

课件：信息安全

视频：信息安全

1. 信息安全的概念

在当今社会中，信息是一种重要的资产，同其他商业资产一样具有价值，同样需要受到保护。信息安全是指从技术和管理的角度采取措施，防止信息资产因恶意或偶然的原因在非授权的情况下被泄露、更改、破坏或遭受非法的系统辨识及控制。

信息安全是一门涉及计算机科学、网络技术、通信技术、计算机病毒学、密码学、应用数学、数论、信息论、法律学、犯罪学、心理学、经济学、审计学等多门学科的综合性学科。

2. 信息安全的目标

信息安全的目标是保护和维持信息的 3 大基本安全属性，即保密性（Confidentiality）、完整性（Integrity）和可用性（Availability），这三者常合称为信息的 CIA 属性。

（1）保密性是指使信息不会被泄露给未授权的个人、实体、进程，不能被其利用。

（2）完整性是指信息没有遭受未授权的更改或破坏。

（3）可用性是指已授权的实体一旦需要即可访问和使用信息。

3. 信息安全的特征

信息安全具有系统性、动态性、无边界性和非传统性特征。

（1）系统性。信息由信息系统进行管理，而信息系统是一个由硬件、软件、通信网络、数据和人员组成的复杂系统，这意味着，信息安全问题并不是单纯的技术或管理问题，而是一个覆盖面积广泛的系统工程。在制定信息安全策略时，绝不能以孤立的、单维度的眼光看待问题，而应当系统地从技术、管理、制度、标准等各层面综合考虑。

（2）动态性。首先，一个信息系统从规划实施到运营维护，再到终止运行，各个阶段均可能存在安全威胁。其次，信息系统所面临的风险是动态变化的，新的漏洞和攻击手段会对系统的安全状况产生影响。此外，云计算、物联网、大数据和移动互联网等新技术在带给人们便利的同时，也产生了各种新的安全风险。因此，在制定信息安全策略时，绝不能以固化的、一成不变的眼光看待信息安全问题，更不能妄图通过一劳永逸的方法解决信息安全问题，而应当分析具体问题，根据各类威胁和安全风险的特点，制定有针对性的解决方案，并在实施和维护的过程中对方案进行改进和调整，尽可能地保障信息安全。

（3）无边界性。互联网将世界各地的信息系统连接在一起，由于互联网具有传输速度快、传播范围广、隐蔽性强等特点，因此各信息系统之间得以实现超越地域限制的快速通信。然而，互联网也同样使信息系统面临超越地域限制的威胁，因此，信息安全具有无边界性，它绝不仅仅是某个组织、某个国家需要解决的问题，而是一个全球性的问题。

（4）非传统性。信息安全的非传统性主要表现在以下两个方面：一方面，与国防安全、金融安全、生命财产安全等传统安全相比，信息安全比较抽象；另一方面，信息安全不仅仅意味着某个领域的安全，更是现代社会中保障其他一切传统安全的基础。例如，某个国家并没有受到武力攻击，领土和主权也没有遭到侵犯，金融系统也正常运转，更没有流行性疾病等问题，但当其信息安全没有保障时，这个国家的其他安全将全部面临威胁。

11.2.2　信息安全威胁

1. 信息安全的威胁类型

信息安全的威胁类型有信息泄露、破坏信息的完整性、拒绝服务等，具体威胁类型如下。

（1）信息泄露：信息被泄露或透露给某个非授权的实体。

（2）破坏信息的完整性：数据被非授权地增删、修改或破坏而受到损失。

（3）拒绝服务：对信息或其他资源的合法访问被无条件地阻止。

（4）非法使用（非授权访问）：资源被某个非授权的人，或以非授权的方式使用。

（5）窃听：使用各种可能的合法或非法的手段窃取系统中的信息资源和敏感信息。例如，对通信线路中传输的信号搭线监听，或者利用通信设备在工作过程中产生的电磁泄漏截取信息等。

（6）业务流分析：通过对系统进行长期监听，使用统计分析方法对诸如通信频度、通信信息流向、通信总量变化等参数进行研究，从中发现有价值的信息和规律。

（7）假冒：通过欺骗通信系统（或用户）达到非法用户冒充成为合法用户，或者特权小的用户冒充成为特权大的用户的目的。黑客大多采用假冒攻击。

（8）旁路控制：攻击者利用系统的安全缺陷或安全性上的脆弱之处获得非授权的权利或特权。例如，攻击者通过各种攻击手段可以发现原本应保密却暴露出来的系统“特性”，利用这些“特性”，可以绕过防线守卫者，侵入系统内部。

（9）授权侵犯：被授权以某一目的使用某一系统或资源的某个人，将此权限用于其他非授权的目的，也称作“内部攻击”。

（10）特洛伊木马：软件中含有一个难以被察觉的有害程序段，当它被执行时，会破坏软件的安全。这种应用程序被称为特洛伊木马（Trojan Horse）。

（11）陷阱门：在某个系统或部件中设置“机关”，使得在输入特定数据时，允许违反安全策略。

（12）抵赖：这是一种来自用户的攻击，例如，否认自己曾经发布过的某条消息、伪造一份对方来信等。

（13）重放：出于非法目的，将所截获的某次合法的通信数据复制并重新发送。

（14）计算机病毒：一种在计算机系统运行过程中传染和侵害功能的程序。

（15）人员不慎：一个被授权的人为了某种利益或由于粗心，将信息泄露给一个非授权的人。

（16）媒体废弃：信息被从废弃的磁碟或打印过的存储介质中获得。

（17）物理侵入：侵入者绕过物理控制而获得对系统的访问权限。

（18）窃取：重要的安全物品被盗，如令牌或身份卡。

（19）业务欺骗：某一伪系统或系统部件欺骗合法的用户，或者系统自愿放弃敏感信息等。

2. 信息安全威胁的主要来源

信息安全威胁的主要来源有：自然灾害、意外事故、计算机犯罪、人为错误（如使用不当、安全意识差等）、“黑客”行为、内部泄密、外部泄密、信息丢失、电子谍报（如信息流量分析、信息窃取等）、信息站、网络协议自身缺陷（如 TCP/IP 协议的安全问题等）。

针对以上的信息威胁方式和主要来源，我们应当时刻做好防范措施，遵守保密原则，提高自身科学技术，明辨各种违法窃密手段，为信息安全贡献自己的一份力。

11.2.3　信息安全保障措施

（1）防火墙技术：防火墙是内外网之间信息交流必经的集中检查点，它实行特定的安全策略，记录用户的网上活动情况，防止网络安全问题的扩散。防火墙是一种网络安全部件，它迫使所有的连接都经过检查，防止需要保护的网络遭受外界因素的干扰和破坏。

（2）信息保密技术：信息的保密性是信息安全的一个重要方面。加密是实现信息保密性的一个重要手段。保密的目的是防止机密信息被破译。

（3）防病毒技术：病毒可能从多方面威胁系统，为了避免病毒造成的损失，应采用多层的病毒防卫体系。多层病毒防卫体系是指，在每台计算机上安装杀毒软件，在网关上安装基于网关的杀毒软件，在服务器上安装基于服务器的杀毒软件。

11.3　信息素养的构成

11.3.1　信息素养的主要要素

课件：信息素养的构成

视频：信息素养的构成

1. 信息意识

信息意识是信息素养的前提，是指个体在信息活动中形成的认识和需求的总和。一个人只有了解了信息的价值，才能形成信息意识，内化自觉行动。一般而言，信息意识主要包括，理解信息在信息时代的重要作用，树立新的信息观，如终身学习等；具有主动获取信息的内在需求，且积极地将社会对个体的要求转化为自身对信息的需求；具有敏锐的信息洞察力，善于将信息现象与实际工作、生活、学习建立联系，并从信息中找到解决问题的“钥匙”等。凡此种种，我们都归为信息意识，它直接对个体的信息行为产生影响。

2. 信息知识

信息知识是信息素养的基础，包括信息的特点与类型、信息交流和传播的基本规律与方式、信息的功用及效应、信息检索等方面的知识。信息知识不仅可以改变一个人的知识体系和认知结构，还可以提升和优化其原来学到的专业知识，使这些知识发挥更大的作用。

3. 信息能力

信息能力是信息素养的核心，是指利用信息知识开展信息活动的能力。一般而言，信息能力的范畴主要包括对各类信息工具的使用能力，从各类信息载体中提取所需信息的能力，辨识、分析、评估、筛选、整合信息及提高信息使用价值的能力，以及创造、传播信息的能力等。

4. 信息伦理

信息伦理是信息素养的保证，是指人们在从事信息活动时需要遵守的信息道德准则和需要承担的信息社会责任。信息伦理要求我们具有一定的信息意识、知识与能力，遵守信息相关的法律法规及信息社会的道德与伦理准则，在现实空间和虚拟空间中遵守公共规范，既能有效维护信息互动中个人的合法权益，又能积极维护他人的合法权益和公共信息安全。

信息素养的 4 个要素共同构成一个不可分割的统一整体，其中信息意识是前提，信息知识是基础，信息能力是核心，信息伦理是保证。

11.3.2 信息开发中的道德约束

计算机在信息社会中充当着极为重要的角色，它与其他一切科学技术一样，是一把双刃剑，它既可以造福人类，又可以危害人类，关键在于使用它的人是怎样的态度，遵循何种道德规范。

（1）未经允许，不得进入计算机信息网络或使用计算机信息网络资源。

（2）未经允许，不得对计算机信息网络功能进行删除、修改或增加。

（3）未经允许，不得对计算机信息网络中存储、处理或传输的数据和应用程序进行删除、修改或增加。

（4）不得故意制作、传播计算机病毒等破坏性程序。

（5）不得从事其他危害计算机信息网络安全的工作。

11.3.3 信息传播中的道德筛选

信息传播是个人、组织和团体，通过符号和媒介交流信息，向其他个人、组织和团体传递信息、观念、态度或情意，并使得其他个人、组织和团体有预期地发生相应变化的活动。

信息传播具有 3 个方面的特点：第一，传播表现为传播者、传播渠道（媒介）、接收者等一系列传播要素之间的传播关系；第二，传播过程是信息传递与信息接收的过程，也是传播者与接收者信息资源共享的过程；第三，传播者与接收者及相关人群之间，由于信息的交流而相互影响、相互作用。

信息的传播途径多种多样，因此，在信息传播的过程中需要遵循一定的道德规范，不得损害他人利益，具体要求如下。

（1）未经授权，不得随意转载他人的文章或资料，侵犯他人的知识产权。

（2）不得发布攻击、谩骂他人的言论。

（3）不得发布黄、赌、毒方面的信息。

（4）不得向他人发送垃圾邮件、携带病毒的邮件。

（5）不得发布有损国家形象的信息，不得泄露国家机密。

11.3.4 信息管理中的道德职责

信息管理是人类为有效开发和利用信息资源，以现代信息技术为手段，对信息资源进行计划、组织、领导和控制的社会活动。简单来说，信息管理就是人类对信息资源和信息活动的管理。它是在整个管理过程中，人们收集、加工、输入和输出的信息的总称。信息管理的过程包括信息收集、信息传输、信息加工和信息储存。在这个过程中要遵循的道德职责主要包括保护知识产权、尊重个人隐私、保护信息使用者的信息，以及经济利益服从社会利益。

11.3.5 信息利用中的道德选择

信息利用是指信息管理者基于社会公众的信息需求和动机提供信息服务，以满足公众获取、享用和消费信息的管理活动与过程。

计算机职业作为一种特定职业，具有较强的专业性和特殊性，从事计算机职业的工作人员在职业道德方面有许多特殊的要求，但作为一名合格的职业计算机工作人员，在遵守特定的计算机职业道德的同时，也要遵守一些最基本的通用职业道德规范，即社会主义职业道德的基本规范，这些规范是计算机职业道德的基础组成部分。

（1）爱岗敬业。所谓爱岗就是热爱自己的工作岗位，热爱自己的本职工作，而敬业是指用一种严肃的态度对待自己的工作，勤勤恳恳，兢兢业业，忠于职守，尽职尽责。爱岗与敬业的精神是相通的，是相互联系的，爱岗是敬业的基础，敬业是爱岗的表现。爱岗敬业是任何行业的职业道德中都具有的一条基础规范。

（2）诚实守信。诚实守信是指忠诚老实、信守承诺，是为人处世的一种美德。诚实守信不仅是做人的准则也是做事的原则，更是每个行业树立自身形象的根本。

（3）办事公道。办事公道是在爱岗敬业、诚实守信的基础上提出的更高层次的职业道德基本要求。所谓办事公道是指从业人员在处理事情或问题时，要站在公正的立场上，按照同一标准和同一原则办事的职业道德规范。

（4）服务群众。服务群众是为人民服务精神的集中表现，这一规范要求从业人员树立服务群众的观念，做到真心对待群众，所做的每件事都要方便群众。

（5）奉献社会。所谓奉献社会就是不期望等价的回报和酬劳，而愿意为他人、为社会或为真理、为正义奉献自己的力量。所谓奉献社会，就是全心全意地为社会做贡献，是为人民服务精神的更高体现。

11.4　计算思维

11.4.1　计算思维的由来

课件：计算思维

视频：计算思维

科学界一般认为，科学方法分为理论、实验和计算三大类。与三大科学方法相对的是三大科学思维，理论思维以数学为基础，实验思维以物理等学科为基础，计算思维以计算机科学为基础。

计算思维是人类科学思维中以抽象化和自动化，或者说以形式化、程序化和机械化为特征的思维形式。计算思维是与人类思维同步发展的思维模式，但是计算思维概念的明确和建立却经历了较长的时期。

当人类思维产生时，形式、结构、可行性的意识就已经存在于思维之中了，而且这些都是人类经常使用的内容，但是人类思维作为一种科学概念的提出应该是在莱布尼茨和希尔伯特之后。莱布尼茨提出了机械计算的概念，希尔伯特更是建立了机械化推理的基础。这些工作把原来思维中属于形式主义和构造主义的部分清晰地表达了出来，使之明确成为人类思维的一种模式。希尔伯特给出了现在称为“希尔伯特纲领”的数学构造框架，试图将数学还原为一种有限过程。尽管这个纲领最后并没有实现，但是与此相关的工作却真正弄清了什么是计算、什么是算法、什么是证明、什么是推理，无意间将计算思维中涵盖的主要成分逐一进行了深入揭示。计算思维的一些主要特征从实证思维和逻辑思维中独立出来了，不再是理论思维和实验思维的附属，而是与两者并驾齐驱的第 3 种思维模式。

计算思维的标志是有限性、确定性和机械性，其表达结论的方式必须是有限的，（数学中表示极限经常使用一种潜无限的方式，这种方式在计算思维中是不允许的），且语义必须是确定的，在理解上避免出现因人而异、因环境而异的歧义性，同时又必须是机械的，可以通过机械的步骤来实现。这 3 种标志是计算思维区别于其他两种思维的关键。计算思维的结论应该是构造性的、可操作的、可行的。

到了 20 世纪，这 3 种思维才真正形成了相互支撑的科学体系，明确提出了理论、实验和计算三大手段。这 3 种思维基本涵盖了到目前为止科学思维的全部内容，因此尽管计算思维冠以“计算”二字，但绝不是只与计算机科学有关的思维，而是人类科学思维中的一个远早于计算机出现的组成部分。计算思维也可以叫作构造思维或以其他名词冠名的思维，只是由于计算机的发展极大地促进了这种思维的研究与应用，并且在计算机科学的研究和工程应用中得到了广泛认同，所以人们习惯性地称其为计算思维。这只是一个名称而已，只是这个名称体现了人类文化发展的痕迹。

随着社会的进步和发展，人类对于计算思维的运用越来越普遍。早期修建一座房子，整个建筑的构思可能只存在于建造者的脑海中，但是，随着工程规模的不断扩大，这种靠记忆来设计和规划建筑的方式无法兼顾建造过程中的所有问题，因此需要使用施工图纸，施工图纸是关于房子的形式化的表达方式，这种方式使得人们可以相互沟通设计思想，共同组织工程实施。此时，思维从人的头脑中解放出来，成为一种有形的物体，大家可以共同参与，丰富设计内容，当然这种工程图纸是需要符合计算思维所具有的有限性、确定性和机械性特征的。这就是计算思维给人们带来的益处，同时也是人们对计算思维的认识不断深化的结果。在现在的考古工作中，我们经常苦恼于无法得知古代很多先进的施工工艺是如何进行的，其原因就是古代的施工很少留下有关的工程说明，即便是保留下来的篇幅很短的说明，也是语焉不详的，不能清晰地表达这些工艺究竟是怎样实现的。也就是说，这些说明不符合计算思维描述结论的原则，因此无法复制这些工艺，知识的传承在这里就出现了断档。这种状况随着历史的进步逐渐得到了改善，近代的很多工程，由于留下了丰富的、符合计算思维要求的工程说明，因此我们（当然也包括后人）可以从工程说明中清晰地了解这些工程的施工方法和工艺。采用计算思维的模式来描述各种工程活动是人类进步的表现，也是人类知识积累和文化传承的重要方式。

即使到了今天，当我们处理诸如问题求解、系统设计及人类行为理解等方面的问题时，也是采用计算思维的模式进行问题描述和规划的，小到一件工具的制作，大到一项工程的组织。计算思维已经成为思考、表达和操作各项环节的基本模式，并且发展了一套相应的描述格式和规范，人类在这些方面的理解甚至超越了语言的界限。计算思维中某些概念的应用，使得人类前所未有地拉近了彼此的距离，可以毫无障碍地交流各种建设目标、工程设计和施工组织。

11.4.2 计算思维的定义

计算思维是运用计算机科学的基础概念进行问题求解、系统设计，以及人类行为理解等涵盖计算机科学之广度的一系列思维活动，其定义由美国卡内基梅隆大学的周以真教授于 2006 年 3 月首次提出。2010 年，周以真教授又指出计算思维是与形式化问题及其解决方案相关的思维过程，其解决问题的表示形式应该能够有效地被信息处理代理（机器或人）执行。她总结计算思维具有以下特性。

（1）是概念化，不是程序化。计算机科学不是计算机编程，它要求人类在抽象的多个层次上思考。

（2）是根本的技能，不是刻板的技能。基本技能是每个人为了在现代社会中发挥职能所必须掌握的。刻板技能意味着机械地重复。

（3）是人的思维，而不是计算机的思维。计算思维是人类求解问题的一条途径，但绝不是要求人类像计算机那样思考。计算机枯燥且沉闷，人类聪颖且富有想象力，是人类赋予了计算机激情。在配置计算设备后，我们可以用自己的智慧去解决那些计算时代来临前不敢尝试的问题，迈进“只有想不到，没有做不到”的境界。

（4）数学和工程思维的互补与融合。计算机科学在本质上源自数学思维，像所有的科学一样，其形式化解析基础建筑于数学之上。计算机科学又源自工程思维，因为我们建造的是能够与实际世界互动的系统，基本计算设备的限制迫使计算机科学家必须计算性地思考，不能只是数学性地思考。通过构建虚拟世界使我们设计出超越物理世界的各种系统。

（5）是思想的改变，而不是物质的改变。不只是软件、硬件等物质以物理形式呈现，并时刻触及我们的生活，还有我们用以接近和求解问题、管理日常生活、与他人交流和互动的计算概念。

（6）面向生活的全部。当计算思维真正融入人类活动，而不再表现为一种显式的哲学时，它将成为一种现实。

周以真教授认为，计算思维是 21 世纪中叶每一个人都要用的基本工具，它将会像数学和物理那样成为人类学习知识和应用知识的基本组成和基本技能，计算思维的核心概念是抽象（Abstraction）与自动化（Automation），简称 2A。

计算机的发展极大地促进了计算思维的研究和应用，并在计算机科学的研究和工程应用中得到了广泛认同。计算思维虽然有着计算机科学的许多特征，但是其本身并不是计算机科学的专属。实际上，即使没有计算机，计算思维也在逐步发展，并且其中的某些内容与计算机并不相关。但是，计算机的出现为计算思维的研究和发展带来了根本性的变化。由于计算机对信息和符号的快速处理能力，使得许多原本的理论变成了可以实现的过程。海量数据的处理、复杂系统的模拟及大型工程的组织，都可以借助计算机实现从想法到产品的整个过程的自动化、精确化和可控化，开拓人类的认知，拓展解决问题的能力和范围。机器替代人类的部分智力活动的行为，凸显了计算思维的重要性，催发了人类对于智力活动机械化的研究热潮，以及对计算思维的形式、内容和表述的深入探索。

思政园地

素养目标

✧ 使学生能够尊重知识产权，遵纪守法，自我约束，识别和抵制不良行为。

✧ 使学生具备信息安全意识，在信息系统的应用过程中，能够遵守保密要求，注意保护信息安全，不侵犯他人隐私。

思政案例

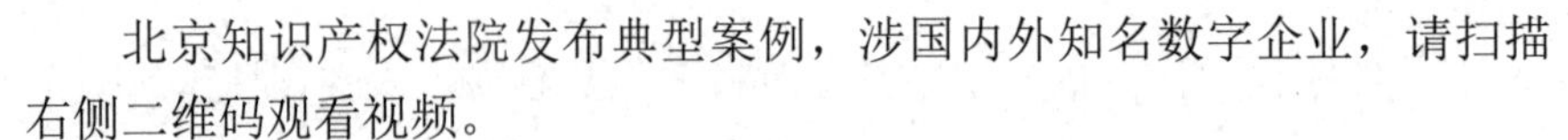

北京知识产权法院发布典型案例，涉国内外知名数字企业，请扫描右侧二维码观看视频。

北京知识产权法院发布典型案例 涉国内外知名数字企业

2023 年 4 月 23 日，在第 23 个世界知识产权日到来之际，2023 中关村知识产权论坛在中关村国家自主创新示范区展示中心举办。论坛上，北京知识产权法院发布了涉数据反不正当竞争十大典型案例，案件当事人涉及国内外知名数字企业。

当天发布的涉数据反不正当竞争十大典型案例分别为，汽车消费者投诉信息抓取案、饭友 App 数据抓取案、高校毕业生就业数据非法使用案、微博舆情数据抓取案、“省钱招”流量截取案、房源信息抓取案、游戏账号租赁平台案、视频账号分时租赁案、侵犯数据商业秘密纠纷案、抖音短视频抓取案。这十个案例中的涉案行为发生在数据的收集、应用、处理、交易等各个环节。（视频来源：中新视频）

自我检测

一、单选题

1．信息素养的核心是_____。

A．信息意识　　B．信息知识

C．信息能力　　D．信息道德

2．20 世纪 70 年代，联合国教科文组织提出，人类要向着_____发展。

A．终身学习　　B．学习型社会

C．创新发展　　D．信息素质

二、多选题

1．使用计算思维进行问题求解的步骤包括_____。

A．分解问题　　B．模式认知

C．抽象思维　　D．算法设计

2．计算思维的核心思想是_____。

A．抽象　　B．判断

C．自动化　　D．流程

三、判断题

计算思维是服务于理论思维和实验思维的。（　　）

四、简答题

1．信息素养的概念和内容是什么？

2．什么是信息安全？

3．信息安全的特征有哪些？